한국음식과 세계음식문화

강대훈 · 최성웅 · 윤인자 · 김윤민

한국음식과 세계음식문화

강대훈 · 최성웅 · 윤인자 · 김윤민

2008년 2월 15일 초판인쇄
2010년 8월 10일 초판3쇄발행

발행인 ‖ 박 진영
발행처 ‖ 도서출판 진영사
인천광역시 부평구 갈산동 16-22번지
Tel. 032-505-4207
fax. 032-505-4206
e-mail.. 0183734207@hanmail.net

ISBN 978-89-93076-10-3 12590

머리말

세계는 좁아지고 있다.

컴퓨터 등의 기계분야, 항공, 철도, 선박 등의 교통편의 시설로 인해 그 범위는 더욱 더 범위가 협소해 가고 있다.

이와 더불어 요리 또한 세계화, 국제화에 따라 기능도 다양화 되어 가고 있는 실정이다. 특히 이 중에서도 음식문화는 그 지역의 지리적 상황이나 기후 같은 자연환경과 사회적, 문화적 환경 요인이 혼합되어 생활을 영위하며, 각 각의 지역 정서와 문화를 이해하는데 중요한 몫을 하고 있다.

그러므로 한 나라의 식문화는 그 해당국가와 민족이 나름대로의 고유 전통을 지키면서 타 국가와 민족의 식문화를 이해하면서 영위해나가야 한다.

또한 식문화는 국가 간의 대외접촉을 통해 많은 외래 문화적 요소들이 도입되었고 그에 따라 사회문화적, 정치경제적 문화에 의해 실현되며, 사회적 기능도 가지게 되며 이런 기능은 인간생활의 예의범절 면에서도 나타난다.

음식문화는 식사예절을 강조하고, 음식 먹는 순서, 음식의 종류, 모양, 냄새와 영양가 등을 고려하고, 식사 시 그 사람의 음식 먹는 행동을 통해서 사람들을 구분 지으려는 기준으로 사용되고 있다.

미래의 세계는 관광, 유학, 직장에서의 근무 등으로 인해 단기간 또는 장기적인 기간에 지구 여러 나라에서 생활할 기회가 점차 증가할 것으로 생각된다. 낯선 음식에 대한 흥미와 관심을 가지고 먹어보고 또는 직접 만들어 보고 그 나라의 식사예절도 인정하고 이해하는 마음가짐이 요구된다. 글로벌시대에는 많은 국가와 민족이 국가 간의 각자의 고유한 전통을 가지고 타 국가와 민족의 전통을 이해하고, 살리면서 함께 손잡고 지내야 될 것이다.

그러기 위해서는 '지피지기(知彼知己)' - 타 국가를 알기 이전에 우선 우리의 음식문화를 바로 알고 우리가 현재 교류하고 있는 많은 세계 각국의 식문화도 함께 이해하고 익혀야 될 것이다. 음식문화를 그 나라 특성에 맞는 관광 상품으로 상품화 하는 국가가 앞으로 늘어나는 추세에 있다. 우리도 한국 고유의 전통 음식문화를 즐기는 외국인들에게 우리의 전통을 보여 줄 수 있는 관광상품으로 개발하려는 시도가 시급하다. 대학에서의 조리, 외식관련 전공자들에게는 전문적인 지식을, 또한 일반인들에는 교양을 갖추기 위한 기본 상식으로 세계의 식문화를 이해해야 될 것이다.

그 동안 캠퍼스와 각 지방자치단체에서의 음식관련 강의를 오랫동안 강의해 온 교수님들과 음식문화 자료를 모은 것을 틈틈이 수집한 것들을 중심으로 각 분야별 실정에 맞게 적합하도록 구성했다.

본 교재의 구성은 제1부 '인간과 식생활'에서 인간과 식생활의 관계를 조명하여 자연환경과 식생활 문화에 어떤 영향을 미쳤으며. 또한 그로 인한 음식문화의 특징을 도출해 냈다.

제2부 '세계의 음식문화'에서는 한국의 식문화를 이해하고 한국 식생활의 역사 및 음식의 특징과 문제점을 다루었다. 또한 각 나라별로 지형적 · 사회적 특성과 더불어 각 나라의 음식특징과 대표음식을 예를 들었으며 마지막으로 그 나라의 식사 예절 및 습관을 기술했다.

이 책을 접하는 애독자에게 본 교재를 통해 얻은 지식으로 그 나라만의 전통음식과 특징 있는 고유한 식재료들을 기억하기란 어렵다. 다만 이를 바탕으로 우리의 고유 전통음식을 발전시키고 세계화 하는데 일익 할 수 있기를 바라는 마음이다. 앞으로 많은 자료수집, 정리로 더 좋은 교재가 되기를 노력할 것이며, 음식관련 전공자분들의 충고와 의견을 부탁드린다.

마지막으로 본 교재가 출간되는데 많은 부족한 원고를 책으로 나오기까지 도와주신 진영출판사 박진영 사장님을 비롯해 편집부 관계자 여러분께 감사드린다.

저자 일동

차 례

제1부 인간과 식생활

제1장 자연환경과 식생활문화 ······ 13

제1절 풍토와 식생활문화 ······ 13

제2절 식생활과 문화 ······ 14

제2장 사회 환경과 식문화 ······ 17

제1절 사회 변화와 식문화 ······ 17

제2절 식생활과 민족 문화 ······ 18

제3절 식생활의 특징 ······ 20

1. 식생활의 목적 / 20
2. 식생활의 구조와 모습 / 20
3. 식생활의 발전과정 / 21

제4절 음식문화 ······ 22

1. 음식문화의 이해 / 22
2. 음식문화의 사회성 / 22
3. 다양한 음식문화 / 23

제2부 세계의 음식문화

제1장 한국 ······ 27

1. 한국의 풍토와 식생활문화 / 27
2. 한국 식생활의 발자취 / 28
3. 한국음식의 특징 / 32
4. 한국음식의 종류 / 33
5. 한국 향토음식의 특징 / 42
5. 절식(節食)과 시식(時食) / 46
6. 한국의 상차림과 식사예절 / 74
7. 한국음식의 문제점과 국제화 / 80

제2장 아시아 ······ 83

제1절 일 본 ······ 83

1. 지형적 · 사회적 특성 / 83
2. 일본 식문화의 특징 / 84
3. 일본의 대표적 음식 / 88
4. 식사 시 예절 및 습관 / 93

제2절 중 국 ······ 95

1. 지형적 · 사회적 특성과 식문화 / 95
2. 중국 식문화의 특징 / 96
3. 명절음식 / 111
4. 식사 시 예절 및 관습 / 112

제3절 인 도 ······ 114

1. 인도 문화의 이해 / 114
2. 인도음식의 특징 / 115
3. 인도의 대표적인 음식 / 119
4. 인도의 술과 음료 / 125
5. 인도의 식사예절과 음주문화 / 127

제4절 태 국 ······ 128

1. 지형적 · 사회적 특성 / 128
2. 태국 음식문화의 특징 / 129

3. 태국의 대표적 음식 / 133
4. 식사 시 예절 및 습관 / 137

제5절 터 키 138
1. 지형적 · 사회적 특성 / 138
2. 터키 식문화의 특징 / 140
3. 터키의 대표적 음식과 음료 / 143
4. 식사 시 예절 및 습관 / 151

제6절 베트남 152
1. 지형적 · 사회적 특성 / 152
2. 베트남 식문화의 특성 / 153
3. 베트남의 대표음식 / 154
4. 베트남의 음료 / 157
5. 베트남의 과일 / 157
6. 식사 시 예절 / 158

제3장 유럽 161

제1절 프랑스 161
1. 프랑스 지형적 · 사회적 특성 / 161
2. 프랑스 식문화 / 163
3. 식문화의 특징 / 165
4. 대표음식과 와인 / 172
5. 식사예절 및 식 습관 / 192

제2절 이태리(Italy) 195
1. 지형적 · 사회적 특성 / 195
2. 이태리 식문화의 특징 / 198
3. 이태리의 대표 음식 / 207
4. 이태리 정찬코스 / 221
5. 향신료: 허브와 스파이스 / 224
6. 이태리 와인(Italian Wine) / 230
7. 식사 시 예절 및 습관 / 236

제3절 독 일 239
1. 지형적 · 사회적 특성 / 239
2. 독일 식문화의 특징 / 243
3. 독일의 대표적 음식과 음료 / 249
4. 식사 시 예절 및 방법 / 261

제4절 영 국 ········ 262
1. 지형적 · 사회적 특성 / 262
2. 영국 식문화의 특징 / 266
3. 영국의 대표적 음식과 음료 / 269
4. 영국의 명절 음식 / 271
5. 영국의 식사 예절 / 272

제4장 북아메리카 ········ 277

제1절 미 국 ········ 277
1. 지형적 · 사회적 특성 / 277
2. 미국 식문화의 변천사 / 279
3. 미국 식문화의 특징 / 283
4. 미국의 대표적 음식 / 286
5. 식사 시 예절 / 290

제2절 캐나다 ········ 293
1. 지형적 · 사회적 특성 / 293
2. 캐나다 식문화의 특징 / 296
3. 캐나다의 대표적 음식 / 298
4. 캐나다의 식사예절 / 301

제5장 중 · 남아메리카 ········ 303

제1절 멕시코 ········ 303
1. 지형적 · 사회적 특성 / 303
3. 대표적 음식 / 309
4. 멕시코의 술과 음료 / 312
5. 식사 시 예절 및 습관 / 316

제2절 브라질 ········ 317
1. 지형적 · 사회적 특성 / 317
2. 브라질 식문화의 특징 / 320
3. 브라질의 대표 음식 / 322
4. 브라질의 술과 음료수 / 324
5. 식사 시 예절 및 습관 / 325

제3절 아르헨티나 ········ 326
1. 지형적 · 사회적 특성 / 326
2. 아르헨티나 식문화의 특징 / 328

3. 아르헨티나의 대표적 음식과 음료 / 329
4. 아르헨티나 식사예절 및 습관 / 331

제6장 오세아니아 ······ 333

제1절 호 주 ······ 333
1. 지형적 · 사회적 특성 / 333
2. 호주 식문화의 특징 / 337
3. 호수의 내표음식 / 338
4. 호주의 커피와 술 / 341
5. 호주인의 다양한 식습관 / 343

제2절 뉴질랜드 ······ 344
1. 지형적 · 사회적 특성 / 344
2. 뉴질랜드 식문화의 특징 / 346
3. 뉴질랜드의 대표적 음식 / 347
4. 식사 시 예절 및 습관 / 348

〔부록〕 1 세계의 발효식품 / 349
2 빵 이야기 / 365

제1부 인간과 식생활

제1장 자연환경과 식생활문화

제1절 풍토와 식생활문화

식생활 문화란 식량의 생산과 조리 가공, 식사양식과 의례음식의 규범, 식사관리의 관행, 식사용구 및 주방용구 등 식생활에 관계되는 모든 요소를 포함한다. 그 중에서도 각각의 민족이 상용하는 기본식량을 그 고장의 토양과 기후조건에 따라서 결정된 것이다.

즉 인류의 식량을 종류에 따라서 재배조건이 다른데, 인류의 생활터전도 고장에 따라서 토양과 기후의 조건이 다르다. 그래서 각 민족은 각각 그들이 살고 있는 고장의 자연환경에 맞추어서 그곳에서 재배 가능한 작물을 주요 작물로 선택하게 된 것이다. 이와 같이 자연환경은 그 민족의 음식문화 형성에서 기본요인이 되고 있으며, 각 고장에서 그 고장 특유의 자연환경에 맞추어서 형성된 식생활문화는 각 민족의 고유한 전통이 되어서 전승과 창조를 거듭하고 있다.

제2절 식생활과 문화

생물이 얼음이 덮인 지역에서 생활하는 동안 생활환경으로부터 음식 재료를 구하고 그 음식재료에 적절한 식생활(식사형)을 형성하여 왔다.

야생동물은 먹을 것이 부족하면 아사(餓死)하는 경우는 있지만 비만이 된다든지 영양섭취가 모자라 병에 걸리는 경우는 극히 드물다. 인간도 몸이 요구하는 대로 자유로이 음식을 먹으면 건강이 유지된다고 생각되지만 사람에게는 비만도 있고 영양상의 병도 많다.

시대가 변함에 따라 음식의 양도 풍부하고 종류도 아주 다양하다. 여러 가지를 풍부하게 먹을 수 있는 것은 어느 면에서는 풍요로운 식생활을 의미한다.

언제 어디서라도 먹을 수 있다는 것이 실제로 풍부한 식생활일까? 온실재배의 채소는 풍미가 적다고 한다. 식품의 신선함과 본래의 가치를 판단할 수 있는 음식재료가 풍부한 식생활 문화를 만드는 것은 인간생활의 참된 삶의 질을 향상시킬 수 있는 가장 소중한 방법이라고 하겠다.

식생활 문화의 형성 조건에는 다음의 것들이 있다.

① 자연의 조건: 풍토라 하며 토지의 기후, 기상, 지질, 지형, 경관 등

② 인간의 기술: 식품의 획득, 가공, 조리, 보존, 유통 등

③ 사회의 규약: 법률, 윤리 등의 규범과 예의범절, 제도, 유행 등의 풍속

쉬어가기 **기후와 식생활**

- 열대지방의 음식은 튀기거나 볶는 음식이 많아서 기름지고, 강한 향료가 많이 들어가는 것이 특징이다.
- 한대 지방에서는 음식이 단백하고 가공을 별로 하지 않은 날것으로 먹는 경우가 많다.
- 우리나라 같은 온대지역은 음식의 종류가 많이 발달되었으며, 향료를 쓰지만 많이 쓰지는 않고 조림과 같은 가공품과 발효식품이 발달한 것을 볼 수 있다.

쉬어가기 헝그리(hungry)정신

- 식생활을 함에 있어서 양이 조금 덜 차게 먹는 것이 좋다.
- 만복감은 단순한 식생활뿐만 아니라 일반 생활에서도 문제이다.
- 어린이에게 장난감을 원하는 대로 주면 참을성이 없는 아이가 됩니다.
- 식사에서도 욕구에 비하여 어느 정도 부족한 편이 좋다.

그러면 식생활의 자세에 있어 식생활은 어떠한 형태가 가장 이상적일까?

유아는 애정이 없는 환경에서는 정신적인 발육뿐만 아니라 신체적인 발육까지도 부진하다고 한다. 동일한 음식을 먹어도 체중증가로 이어지기 위해서는 영양소 섭취량 이 외에 다른 요소가 크게 작용한다. 가정생활에서 가족이 모이는 기회는 식사 때이다. 따라서 식사 때 누군가에게만 부모의 애정이 표시되는 것은 어린이의 성장에 큰 영향을 준다고 생각된다. 유아의 식사는 젖이다. 이때에도 어머니는 유아의 눈을 보면서 정답게 말을 건네면서 수유하는 것이 중요하다.

식생활의 외부화와 조리작업의 기계화는 조리시간을 단축시키고 주부의 여유시간을 만드는 효과는 충분하다. 어린이의 성장 과정을 생각하면서 음식을 만드는 기쁨과 공동작업의 즐거움을 맛보게 하는 것이 단순히 음식을 먹는다는 것 이외에 어린이의 성장에 대해 중요한 요소인 것이다.

음식이 가지는 근본적인 의미, 음식을 매개로 한 커뮤니케이션에서 얻어지는 마음의 성장을 무시하고 다른 사회활동에만 관심을 쏟는 것은 본인뿐만 아니라 그 사람을 둘러싸고 있는 가족과 나아가 사회 전체의 장래를 위험하게 할 것이다.

모유로 길러진 유아와 인공영양의 유아 중에서 인공영양으로 기른 유아가 체중이 증가하였다. 그것은 인공영양에서는 유아의 욕구만큼 우유를 줄 수 있는 데 비하여 모유는 일반적으로 양적 제한이 있기 때문이다. 식생활을 함에 있어서는 양이 조금 덜 차게 먹는 것이 좋다고 한다. 만복감은 단순히 식생활의 문제뿐만 아니라 일반 생활에서도 문제이다.

어린이에게 장난감을 원하는 대로 주면 참을성이 없는 아이가 된다. 일을 위해서도 헝그리 정신이 필요하다. 식사에서도 욕구에 비하여 어느 정도는 부족한 편이 좋다. 식사는 현재의 영양뿐만 아니라 장래에도 영향을 끼치며 일생을 통하여 어떻게 생활하는가에 관계한다. 수명이 길어지고 일생 중 여러 가지 상태를 경험하지 않으면 안 되었던 오늘날은 식사의 양, 영양소의 섭취량, 혹은 식습관은 '미래를 향한 오늘의 생활 자세로서의 식생활'이라는 관점에서 생각하여야 한다.

제2장 사회 환경과 식문화

제1절 사회 변화와 식문화

최근 세계화 의식이 고조되고 외국의 문화가 다른 상품과 더불어 대량으로 수입되어 우리의 일상생활에 확산되면서 우리의 식생활에도 많은 변화를 가져다 주게 되었다.

섬유질이 많은 곡류와 채소류를 주식으로 하고 있는 한국에 외래문화의 전파로 인해 햄버거 · 피자 · 소고기 · 닭고기 · 돼지고기로 조리가 된 음식이 보편화되고 있으며, 이는 대중성 · 실용성에 힘입어 인기를 얻고 있다. 그러나 지금까지 세계화에 대한 의식은 한국이 외국의 문화를 받아들이는 것에 치우쳐 있고, 우리의 고유한 문화를 외국에 전달하고 보급할 수 있는 수단과 방법에 대한 연구는 아직 많이 부족한 상태이다.

오늘날 세계 각국은 경제성장 및 교육수준의 향상과 더불어 개인의 의식과 생활양식의 변화로 산업의 전 분야에 있어서 새로운 문화에 대한 기대수준이 향상되고 있다. 대표적 서비스산업의 하나인 외식산업의 경우 이러한 문화의 교류가 무엇보다도 중요시되고 있다. 식생활에 있어서도 크게 다르지 않다. 과거 우리의 식생활은 천편일률적이라 할 정도로 매우 단조로웠으나, 이제는 향상된 소득에 힘입어 양적 소비가 크게 줄면서 개성적인 식사를 고집하며 자신의 기호를 추구하는 식문화를 즐기는 부류도 적지 않다.

또한 이들의 한결 같은 관심사는 양보다는 질을 중요시하고, 철저하게 건강을 유지하며, 소득향상에서 오는 여유를 바탕으로 식사 그 자체가 아닌 식문화를 찾아 가는 현상으로 풀이할 수 있다.

전통요리에 관심 또는 식문화와 관련한 열망이 얼마나 뜨거운가를 미루어 짐작할 수 있는 지표이기도 하다. 우리 식문화의 국외진출과 각국 식문화의 국내유입은 이를 몸소 체험하고 싶은 욕구로 인해 이처럼 지극히 자연스럽게 진척되고 있다. 국민평균소득이 높아지면 이 같은 흐름이 더욱 가속될 것이라 생각된다.

한국의 전통음식도 이제 관광객의 다양한 욕구와 필요에 부합할 수 있도록 전통음식의 질적 수준의 제고와 욕구세분화의 전략이 절실히 요청되고 있는 실정이다.

한편 인간의 욕구 중 가장 큰 비중을 차지하는 것이 식생활의 욕구라 할 수 있는데, 이는 곧 음식이다. 한국의 음식문화는 250-200만년의 오랜 인류역사를 통하여 사람들은 일상 활동의 대부분을 음식의 획득, 운반, 저장, 조리 등에 할애해 왔으며, 한 나라 또는 한 지역의 식생활문화는 오랜 시간과 긴 역사의 흐름에 따라 환경의 영향 속에서 저마다의 독특한 문화로 형성되고 있다.

인간의 식생활은 가장 기본적인 문화척도로서 그 나라의 식생활문화를 이해하는 것이 그 나라의 문화를 이해하고 그 나라 사람들과 보다 친밀해 질 수 있는 계기가 되리라고 추측된다.[1]

제2절 식생활과 민족 문화

우리는 식생활에서 숟가락을 많이 사용하고 젓가락은 적게 썼다. 어렸을 때, 젓가락으로 밥을 뜨거나 젓가락을 국그릇에 가져가거나 국사발을 들어 그대로 국을 마시면 어른들에게 혼이 나곤 했었다. 식사를 할 때 많이는 숟가락을 썼던 것

1) 성태종외, 음식문화 비교론, pp.20-22.

이다. 한족(漢族)들의 경우는 그렇지가 않다. 숟가락을 거의 쓰지 않는다. 숟가락 젓가락을 번갈아가면서 쓰는 우리들과는 달리 그들은 젓가락을 많이 썼고 죽 같은 것도 숟가락으로 뜨는 것이 아니라 그냥 사발을 들고 마셨다.

숟가락과 젓가락, 밥상에 마주 앉았을 때만 쓰는 것이 달랐지만 그것이 우리에게 주는 영향은 대단히 컸다. 밥상을 마주하고 앉고, 식사를 할 때 썼기에 큰 기물은 아니지만 그만큼 우리와 밀접한 관계를 가지게 되였고 시시각각 우리들의 사유와 생활에 자연 영향을 끼치게 되였으며 그에 따라 사유방식들이 많이 달라지게 된 것이다. 본질적이라기보다 생활의 곳곳에서 숟가락과 젓가락의 같지 않은 기능에 따른 차이점을 보여준다.

조선족이나 한국인들의 전통적인 식기인 밥사발과 밥가마는 한족, 혹은 중국대륙인들의 밥사발과 밥가마와는 모양새가 많이 다르다. 우리 할아버지들께서 쓰시던 놋식기를 보면 밥그릇은 거의 원주형으로 되여 있는데 아구리가 약간 오무라들면서 전체 그릇을 살짝 감싸안아주고 있으며 밥가마 역시 마찬가지이다. 전이 있다. 테두리가 안으로 오무라들면서 전체 가마를 살짝 보듬어 안아준다. 이는 숟가락을 많이 쓰는 우리의 식습관과 관계가 없다고 할 수 없다. 숟가락으로 그릇에서 음식을 뜨려면 많을 때는 괜찮지만 적을 때는 잘 띄여지지 않는다. 그러면 숟가락으로 밀어 위로 올라오게 되는데 그릇의 위가 약간 오무라 들면 그릇 안에 음식이 밀려올라가다가 안으로 휘어들면서 자연 숟가락에 떨어지게 되여 있어 뜨기에 편하게 되여 있는 것이다.

그러나 젓가락의 경우는 그렇지 않다. 남방사람들은 당면(粉條)볶음을 젓가락으로 집기 힘들어 하는데, 남방사람들은 그냥 한 젓가락에 당면볶음 한 접시를 그대로 다 짚는다는 것 이였다. 젓가락을 쓰기에 습관이 된 일례라 하겠다. 그러기에 한족들의 사발이나 그릇은 거의 우가 너르고 아래가 좁게 되여 있으며 접시 같은 경우, 거의 파여 있지 않고 평평하다. 바로 젓가락을 수평으로 펴서 집기에 편하게 되여 있는 것이다. 가마 역시 마찬가지이다. 우가 벌려져 있다. 젓가락을 많이 사용하는 식습관으로부터 유래되었다고 해야 할 것이다. 숟가락과 젓가락으로 기인된 이런 문화현상은 단지 식기에서뿐이 아니라 다른 데서도 많이 나타나고 있다.

전에 우리들의 생활에서 많이 쓰였던 바구니와 한족들의 광즈(筐子), 역시 그렇다. 우리들이 썼던 바구니는 배가 불룩하고 언저리가 안으로 오무라들면서 바구니를 살짝 보듬어 안고 있지만 한족들의 광즈는 그렇지가 않다. 아구리가 넓게 퍼지면서 물건을 담고 쏟기에 쉽게 되어있다.

젓가락이 말해주는 것은 실용주의적이다. 어떻게 됐거나 목적을 이루면 되는 것이다. 뿐만 아니라 젓가락은 숟가락보다 자기가 집으려는 것을 더 정확하게 집을 수 있고 끄집어 낼 수 있기도 하다. 이런 일정한 한도 내에서의 정확성에 대한 요구는 많이 사용하는 단어에서도 나타나고 있다.

제3절 식생활의 특징

1. 식생활의 목적

인간의 생명유지와 활동에 필요한 에너지와 영양소의 공급, 즉 식생활을 통하여 개인의 생명과 건강을 보존하는 것을 목적으로 한다. 또한 식생활을 통하여 정신적인 만족감과 안정감을 얻는 것을 목적으로 한다.

2. 식생활의 구조와 모습

식생활의 구조를 다섯 가지 특면으로 살펴보면 다음과 같다.

생산은 식생활 영위를 위해 먹거리 생산·가공이 요구되고, 유통은 확보된 식재료의 양적 확대에 따라 교역이 필요하다.

현대 과학은 음식물의 성분에 관한 영양소 발견과 소요량 산출, 나아가 오늘날의 생명공학기술이 식생활의 구성인자가 되고, 정보는 과학발달과 교육은 음식물 지식과 내용 등을 알 수 있는 정보도 식생활형태를 이루고 있다.

소비 또한 식단·가공조리·습관·기호·전통식비 및 먹는 법 등 최종적으로 소비가 구성인자로서 영양을 주어 오늘날 다양한 형태로 식생활이 발전되어 왔다.

3. 식생활의 발전과정

1) 원시단계(제1단계)

광대한 토지를 자유로이 이용할 수 있고, 수렵이나 채취 및 가축의 사육 등으로 식량을 확보하여 육식을 주로 소비하는 단계이다.

2) 기아단계(2단계)

식량조달의 수단이 유목과 축산뿐 아니라 계획적인 농경이 시작되는 단계이다.

3) 안정단계(3단계)

인구의 급속한 증가와 더불어 상업적인 영농이 시작되는 단계이다.

4) 식도락의 단계(4단계)

인구증대가 평균적 안정수준으로 근접하고 상업적인 영농이 정착한 반면에, 농업인구의 수는 급격히 감소하는 단계이다.

5) 건강 장수 지향의 웰빙 단계(5단계)

농촌의 비율이 급격하게 감소되는 고도화된 영농기술의 발달로 산업적인 영농이 정착하는 단계로서 총인구의 수도 감소하는 단계이다.[2)]

---

2) 전게서, 성태종외, pp.22-25 요약.

제4절 음식문화

1. 음식문화의 이해

보도매체에 의하면 우리나라 외식시장의 연평균성장률은 약 30~40%에 이른다. 이러한 외식산업의 증가는 소비자의 욕구나 태도 및 라이프스타일에도 커다란 변화가 일어나 생활이 점점 복잡해지고, 시간에 많은 제약이 따르는 현대사회에서 사람들은 간편함을 추구하였고, 이는 점차 외식이 생활화 수단으로 작용하였다. 외식산업은 인간의 가장 기본적인 욕구를 만족시키는 대표적 서비스업으로 경제발전과 국민경제에서 차지하는 비중이 커지고 있는 산업이며, 이들 외식산업 중에서 가장 두드러진 증가를 보인 것은 패스트푸드이다.

오늘날 소비자가 원하는 식당은 더 맛있는 요리에 아늑하고 밝은 분위기의 점포를 찾고 있다. 이와 같은 시대적 요구에 부응하며 나타난 것이 패스트푸드 점포이다. 깨끗한 주방분위기와 안락한 객석, 밝은 얼굴의 서비스 그리고 외국에서 도입된 영양가 높고 맛있는 메뉴를 선보이고 있는 것이다. 선진국형 유통방식으로 도입된 프랜차이즈시스템이 국내 외식산업에 도입 된지도 십여 년이 지났으며, 패스트푸드산업은 성장가도를 달리는 산업의 한 부분으로서 뜨거운 판매경쟁에 돌입하고 있는 실정이다.

2. 음식문화의 사회성

인간이 음식을 먹는다는 것은 생존방식에서 가장 중요한 쾌락 중의 하나다. 그러나 이러한 생리적 욕구에 속하는 쾌락성에 대해 가치를 두는 사회와 그렇지 않은 사회가 있다.

하나는 서구의 합리적 사회의 관습이고, 나머지 하나는 동양의 전통적 관습에 속한다고 볼 수 있다. 한국은 전통적으로 먹는 일에 대해 말하는 것은 조금 점잖지 못하다고 생각해 왔다. 이러한 관습은 가정에서도 먹는 일에 대해 남자가 이러쿵 저러쿵 말이 많으면 남자답지 못하다고 전해져 왔다.

이러한 음식의 기본적 차이는 민족의 생존환경과 밀접한 관련이 있다. 미주 유럽에서도 라틴계의 영향을 받은 여러 나라에서는 전통적으로 음식의 쾌락에 관해 이야기를 많이 하는 편이고, 금욕적인 프로테스탄티즘의 세례를 받은 나라는 그렇지 못한 셈이다.

미식가들은 음식을 쾌락의 관점에서 생의 목적으로 추구하기 때문에 일반인이 갖고 있는 정서와 상당히 배치되는 면이 많다. 그러나 이러한 일단의 사람들 때문에 음식 문화의 발전이 이루어져 왔다고 볼 수 있다.

즉 불평등 속에 음식문화의 발전이 이루어져 왔다. 이것이 바로 '음식문화의 사회성'이라 할 수 있는 것이다.

3. 다양한 음식문화

식사의 예절은 음식섭취의 질서를 유지하기 위하여 각각의 음식 문화권의 특성에 따라 이와 같이 다양한 형태를 나타내고 있다. 각 개인별로 분배하여 식사를 하는 경우와 공통의 그릇에 준비해놓고 가져와 먹는 경우가 있고, 한사람씩 따라 제공하여 먹는 경우도 있다.

일반적인 음식문화로는 한명 씩 개인단위로 음식 요금을 책정하여 한사람씩 음식요금을 받고 제공하는 것이 관례로 되어있다. 손을 음식을 집어서 먹는 음식 문화권에서는 튀긴 기름음식이나 뜨거운 요리는 먹는 일이 없으며, 손으로 집기에 적당한 온도를 유지하는 음식이 주류를 이루고 있다. 음식물은 큰 공통의 용기에 담아서 식사를 할 때 문제가 되는 것은 음식분배를 둘러싸고 다툼이 일어나지 말아야 한다는 것을 반드시 기억해야 할 것이다.

제2부 세계의 음식문화

제1장 한 국

1. 한국의 풍토와 식생활문화

1) 한국의 지형적 특성

① 한반도의 위치와 기후

한반도를 수리적 위치의 측면에서 그 특징과 활용을 살펴보면 다음과 같다. 경도와 위치로 표현되는 위치로 한국은 대략 남북으로는 북위 33-43도, 동경 동쪽과 서쪽으로는 124-132도에 걸쳐있는 위치를 지니고 있다. 국토 중앙을 종관하는 경선은 동경 127도 30선이고 중앙을 가로지르는 선은 북위 38도 선이다. 아로서 알 수 있듯이 한국은 위도 상 북반구의 중위도지역에 자리 잡고 있는 것으로 유라시아 대륙의 서측의 지중해의 이베리아 반도 이탈리아 반도와 비슷한 위치를 차지한다. 이러한 위도 상의 위치는 온대성 남부에 자리하고 있는 것으로 기후가 온난하여 인간 활동에 있어서 능률적인 활동을 가능하게 한다.

또한 한국의 기후의 특징은 온대지역에 위치함으로써 4계절이 뚜렷하고 유라시아 대륙의 영향으로 연교차(일년 중 최고기온과 최저기온의 차이)가 심하며, 여름은 몹시 무덥고, 겨울은 춥고 기간이 길며, 연간 평균 강수량이 약 1,200mm로 여름철에 약 60% 이상이 집중되어 계절별 강수량의 차이가 큰 편이다.

② 한반도 지형과 생산물

한반도는 남북으로 길고, 동서로 좁은 영역으로 되어 있어 남북 간의 기후차가 크며, 북쪽은 산간 지대, 남쪽은 평야 지대가 상대적으로 많이 펼쳐져 있어 각각의 자연 조건에 따라 다른 생산물이 산출된다. 이러한 자연 환경의 차이와 이에 대한 주민의 적응 양식에 따라 각 지방마다 특색 있는 향토 음식이 생겨나게 되었다.

당시는 교통이 발달하지 않아서 각 지방 산물의 유통 범위가 좁았다. 그래서 지방마다 소박하면서도 독특한 음식이 생겨날 수 있었다.

지방마다 음식의 맛이 다른 것은 그 지방의 기후와 관계가 깊다. 북부 지방은 기온이 낮고 추워 음식의 간을 싱겁고 맵지 않게 한다. 음식도 크고 양이 푸짐하여 그 지방 사람들의 넉넉한 품성을 나타내어 준다. 그러나 남부 지방으로 갈수록 기온이 높아 음식의 맛이 짜고 매운 맛이 강하며 고추와 젓갈의 사용이 많아진다.

향토음식은 한 고장에서 독특하게 개발한 음식으로서 그 고장이 갖는 기후, 지세 등의 자연 배경에 순응하면서 개발한 것이고 그 고장이 겪어 온 정치, 경제, 문화 변천의 영향을 받으면서 이루어 온 것이므로 각기 다른 고장의 것과는 비할 수 없는 특성을 지닌다.

20세기에 들어오면서 교통이 편리하여 사람의 교류가 많아지고 물자의 운송도 용이하여 식생활 문화의 양식이 서로 닮아지고는 있으나 아직도 지방마다 특색 있는 음식이 많이 전승되고 있어 맛깔스런 향토 음식을 즐길 수 있다.

2. 한국 식생활의 발자취[1)]

한반도에서 농업을 시작한 것은 현재로서는 신석기시대 이후로 추정된다. 그러므로 그 이전의 시기에는 들짐승이나, 산짐승, 강가와 바닷가의 조개류, 산야에 자생한 열매나 구근과 같은 자연물이 식량의 대상이었을 것이다. 인류사의 견지로 보았을 때, 이렇게 자연물을 식량의 대상으로 한 수렵, 채집 경제활동은 농업이나 목축 어업을 주로 한 기획경제생활과는 비교 할 수 없을 만큼 오랜 세월

1) 성태종외, 음식문화비교론, 대왕사, pp.27-29.

동안 계속되었을 것이다. 본서(本書)에서는 신석기시대부터 다루기로 한다.

1) 신석기시대

신석기문화는 빗살무늬토기와 함께 기원전 6천 년경 무렵 시작되어 싹트고 있었다. 신석기인들은 어로와 수렵, 채취생활을 주로 하다가 후기에 들어서서 원시적인 농경생활로 점차 바뀌게 되었다. 빗살무늬토기인 이후 우수한 청동기를 가진 북방유목민들이 한반도에 침입해 토착원주민들과 연합하여 우리 민족의 원형인 맥족이 형성되고, 이들이 고조선을 세웠던 것이다. 기원전 1500년에서 2000년쯤부터 한반도에서 벼의 재배가 시작되었으며, 어패류도 채취하여 먹었음은 패총의 발굴로 알 수 있다. 이 시대에 우리조상들은 처음에는 곡식을 토기 시루에 술밥처럼 쪄서 먹다가 나중에 토기 솥을 만들어 물을 붓고 끓여서 죽과 밥을 지어 먹었다. 또 떡은 곡식을 돌절구에 찧거나 맷돌에 갈아 가루로 만들어 토기 시루에 쪄서 먹었다. 밀도 가루로 빻아서 국수 등과 같은 형태로 조리하였고, 소금과 기름을 사용할 줄 알았다.

2) 초기 철기 시대와 삼국시대

기원전 4세기경에 철기문화가 발달함에 따라 농업의 생산력이 증대되었고, 벼농사 또한 널리 보급되었다. 철기문화는 중국의 철기문화를 수용한 것이지만, 삼한지역에서 철이 생산되었으므로 철기의 생산기술이 발달하고 있었다. 철기문화가 전개되었을 때에는 농구도 철제로 바뀌었다. 이제 까지 돌을 도구로 사용했던 농기구가 철로 바뀌게 된 것은 그 시대의 농업기술의 대단한 변혁으로 농업발전의 큰 동기가 되었으며, 농업기술이 향상되고 농업이 주산업으로 정착하게 되었다. 이에 따라 수렵은 상대적으로 쇠퇴하였으나 소, 돼지, 닭, 양, 오리, 거위, 염소 등을 집에서 길렀으며, 토끼, 여우, 호랑이, 소, 이리, 비둘기, 꿩, 까치, 까마귀와 같은 짐승들을 먹었다는 기록이 있다. 조선기술(造船技術)이 발달하여 근해까지 나아가 바다고기를 잡아먹었으며, 다양한 물고기와 해초류를 먹기 시작하였다.

고구려, 백제, 신라의 삼국시대를 거쳐 통일신라에 이르는 과정에서 한국의 주요 식량의 생산을 위시하여 상용음식의 조리가공, 일상식의 기본양식, 주방의 설비와 식기 증 한국식생활의 주조와 체계가 성립된다. 이 시대의 중앙집권적인 정치체계로 농업을 기본 산업으로 해서 국력과 영토 확장을 해나갔으며, 토지가 부와 권력의 척도가 되었다.

고구려는 농업의 발달, 벼농사의 도입, 철기문화의 수용 등 대륙의 선진문화를 삼국 중 가장 일찍이 받아들여 심경농업(深耕農業)을 실시하였으며, 조와 콩을 많이 재배하였다.

백제는 다른 지역에 비해 벼농사가 가장 적합한 지역으로 중기 경에는 쌀의 주식화(主食化)가 성립되었다고 할 수 있다. 오늘날에도 농업의 작황은 그 당시와 별다름이 없다.

신라는 설립초기에서 중기까지는 보리농사가 일반적이었으나. 6세기에 벼농사를 주농업으로 하던 가야의 지역을 점유하여 벼 농사국이 되었다.

또한 이 시대의 감주는 일명 식혜라고 하여, 쌀밥을 엿기름으로 삭혀 달게 만든 당화식품의 하나로 우리나라 고유의 음료제법으로 알려져 왔다.

3) 고려시대

고려시대는 한국의 식생활문화의 역사에서 볼 때 식생활 문화의 체계와 구조가 확립된 시기라 할 수 있으며, 고려를 세운 왕건은 육식 절제와 근검 절약을 선도하고 토지정책을 개선했으며 개간 사업과 양조법을 확대 발전시켰다. 채소 재배가 발전함으로써 한국 김치의 전통이 확립된 시기이기도 하다. 중농정책을 실시하여 농기구를 개량하고, 상평창이라는 물가조절기관을 설치하여 곡식을 비축함으로써 곡식의 가격을 조절하였으며, 양곡의 수확도 크게 늘었다. 전쟁용과 운반용으로 쓰기 위하여 제주도에 목장을 개설하여 말을 사육하였고, 소는 주로 농경에 사용하였다. 태조의 훈요십조에 따라 숭불정책을 실시함으로써 고려초기에는 살생을 금하고 육식을 절제하였으나. 후기에는 원(元)의 지배를 받게 되면서부터 육식의 풍습이 다시 살아나 돼지고기, 닭고기, 양고기 등과 같은 것을 먹게 되었다. 소금, 엿, 식초를 사용하였으며, 중국에서 수입한 설탕과 향신료인 후추를 사용하였다. 밥, 잡곡밥, 팥죽, 설기떡 등의 곡물음식을 해 먹었으며, 특히 율고가 유명하다. 조리법이 다양해져서 국수, 만두, 상화, 유과, 유밀과, 다식과 같은 음식을 만들었으며, 두부와 콩나물도 만들게 되었다. 간장과 된, 술 등의 발효식품을 담글 줄 알게 되었고, 또한 이 시대는 음다의 풍습과 함께 화채, 숭늉 등 차(茶)가 발달하여 다과상 차림의 규범이 성립되었고, 증류주법으로 양조법이 확대되었다.

쉬어가기 율고

밤가루와 찹쌀가루를 섞어 꿀물에 내려 시루에 찐 일종의 밤설기이다.

4) 조선시대

조선시대에는 농업이 천하의 가장 귀한 직업이라 농업을 장려하고 저수지 등의 수리시설을 확충함으로써 곡식과 채소의 생산이 늘어났고, 품질개선이 이루어져, 선진농업기술이 적극적으로 전파되고 각 지방의 농업 실상과 특산물이 파악되었다.

채소의 발효식품인 김치는 1700년대 이후 절인 채소에 고추, 채소 양념, 동물성 식품인 젓갈을 한데 어우러지게 하여 영양적으로 훌륭하고, 독특한 맛을 내는 식품으로 발전하게 되었으며, 세계적으로 한국을 대표할 수 있는 음식으로 꼽히게 되었다.

음식은 가정음식이 주(主)가 되었고 손님대접도 가정에서 이루어졌다. 그 후 간단한 음식점과 식료품상이 나타나기 시작했으며, 궁중음식, 반가음식, 상민음식이 저마다 다른 특징을 보였으며, 전체적으로 한국음식의 수준을 높이는데 기여하였다. 식생활문화가 발달하면서 반가에서 7첩반상, 9첩반상 등의 상차림의 구성법이 정착되었다. 또 그릇과 조리기구 등도 손색이 없을 만큼 높은 경지에까지 이르렀다. 상차림과 식사예법이 잘 다듬어져서 의례음식의 차림새나 명절음식의 종류가 표준화되어 전국적으로 널리 보급되었고, 시식과 절식도 더욱 다양해졌다.

온돌의 보급으로 생활양식이 좌식으로 일원화 되었고 분청사기, 청화백자, 옹기, 유기 등이 보급되어 식기 문화의 편이성이 신장되었으며, 임진왜란을 전후하여 고추, 호박 등의 남방식품이 유입되어 한국적 단을 완성하는 계기가 되었다. 식생활문화가 발달하면서 민가에서 음식 만드는 조리서가 나왔으며 비로소 농서가 간행되고 지리지가 편찬되어 농사직설, 금양잡록, 농가집성들이 전해진다.

3. 한국음식의 특징[2)]

한 나라의 식생활 양식은 그 민족이 처한 자연조건에 따라 다르며 역사적, 사회적, 종교적 환경조건의 영향을 받으며 형성된다.

한반도는 유라시아 대륙의 동북부에 위치한 반도국으로써 북쪽은 육로로 대륙과 연결되고, 동·서·남의 3면은 바다로 둘러싸여 있다. 지세상(地勢上) 서쪽으로 산맥이 많이 뻗어 있어 대지, 분지, 대도해로 다양성을 띠고 있으며, 벼농사 짓기에 적당한 지세를 이루고 있다. 기후로는 냉온대 기후에 속하며 한대성 기후와 열대성 기후의 이중성격을 띤다. 겨울과 여름의 연교차가 크며 4계절이 뚜렷하다. 겨울에는 북서풍이 많이 김장 준비를 따로 해야 하고, 여름에는 비가 많아 장마철을 지내게 되므로 장아찌류를 담구어 여름을 나기도 한다. 그리고 각 하천 하류 지역에는 충적평야가 형성되어 벼농사의 중심지가 되고 있다.

우리나라는 농업의 발달로 다양한 곡물생산이 이루어져 이들에 대한 조리법이 발달되었고, 특히 벼는 제 1의 작물로 쌀밥이 주식이며, 밭보리는 영남지방이 주산지이고, 쌀보리는 전라남도와 경상남도에서 집중 재배된다. 우리나라는 4계절의 변화가 뚜렷하기 때문에 제철의 산출식품을 건조법, 염장법 등으로 저장하는 저장법이 발달했으며, 이로 인해 김치, 장류, 젓갈 같은 발효식품이 발달했다.

---

2) 이순옥외, 먹고 싶은 우리떡 ·우리음식, 백산출판사, p.10.

우리나라의 지리학적 조건은 지형과 기후로 보아 한강을 중심으로 문화권을 양분하여 남북으로 구분해 볼 수 있고, 또한 북, 중, 남 3개의 문화권으로 구분한다. 이러한 자연 지리학적 조건 속에서 오랜 세월을 영위하면서 한국인들은 다양한 생활습관을 형성했으며, 그에 못지않게 다양한 식품조리법 및 저장 식품의 종류를 개발하고 끊임없이 전승하여 오늘에 이르고 있다.

한국 음식의 특징은 재료 자체가 가지고 있는 순수한 자연의 맛을 최대한 살려 정성껏 음식을 만드는 데 있다. 우선 들어가는 재료들은 맛, 영양, 향을 위한 과학적인 배합들임을 알 수 있다. 또한 각 지방마다 특산물을 잘 이용한 향토 음식류는 한 차원 높은 우리민족의 식생활 방법임을 알 수 있다. 또한 수산물이 풍부해 수조육류와 채소류 등 다양한 재료를 이용한 음식이 발달되는 계기가 되었다.

한국음식의 특징을 보면 다음과 같다.

① 곡물중심의 식생활로 주식과 부식이 명확하게 구분되어 있다.

② 음식의 종류와 조리법이 다양하고 조미료와 향신료가 발달되었다.

② 음식이 보약이라는 약식동원(藥食同源)이 기본정신이 배어있다.

④ 계절에 따른 발효저장식품이 발달되었다.

⑤ 유교의 영향으로 상차림과 식탁예법이 발달하였다.

⑥ 각 지역에 따른 향토음식이 잘 발달되어 있다.

⑦ 명절시식과 시식의 풍습이 있었다.

⑧ 일상식(日常食)에서는 독상(獨床)중심이었으며, 조반(朝飯)과 석반(夕飯)을 중히 여겼다.

4. 한국음식의 종류

한국음식은 크게 주식, 부식, 후식(기호식), 조미료식류로 분류된다.

1) 한국전통음식의 종류

한국의 전통 음식은 중국, 일본 등의 식생활과 많은 흡사한 공통점을 갖고 있으나. 각 각의 민족이 다르므로 많은 상이점이 있다. 밥이나 곡물류의 음식을 주식(主食)으로 하며 그 외의 식품으로는 반찬류를 만들어 먹는 것을 공통으로 볼 수 있다.

2) 한국의 발효음식

(1) 장류(醬類)

우리나라 음식 중 대표적인 것을 예로 든다면 아마도 발효음식이라고 자신 있게 말할 수 있다. 콩과 밀, 보리 등의 곡류(穀類)에 곰팡이를 번식시켜 발효한 것에 소금이나 고추 가루를 첨가하여 일정기간 숙성시킨 것이다. 한국의 정서가 듬뿍 깃든 구수한 맛과 짠 맛, 그 밖의 그 어느 나라에서도 찾아 볼 수 없는 독특한 향기를 부여한 조미식품인 장류(醬類)는 좁은 뜻으로는 액체 상태인 간장을 뜻하며, 넓게는 간장, 된장, 고추장, 청국장, 막장, 즙장 등이 있다. 이러한 장류는 비단 우리나라만이 가지고 있는 것이 아니고 중국, 일보, 말레이시아, 인도네시아 등에서도 고유한 조미료적 식품이다. 그러나 이들 나라는 우리 나라 만큼 독특하거나 가짓수가 많지 않으며 역사 또한 그리 길지 않다. 따라서 우리 나라는 단연 장류 문화권에서는 그 어느 나라도 타의 추종을 불허하는 종주국이라 해도 손색이 없을 것 이다.

간장과 된장의 맛은 메주에서 결정된다. 메주는 콩을 삶아 뭉쳐 온돌방 등에서 한겨울 내내 발효시킨 것이다. 이렇게 만든 메주를 장독에 넣어 소금물을 붓고 오랫동안 우려낸 것이 간장이다. 또한 간장을 담그고 난 메주는 된장으로 사용된다. 이러한 장류는 육류식품(肉類食品)이 부족한 중국, 일본의 동양권에서 중요한 단백원(蛋白原)으로 많은 사람의 사랑을 온 몸에 받아왔다. 특히 예로부터 우리 한국에서는 그 집안의 장맛이 좋아야 가정이 길(吉)하다는 말이 생길 만큼 이들 식품의 제조, 관리에 많은 배려를 쏟아왔다. 또한 장독대가 무병장수를 기원하는 치성의 장소로 사용되었다는 선조들의 장(醬)에 대한 각별한 관심사를 가늠할 수 있을 것이다. 장류(醬類)는 이처럼 여러 종류의 비법과 금기사항을 수반하고 우리 할머니, 어머니들의 정성으로 이어내려 온 한국고유의 양념이 되어왔다.

① 간장

안악3호분(安岳三號墳)의 벽화와 '삼국사기'의 기록에서 장을 담그기 시작했다는 흔적을 찾을 수 있다. 또한 '고려사' 식화지(食貨志)에는 1018년(현종 9) 거란의 침략 때와 1052년(문종 6) 기근 때 굶주린 백성에게 간장과 된장을 나누어 주었다는 기록이 있다. 조선시대 중엽의 '산림경제'에 조장법(造醬法)이 나와 있는 것을 살펴보면 오늘날의 장 담그기와 같은 방법이 정착되었으리라 추측된다.

간장을 만드는 법은 우선 삶아서 찧은 콩에 종국(種麴)을 심어 메주를 쑤는 것으로 시작한다. 이때 콩에 쌀, 보리, 밀과 같은 곡식을 일정량씩 첨가하면 산생성균(酸生成菌)이 증가하고 효소의 활성이 높아져서 간장 맛이 훨씬 좋아진다. 26~29 ℃의 온도에서 3일간 띄운 메주는 18%의 식염수에 담근다. 여기에서 국균의 효소가 단백질·전분·지방을 아미노산·포도당·지방산 등으로 각각 분해시키며 이와 동시에 야생효모와 유기산(有機酸) 생산균(生産菌)이 번식하여 간장의 맛과 향기가 형성된다. 이것을 걸러낸 즙액을 80℃정도로 가열하면 효소의 불활성화, 간장 향기의 강화, 색조증진이 이루어진다. 장류 제조에서 재래식 또는 개량식이라고 하는 구분은 메주 제법의 차이에 근거한 것이다. 부패균을 함유한 여러 가지 혼합균종이 이용되어 맛이 다양하게 나오는 메주에 비해 개량 메주는 단일균종(황국균)만 이용하기 때문에 품질이 균일하고 감칠맛이 난다. 아미노산이 분해되어 생긴 멜라닌과 멜라노이딘으로 인해 간장의 색깔이 갈색인 것이다.

간장의 '간'은 소금의 짠 맛을 의미하며 재래식 간장은 정장과 진장이 있는데 청장은 그 해 담근 것으로 처음부터 메주에 비해 소금물의 양을 많이 하여 맑은 색의 묽은 간장이 된다. 염도는 시중에 시판되는 진간장보다 높아 약 20%정도로 알려져 있다. 진장은 몇 년 정도 묵혀서 점차 색깔과 맛이 진해진 간장을 말한다.

간장은 숙성되는 동안 짠맛 이외에 콩의 단백질, 당질, 지방 등이 분해하여 생긴 아미노산, 유기산, 유리상 등이 합하여 독특한 맛과 향을 내게 장의 맛은 메주의 발효 정도와 소금의 양과 메주와 소금물의 비율 그리고 숙성 중의 관리 등 여러 가지 요소가 복합되어 생기므로 각 가정마다 장맛이 서로 다른 것은 바로 그런 이유에서이다.

시대가 변함에 따라 최근에는 점차 가정에서 장 담그는 일이 사라지고 식품공장에서 대량으로 제조한 간장을 구입해서 먹는 경우가 많아지게 되었다.

현재 우리나라에서의 간장을 분류한 명칭은 다음과 같다.

㉮ 조선간장(재래식 간장): 한국의 전통 방법으로 일반 가정에서 만드는 간장으로 비교적 색이 연하고 짠맛이 강하며, 콩으로 만든 메주를 소금물에 담가 발효시켜 만든다. 담은 지 1년 이내의 간장을 햇 간장(淸醬), 3-4년 묵은 간장은 중간장, 5년 정도 묵은 간장은 진장(陳醬) 혹은 진간장이라 한다. 국, 찌개, 나물의 간을 맞출 때에는 청장을 사용했고, 진장으로는 조림, 포, 육류의 양념 등에 사용된다.

㉯ 왜간장(개량간장): 구한말 개화기 이후 들어온 일본식 간장을 말하며 조선간장에 비해 짠맛이 약하고 색이 진하다. 주로 공장에서 대량으로 만들어내며, 샘표간장이나 몽고간장 등의 상표명으로 불리는 경우가 많다. 세부적인 제법에 따라서 양조간장과 산분해간장(아미노산 간장)으로 나누기도 한다.

㉰ 어(魚)간장(Fish Souce): 물고기와 패류를 소금에 절여 1년 이상 발효, 숙성시킨 액체조미료를 말한다. 필리핀, 태국, 미얀마, 말레이시아, 중국의 해안지방 , 일본 등에서 널리 쓰인다. 한국의 제주도 및 남해안 일부 지역에서도 어간장을 만들었다.

② 된장

된장은 콩으로 만든 한국 고유의 발효 식품으로 음식의 맛을 고대로부터 내려온 기본조미료로 그 어원은 '되다(Hard)'의 뜻이 담겨 있는데, 토장이라고도 하여 청장(간장)고 대조를 이루었다. 초기의 된장은 간장과 된장이 섞인 것과 같은 걸쭉한 장이었으며, 삼국시대에는 메주를 쑤어 몇 가지 장을 담그고 맑은 장도 떠서 썼을 것으로 추측하고 있다. 그 후대에 이르러 더욱 계승 발전되었다. 조선시대 이후의 재래식 된장은 메주를 소금물에 담그어 여러 성분들이 우러나오면 간장을 떠내고 남은 찌꺼기를 모은 것이다. 이렇게 만든 된장은 콩의 수용성 영양분이 간장으로 빠져서 영양분도 적고 맛이 덜하다. 된장은 조미료로만이 아니라 주요한 단백질의 급원이 되는 식품의 재료로서도 쓰인다.

된장의 종류로는 여러 가지로 막 된장, 막장, 토장, 담북장, 즙장, 생황장, 청태장, 팥장, 청국장, 지례장, 두부장, 비지장, 생치장, 집장 등으로 구분할 수 있다.

③ 고추장

고추장은 간장, 된장과 더불어 우리 고유의 발효식품으로 한국에만 존재하는 복합적인 맛을 내는 조미료로, 탄수화물의 가수분해로 생긴 단맛과 콩단백에서 오는 아미노산의 감칠맛, 고추의 매운맛, 소금의 짠맛이 조화를 잘 이룬 조미료이다.

고추장은 메줏가루와 함께 넣는 주재료의 종류에 따라 찹쌀 고추장, (맵)쌀고추장, 보리 고추장, 밀가루 고추장, 팥고추장, 떡고추장, 무거리 고추장 등으로 구분되며, 이용방법에 따라 보통 초고추장용, 찌개에 쓰이는 막고추장용과 장아찌 고추장용으로 크게 구분할 수 있다.

재래식 고추장은 메줏가루, 고춧가루, 찹쌀가루, 소금을 원료로 한다. 찹쌀가루를 반죽하여 쪄서 메줏가루를 혼합하여 저어 당화되어 묽어지면 고춧가루를 섞고 소금으로 간을 맞춰 숙성시킨다. 각 지방에 따라서는 찹쌀 대신 전분으로 멥쌀, 밀, 보리도 사용된다. 고추장용 메주는 콩에 쌀가루를 섞어서 빚기도 하고 소금 대신 청장으로 간을 맞추기도 한다.

④ 청국장

㉮ 유래: 조선시대 홍만선의 '산림경제'에 의하면 '전국장'이라는 명칭과 제법이 처음으로 소개되었다. 이는 전쟁이 발발되었을 때 부식으로 빠른 시간 내에 제조 가능하여 붙여진 이름으로 '전국장'이라고 유래하였다는 설과 청나라로부터 전래되었다는 뜻으로 청국장이라고도 하며, 전시장이라고도 한다.

㉯ 개요: 청국장은 대개 가을부터 다음 해 봄까지 만들어 먹는 식품으로, 콩을 불려 삶아서 볏짚이나 멍석 등으로 싸서 더운 곳에 2-3일 두면 끈끈한 실(진)이 생긴다. 이것을 찧어서 소금, 파, 마늘, 고춧가루 등을 섞어서 저장

하고 대개는 찌개를 끓이는데 쓴다. 따뜻하게 보온하는 동안에 콩과 짚에 붙어 있는 납두균(納豆菌)이 번식하여 끈끈한 향기를 가진 발효 물질로 변한다. 볏짚에는 납두균이 많이 들어 있어 청국장을 띄울 때에 짚을 넣으면 발효가 빠르다.

㉰ 가정에서 청국장 만드는 법

- 콩 고르기: 중간 정도 크기의 소립종(小粒種)을 준비한다. 청국장을 담글 때 가장 많이 쓰는 콩은 대두인데, 수입 콩보다는 국산 콩이 발효가 잘된다.
- 씻기와 불리기: 잘 고른 콩을 깨끗이 씻은 다음 물에 12시간 정도 불린다. 이때 콩은 물을 많이 먹기 때문에 콩 부피의 3배 이상의 물이 필요하다.
- 익히기: 물을 붓고 삶는 방법과 뜨거운 김을 쐬어 찌는 방법이 있다. 찌는 법이 영양가 손실을 최소화한다. 삶는 법을 택할 경우, 불린 콩을 솥에 부어 끓인 뒤 중불 정도의 은은한 불에서 연한 갈색이 날 때까지 1시간 정도 푹 삶는다.
- 균 접종하기: 청국장을 만드는 과정에서 가장 중요한 단계이다. 청국장의 종균으로는 깨끗한 볏짚을 사용하는 것이 좋다. 볏짚이 없다면 삶은 콩을 그냥 발효시켜도 된다. 그러면 공기 중에 떠도는 청국장균이 저절로 장착하여 청국장이 만들어진다.
- 발효시키기: 콩을 용기에 담아 천으로 덮은 뒤 섭씨 40도가량에서 80% 정도의 습도를 유지시킨다. 2~3일 후 발효 냄새가 나고 콩 표면의 갈색이 진해지고 하얀 실이 생기면 발효를 끝마친다.
- 가공하기: 발효가 끝난 청국장은 나무주걱을 이용해 고루 섞은 뒤 절구에 넣고 찧는다. 그런 다음 소량의 소금과 마늘, 고춧가루로 양념하기도 하는데 소금 양 2% 정도면 충분하다
- 주재료: 메주콩400g, 소금 4큰 술, 고춧가루 4큰 술, 다진마늘 2큰 술, 다진파 2큰 술, 콩가루1/2컵, 풋고추2개, 홍고추2개, 물4컵
- 조리법 :

  1. 메주콩은 좋은 것으로 골라 물에 충분히 불린다.

2. 냄비에 물과 콩을 넣고 충분히 끓인다(콩이 완전히 익을 정도로 끓인다).
3. 끓인 콩을 체에 올려 물기를 뺀다.
4. 삶은 콩을 거즈로 덮어 더운 곳에 2-3일 정도 두면 끈끈한 실이 생긴다.
5. 발효된 콩을 절구로 찧는다.
6. 찧은 콩에 볶은 콩가루, 마늘 넣고 잘 섞는다.
7. 고춧가루, 소금, 대파를 넣고 다시 한 번 섞는다.
8. 청국장을 동그랗게 빚거나 병에 넣어 겨울 내 두고두고 먹는다.

쉬어가기 청국장

청국장은 오래 두면 변질되기 쉬우므로 겨울철에 만들기에 적합하며, 특히 충청도 지방에서 즐겨 먹는 음식이다.

㉣ 효능: 청국장은 다이어트, 고혈압, 고지혈증, 당뇨, 변비, 골다공증, 피부노화방지에 좋은 식품으로서 그 종류도 청국장 종류도 재래식 청국장과 생청국장(낫도)이 있다. 재래식 청국장은 자연 상태에서 발효하므로 공기 중에 있는 잡균이 들어갈 수 있으나, 생청국장은 낫도균만을 사용하여 위생적으로 발효한다. 그러므로 재래식 청국장은 끓어서 먹어야 하고, 생청국장은 끓이지 않고 그대로 먹는 것이 좋다. 생청국장도 콩의 종류에 따라 백태(일반 콩) 와 쥐눈이 콩(약콩)으로 만든 것이 있고, 일반 재배한 콩과 유기농 콩으로 만든 생청국장이 있다. 생청국장(낫도)이 뜰 때 실이 쉽게 끊어지면 발효가 덜 된 것이고, 실타래처럼 하얗고 가느다란 글루타민산(아미노산의 일종)의 실(진)이 끈기가 강할수록 좋은 품질의 생청국장으로서, 최상의 생청국장(낫도)은 무려 1~2m까지 끊이지 않고 늘어지기도 한다. 청국장은 끓여서 먹으면 청국장의 중요한 성분인 효소와 균주가 파괴될 수 있으므로, 끓이지 않고 생으로 먹는 생청국장(낫도)이 더 좋다고 한다. 또한 청국장에는 비타민 B2가 풍부하게 함유돼 있어 간 기능을 좋게 하며, 몸이 축

처질 때, 혹은 숙취로 고생할 때 청국장을 먹으면 몸이 한결 가벼워짐을 느낄 수 있다.

(2) 김치

① 김치의 역사

한국의 겨울은 매우 추워 겨우 내내 채소를 저장하는 방법을 고안하게 되었는데 바로 그것이 김치이다. 비타민과 무기질의 함량이 많고 주식인 밥과 맛이나 영양상 조화를 이룰 수 있는 한국고유의 전통음식이다.

㉮ 상고시대: 이미 무, 가지, 죽순 등이 있었고 또한 야생식물 등이 있었으니 그 당시의 저장기술을 이용하여 채소를 소금이나 술지게미에 절여서 두고 먹었으리라고 추측된다.

㉯ 고려시대: 불교의 영향으로 곡물 위주의 생활을 했는데 이에 따라 김치가 발달하게 되었다. 이 시대에는 지금의 김치류와는 다르고 짠지류나 동치미 같은 형태였다고 보여진다. 순무를 소금과 장에 절인 채소절임인 침채(채소를 소금물에 담근다는 의미) 는 곡물 음식을 먹을 때 좋은 반찬이었을 것이라 생각된다.

㉰ 조선초기: 딤채가 등장하는 시기로 채소를 소금에 절이는 대신 소금물을 부어 만드는 국물 많은 김치를 개발하나 것이다. 장아찌류는 염장과정에서 채소의 수분이 빠지면서 당분, 비타민 등이 빠져나가는데 비해 딤채는 영양분이 국물에 남게 된다.

㉱ 조선후기: 김치의 변화가 커서 그 이전과 달리 고추가 양념으로 이용되고 있었으며 마늘, 파, 부추 등이 고추와 함께 주요 양념으로 등장한다. 조선시대 사람들이 김치에 고추를 사용한 것은 아마도 부족했던 소금을 절약하기 위한 수단이였을 것이라 추측된다.

② 김치의 재료

주재료는 통배추, 무, 오이, 총각무 등과 향신료로는 파, 마늘, 생강, 부추, 양파 등이 있으며, 기타 재료는 미나리, 찹쌀, 배, 밤, 동태, 굴 등이 있다. 김치는 주재료가 중심이지만 향신료와 소금, 젓갈류는 맛과 향의 특색을, 어육류와 곡류는 발효를 돕고 맛과 영양을 높여준다.

③ 김치의 효능

양념으로 첨가되는 고추는 비타민 C 등 비타민이 많고 매운 성분인 캡사이신은 지방산의 산화를 막아 젓갈의 비린 맛을 없애주며 입맛을 증진시켜 준다. 또한 마늘속에 들어있는 알리신은 강력한 살균작용을 해준다. 배추, 무 외에 갓, 미나리, 청각 등 부재료들의 첨가는 비타민 C와 카로틴의 함량을 높여준다. 김치의 숙성중 생기는 젓산균은 장내의 부패균의 생육을 막아 정장작용을 한다.

김치에는 섬유소가 많고, 배추나무 중심의 섬유소나 펙틴질은 위장이 연동작용을 할 때 밥덩어리가 뭉치는 것을 막아서 소화효소의 혼합이 잘 되도록 하고, 물을 많이 흡수하기 때문에 장내에 연동 운동시 무게를 주어 변비가 일어나는 것을 막아준다.

쉬어가기 정장작용

후코이단의 미끈미끈한 성분이 되는 식물섬유는 몸 속에 섭취된 후 장을 통과하면서 장 속에 남아있는 식물의 찌꺼기나 콜레스테롤 등 필요 없는 쓰레기 등을 몸 밖으로 배설시켜 주는 작용

(3) 젓갈

3면이 바다에 면하고 있는 한국은 각종 어패류가 많이 잡혀 일찍부터 젓갈이 다양하게 개발되었다. 젓갈은 상고시대부터 있었던 전통적인 발효식품이며, 수산물을 소금에 절여 삭힌 발효성 가공식품으로 젓갈과 식해(食醢)로 나뉜다.

젓갈은 밥상을 위한 밑반찬이며, 새우젓・곤쟁이젓 조개젓・소라젓・밴댕이젓・꼴두기젓・대합젓・멸치젓・연어알젓・명란젓・어리굴젓・조기젓・창란젓・방게젓 등 종류가 많다.

이들은 각각 제철에 사서 항아리에 담고 재료가 완전히 덮일 만큼 소금을 켜켜

이 치고 꼭 봉해서 익히는데, 새우젓·멸치젓·조기젓 등은 김장 담글 때 주로 쓰이고, 나머지는 양념에 무쳐 밥반찬으로 쓰인다.

5. 한국 향토음식의 특징3)

한 민족의 전통 식생활 양식은 그 민족이 처한 자연환경과 사회적 환경에 의해 형성되고 발전되어 간다고 할 수 있다. 우리 나라는 지리적으로 북위 33~43도, 경도 124~132도에 위치한 반도로 온대기후를 가지고 있는데 사계절의 구분이 뚜렷하고, 지역적으로 기후의 차이가 있어 각 지방마다 지역의 특성을 살린 음식들이 고루 발달되어 왔다. 본 장에서는 우리나라의 각 지역별 대표 음식들을 고찰해 보고자 한다.

1) 함경도음식

함경도는 밭곡식이 많고 남한지방의 곡식보다 매우 차지고 맛이 구수하다. 함흥냉면은 홍어, 가자미 등의 생선회를 맵게 비벼 먹기도 한다. 다대기라는 말도 이 고장에서 나온 말로 고춧가루에 갖은 양념을 넣어 만든 것을 말한다. 음식의 모양이 크고 장식이나 기교는 적다.

□ 대표적인 함경도 음식

함흥냉면, 강냉이밥, 찐조밥, 감자국수, 옥수수죽, 얼린 콩국수, 콩부침 등이 있다.

2) 평안도음식

평안도는 해산물이 풍부하고 평야가 넓어 곡식도 풍부하다. 추운 지방이므로 겨울에는 육류와 콩, 녹두 등으로 만든 음식을 즐기며 음식도 먹음직스럽게 큼직하고 푸짐하게 만든다. 특히 겨울에 먹는 음식이 발달되었다. 국수를 즐겨 먹고

---

3) http://www.geotutor.pe.kr/missBoard/view.asp?no=17121&page=1&idx

겨울에 냉면, 여름에 어복쟁반이라는 더운 국수를 먹는다. 냉면은 동치미국물에 말고 꿩탕에도 말아 먹기도 한다.

□ 대표적인 평안도 음식

평양냉면, 어복쟁반, 온면, 만두국, 고사리죽, 녹두지짐 등이 있다.

3) 황해도음식

황해도에서는 쌀과 질 좋은 잡곡의 생산이 많아 조밥을 많이 먹는다. 황해도는 곡물 중심의 떡이 다양하게 발달되어 있고 맛은 구수하며 모양은 소박하다.

□ 대표적인 황해도 음식

잡곡밥, 된장떡, 호박김치찌개, 수수죽, 밀범벅, 강엿, 새우찜, 황해도고기전, 오쟁이떡, 좁쌀떡 등이 있다.

4) 서울음식

서울 지방은 전국 각지에서 생산된 여러 가지 재료가 수도인 서울에 모이기 때문에 이것들을 활용한 다양한 음식이 발달되었다. 서울 음식의 간은 짜지도 맵지도 않은 적당한 맛을 지니고 있다. 양념들은 곱게 다져서 쓰고, 음식의 양은 적으나 가짓수를 많이 만든다. 북쪽지방의 음식이 푸짐하고 소박한데 비하여 서울 음식은 모양을 예쁘고 작게 만들어 멋을 낸다.

□ 대표적인 서울음식

설렁탕, 잣죽, 떡국, 국수장국, 육개장, 신선로, 구절판, 탕평채, 도미찜, 경단 등이 있다.

5) 강원도음식

강원도에는 산과 바다가 있어서 여러 종류의 산물이 나는데, 산악지방의 감자, 옥수수, 메밀, 도토리 등으로 만든 음식과 해안의 해산물로 된 소박한 음식들이 향토음식으로 꼽힌다. 산악지방은 육류를 쓰지 않는 담백한 음식이 많으나 해안 지방은 멸치나 조개를 넣어 음식맛을 낸다. 이곳에서는 멥쌀이나 찹쌀로 만든 떡보다는 감자를 중심으로 한 밭작물과 산채를 이용하여 만든 떡이 발달되어 있다. 따라서 맛이 극히 소박하고 구수한 것이 특징이며 옥수수의 산지답게 이것으로 만든 엿이 유명하다.

□ 대표적인 강원도 음식

감자밥, 메밀막국수, 감자수제비, 강냉이범벅, 감자부침, 오징어구이, 오징어회, 쇠미역쌈, 쇠미역튀각, 명태식해, 도토리묵, 감자송편, 감자경단, 찰옥수수시루떡, 메밀총떡, 옥수수엿, 더덕생채, 동태순대, 오징어 순대, 감자시루떡 등이 있다.

6) 경기도음식

경기도 지방은 서해안에서 채취되는 해산물이 풍부하고, 동쪽 산간지대에서는 산채가 많아 여러 가지 식품이 고루 생산되는 지역이다. 개성을 제외하고는 전반적으로 소박하며 양이 많은 편이다. 간은 세지도 약하지도 않은 서울과 비슷한 정도이고 양념도 많이 쓰는 편은 아니다. 각 지역마다 생산되는 산물을 이용하여 여주에서는 여주땅콩강정, 가평에서는 가평송화다식 등이 발달되었다.

□ 대표적인 경기도 음식

조랭이떡국, 오곡밥, 냉콩국수, 팥죽, 개성순대, 삼계탕, 갈비탕, 개성약과, 수수부꾸미, 오미자화채, 개성경단, 개성주악 등이 있다.

7) 충청도음식

충청도는 농업이 성하고 서해에는 좋은 어장이 있어 곡식과 채소, 그리고 해산물이 풍부하다. 충청도 음식은 사치스럽지 않고 양념도 많이 쓰지 않는다. 국물을 내는 데는 고기보다는 닭 또는 굴, 조개 같은 것을 많이 쓰며 양념으로는 된장을 즐겨 쓴다. 부식에 늙은 호박을 많이 쓰고 음식의 양이 많고 맛이 순하다. 충청도는 곡류가 비교적 풍부한 편이어서 곡류 중심의 떡이 발달되어 왔다. 특히 찹쌀과 콩을 주재료로 하여 만든 쇠머리떡은 그 맛이 좋기로 유명하다. 또 이 지방에서는 인삼이 많이 재배되고 있어 인삼약과, 수삼정과 등 인삼을 이용한 음식이 많이 만들어지고 있다.

□ 대표적인 충청도 음식

쇠머리떡, 호박범벅, 늙은호박찌개, 호박고지적, 공주깍두기, 호도장아찌, 넙치아욱국, 애호박나물, 호박송편, 수삼정과, 인삼약과 등이 있다.

8) 경상도음식

경상도는 동해와 남해에 좋은 어장을 가지고 있어 해산물이 풍부하고, 땅이 기름져서 농산물도 넉넉하게 생산된다. 물고기를 고기라고 할 정도로 생선을 즐겨 먹고 대체로 음식이 짜고 매운 편이다. 음식은 멋을 내거나 사치스럽지 않고 소담하게 만든다. 경상도는 날씨가 따뜻해 고추가루를 많이 사용한 매운 음식이 많아 아구찜, 가오리찜, 장아찌류 등의 음식이 발달되어 있다. 최근 영국의 엘리자베스 여왕이 다녀갔던 안동지역은 양반문화를 중시 여기던 고장으로 양반들만의 음식상, 제삿상 등이 구분되어 있기도 하고 안동식혜가 유명하다.

□ 대표적인 경상도 음식

아구찜, 따로국밥, 애호박죽, 조개국수, 추어탕, 곰탕, 토란줄기찜, 콩잎김치, 당귀장아찌, 더덕장아찌, 단풍콩잎장아찌, 유과, 칡떡, 안동식혜, 해물잡채, 장어조림, 부추김치, 파김치, 찹쌀부꾸미 등이 있다.

9) 전라도음식

전라도는 땅이 기름져서 풍부한 곡식과 각종 해산물, 산채 등 다른 지방에 비해 산물이 많아 음식의 종류가 다양하며, 음식에 대한 정성이 유별나고 사치스러운 편이다. 콩나물 기르는 법과 조리법이 특이하며 고추장, 술맛이 빼어나다. 간은 다른 지방에 비해 짜게 하는 편으로, 매운맛과 자극적인 맛이 두드러지며 고춧가루・젓갈 등 양념을 많이 사용하여 저장성이 뛰어난 것이 특징이다.

□ **대표적인 전라도 음식**

전주비빔밥, 콩나물국밥, 깨죽, 대합죽, 꽃게미역국, 파산적, 콩나물잡채, 대합구이, 홍어찜, 꼬막무침, 죽순탕, 순창고추장, 꽃송편 등이 있다.

10) 제주도음식

제주도는 자연환경의 영향으로 쌀은 거의 생산하지 못하고 콩, 보리 등의 잡곡을 생산한다. 해산물이 풍부하고, 소・말 등의 목축이 성하며 향토음식으로는 돼지고기와 닭고기, 생선을 이용하는 음식이 발달하였다. 제주도 음식은 해초가 주된 재료이며, 된장으로 맛을 내고 각각의 재료가 가지고 있는 자연의 맛을 그대로 살리는 것이 특징이다.

□ **대표적인 제주도 음식**

미역죽, 전복죽, 옥돔죽, 닭죽, 돼지족탕, 옥돔구이, 전복회, 소라회, 고사리전, 전복김치 등이 있다.

5. 절식(節食)과 시식(時食)[4]

1) 세시풍속의 의미

'세시풍속'(歲時風俗)이란 단어에서 나타나듯이 옛날부터 지켜 내려오는 우리의 생활이 한결같이 삶에 부딪히면서 매년 반복해 온 일들 중에서 중요한 행사와 풍물 그리고 절기와 역법, 시간, 주기, 월별, 계절별, 시기별 또는 그 행사 절목의 종류별로 나타낸 모든 관습을 말한다.

4계절이 뚜렷한 한국의 계절은 그 시기에 따라 세시 행사를 실시하였는데. 이것은 전통적인 농업을 중심으로 한 음력(陰曆)에 기초를 두어 이를 바탕으로 형성되어진다. 음력은 달을 위주로 한 자연력이므로, 생산과 바로 연결되는 계절감

4) 이지호외, 한국음식론, 광문각, pp.175-230.

에 맞아 지금도 농업이나 혹은 어업에 종사하는 사람에게 지침이 되는 것이다.

한국은 뚜렷한 봄, 여름, 가을, 겨울의 4계절과 또한 24절기로 나누어진다. 그러므로 여기에 사용한 세시풍속(歲時風俗)은 당연히 음력을 중심으로 한 것이다. 통과의례(通過儀禮)나 관혼상제가 개인의 일생을 통해서 시기적으로 한 번씩 통과하는 의례라고 한다면, 세시풍속은 해마다 주기적으로 계속해서 반복되는 것으로서 보편성과 서로의 공감을 가지는 부분이다.

쉬어가기 통과의례(通過儀禮)

사람이 태어나서 죽을 때까지 행하는 의식을 말하며, 이 의례에도 음식을 갖추어서 지키게 되며, 중국을 비롯한 동양에서는 관혼상제(冠婚喪祭)를 4례(禮)로 친다. 조선시대에는 궁중에서는 물론 민가에서도 엄격한 유교이념을 바탕으로 의례를 중요시 하였다.

한국 불교의 전파나 유교의 전래가 우리 세시풍속에 적잖이 많은 영향을 주었고, 특히 유교는 조선시대에 들어와 생활 화 되다시피 의식과 생활 현상에 현저하게 작용했다.

세시풍속은 개인이나 특정 계층의 부유층 등 일부 특별한 사람에 한정되는 것이 아니라 모든 사람의 것이다.

또한 한국은 예로부터 전통적으로 각각의 계절마다 명절이 있어 이날을 만들어 뜻있게 보냈는데, 이를 절일(節日)이라 한다. 이러한 절일에는 특별한 음식을 만들어 의미 있게 보내는 우리선조의 계절과 음식의 합리적인 과학성을 엿볼 수 있다.

2) 절식(節食과 시식

(1) 절식(節食)과 시식(時食)의 의미

4계절이 존재하고 세시(歲時)가 뚜렷한 한국에는 절후(節侯)에 따라서 여러 명절이 이러한 특별한 날에 그 나름대로의 특색 있는 음식을 차리고 유희나 오락을 즐기면서 액(厄)을 면하는 풍속이 전해져 내려왔다. 절식이란 매월 있는 명절에 정성껏 차려 먹는 음식을 말하며, 특별한 날 색다른 음식을 만들어 먹는 것을 지칭하며, 시식은 상춘시식, 여름 시식, 가을 시식, 겨울 시식 등으로 계절에 따라 나오는 각종 식품으로 제조하는 음식을 말한다. 시식의 정의는 계절 식품으로 제철 음식을 즐기는 것을 말한다.

① 시식(時食)

상춘시식은 입춘 무렵 눈 속에 돋는 나물을 캐어 먹으며 봄을 맞이하는 풍속으로 민족 명절 못지않은 행사이다.

여름 시식은 더운 여름철 연잎이 무성해지면 연엽주와 연엽식혜 등을 만들어 먹는다. 연잎이 넓적해지면 연못 속에 직접 들어가 연잎을 깨끗이 닦은 후, 연잎에 찰밥과 엿기름을 붓고 끈으로 동여매어 나뭇가지로 고정시켜 둔다. 뜨거운 햇빛을 쬔 연잎이 누렇게 삭으면서 그 안의 찰밥이 당화되어 달콤한 식혜가 만들어지는데, 연잎의 향기가 배어 맛이 한결 좋으며, 엿기름 대신에 누룩을 넣어 발효된 연엽주를 만들기도 한다.

가을 시식은 호박과 무를 넣은 시루떡, 콩고물과 깨고물, 그리고 녹두고물을 묻혀 만든 쫄깃쫄깃한 인절미, 찹쌀경단에 삶은 밤을 꿀에 개어 바른 밤단자나 토란단자 등의 떡이 가을철 시식의 으뜸이라 할 수 있다.

또한 겨울철 시식은 예전의 우리 고유의 온돌의 따뜻한 방에서 김치에 메밀국수를 말아서 돼지고기와 곁들여 냉면과 함께 즐겨 먹었으며, 잡채와 밤, 배, 소고기, 돼지고기를 썬 것과 기름과 간장을 메밀국수에 섞은 골동면을 즐겨 먹었으며, 수정과도 겨울 시식의 하나로 많은 사람들에게 애음(愛飮)되어왔다.

② 절식(節食)

절식이란 절기의 때에 맞추어 만들어 먹는 음식을 말하며 신선한 제철의 식품으로 제조한 음식을 의미한다. 예로부터 우리 선조들은 정성껏 장만한 절식과 시식으로 조상을 숭배하는 제사를 올리고 이웃과 더불어 나눠 먹었으며, 또한 육당 최남선 선생은"제철에 나는 재료를 그 때에 맞게 조리하여 먹는 음식을 절식이라 이르니 흔히 명일(名日)을 중심으로 하여 맛을 음미하였다"고 전해진다. 오늘날 세시 풍속의 절식과 시식을 통해 우리 조상들의 지혜와 멋을 한층 더 알 수 있다.

3) 절기음식의 과학성과 합리성

한국의 음식은 독특한 맛과 고유한 조리제법으로 여러 음식으로 발전되어 오늘에 이르렀다. 한국의 전통적인 여러 음식 문화 중 빼놓을 수 없는 것이 절식인 것이다.

① 절기 음식의 과학성

밤, 잣, 호두, 땅콩 등의 견과류 등을 정월 대보름이 되면 각 가정에서 먹는다. 우선 생률에는 비타민 C가 밤 속에 들어 있는 황색 색소의 카로티노이드가 함유되어 있고, 잣에는 단백질, 철분, 비타민 B_1 , B_2 가 있으며, 지방산 조성으로 리놀레산, 올레산 팔미트산이 함유되어있다. 호두의 주성분은 지질이며 단백질을 포함하고 있어, 고열량 식품이다. 이런 점에서 잣과 호두는 단백질이 포함되어 있지만, 필수지방산인 리놀레산이 구성되어 지방산의 약73%를 차지하므로, 백미 편식에서 오는 균형이 깨어진 식단에서 겨울철에 좋은 영양식이 된다. 또한 24절기의 첫 번째인 입춘에는 다섯 종의 채소를 조리하여 먹었는데, 이런 절기 풍속은 생채가 부족했던 겨울을 지낸 후의 비타민 C의 섭취와 섬유질 섭취의 필요성을 생각할 때 우리 선조의 합리적이고 과학적인 식습관이 예전부터 내려오고 있음에 적잖이 놀라지 않을 수 없다.

② 절식문화와 건강

한국의 절식문화는 건강과 직접적으로 연관이 있다. 즉, 입춘일에 산개와 승검초(당귀라고 하며 한약재로 사용)를 먹는 것은 약간 씁쓸한 맛이 나는 산개와 달면서 약간 매운 맛이 나는 승검초가 입맛을 도와주고 몸을 보호해준다. 또, 대보름에 오곡밥과 여러 가지 나물, 밤, 호두, 잣 등의 견과류 등은 겨우 내내 부족했던 체내의 비타민과 무기질을 보강해 준다. 한편으로 여름철에 육개장, 개장국,

제호탕, 삼계탕 등과 같은 보신 음식을 식용하는 것은 더위 지치기 쉬운 여름을 이기는 유일한 방법의 식품으로 알려져 있다.

4) 월별 특별행사와 세시풍속

□ 정월

(1) 풍속

① 대보름의 동제(洞祭)

동제는 오래 전부터 전승해 내려오는 한국 고유의 지연(地緣)중심적이며, 의례적인 의례의 하나이다. 동제가 실시되는 지방마다 상이하지만 상원(上元-음력 정월 보름날)에 많이 지낸다. 동제의 원형은 첫 대보름달이 떠 있는 하늘 아래 여신에게 한 해 동안의 마무리를 하는 의미에서 농사의 풍년과 건강의 안녕을 비는 것을 말한다.

② 쥐불놀이

농가에서 음력 정월의 첫 자일(子日)에 쥐를 쫓는다고 하여 논둑이나 밭둑에 놓는 불을 쥐불이라고 하며, 주로 황해도에서 행하던 것으로 알려지고 있으며, 또한 많은 지방에서 달집태우기나 횃불싸움들과 관련해서 대보름날로 옮겨 쥐불을 놓는다. 곡식을 축내는 쥐를 없애기 위해 농부들은 들로 나가 논과 밭의 두렁을 태운다. 논밭두렁의 풀을 내우면 쥐가 없어지고 해충을 제가하며 새싹의 발아도 촉진되어 그 해 농사가 잘 된다는 생각이 담겨있고, 논밭의 잡귀를 쫓아내어 깨끗하고 신성한 농토를 만들겠다는 신앙심도 함께 담겨져 있는 행사라고 말할 수 있다.

③ 줄다리기

줄다리기는 그 규모나 시기, 방법들에 따라서 여러 가지 형태가 있다. 여자편이 이겨야 풍년이 들어 시절이 좋아진다고 해서 남자편이 져주기도 하며, 전라남도의 한 풍속으로는 줄이 끊어질 때까지 여러 차례 줄을 당겨 끊어진 줄은 당신목(堂神木)에 감기도 했다. 풍년 기원을 이중으로 하자는 염원의 의미를 담은 우리 조상의 지혜인 것이다.

④ 떡 점

상원 날 여러 사람들이 모여 떡을 만드는데, 그 떡의 형태를 보아 그 해의 신수를 점치는 방법의 하나로 한 마을의 여러 사람들이 각각 쌀을 가지고 모이면 모두 합해 가루를 만든 다음 제각기 자기 몫을 얻어 떡가루 밑에 자기 이름을 적은 종이를 깔고 시루에 찜으로 찐다. 그 익힌 모양이 잘 익으면 길(吉)하다고 하고, 설익으면 불길하다고 하여 설익은 떡은 먹지 않고 삼거리나 오거리에 버려 액(厄)을 면하기도 했으며, 이를 제주도에서는 모돔떡 점(占)이라고 한다.

⑤ 차전놀이(동채싸움)

차전놀이는 동채싸움이라 하는데, 동채의 의미는 수레바퀴의 안동지방 사투리로 알려져 있으며 차전의 기원을 객관적으로 알려주는 자료는 전하지 않는다. 다만 다른 대동놀이들과 마찬가지로 몇 가지 기원전설이 전승되고 있는데, 이 기원전설과 연관된 기록 자료들이 전해지고 있을 따름이다.

기원전설은 다양하지만 모두 견훤(甄萱)과 왕건(王建)·삼태사(三太師)와 연관된 이야기이다. 이는 당시 기록과 일정 부분 일치하여 설득력을 가지고 있다.

삼국사기(三國史記)에 의하면 "고려 태조(太祖) 왕건은 930년 고창군(안동군) 병산에서 후백제왕 견훤과 싸워 크게 이겼다. 이때 고을 사람 권행(權幸)·김선평(金宣平)·장길(張吉)(고려 건국 후 삼태사로 봉해짐) 등은 여러 개의 수레를 만들어 타고 싸워 후백제군을 크게 격파했다."고 기록되어 있다. 이 병산전투가 끝난 후 이 지방 주민들은 용감한 세 사람의 승리를 기념하기 위해, 새해를 맞으면서 동채싸움을 즐기기 시작한 데서, 차전놀이의 유래가 되었다고 한다. 그러나 차전놀이가 단지 위와 같은 역사적인 사실에서 비롯되었다고 단정하기는 어렵고, 다양한 가능성을 염두에 두어야 할 것이다.

다양성의 첫 번째는 전설의 내용대로 병산전투의 승전 기념잔치에서 처음 시작되었을 것이라는 가능성이다. 두 번째는 원래 지게를 포함하여 수레·가마 등의 나무기구를 이용하는 놀이가 전승되던 중, 병산전투의 승전 기념잔치에서 행해짐으로써 보다 강한 전승력을 갖고 세시행사로 정착되었을 가능성이다. 그리고 세 번째는 병산전투와 무관하게 오래 전부터 행해지다가 누군가에 의해 병산전투와 관련된 전설이 덧붙여지게 되었다는 가능성이다.

어느 것이 사실일 것인지 확인하기는 어렵지만, 무리하게 기록된 자료에 꿰어 맞추기보다 정월 대보름이라는 새해맞이 축제의 공간에서 마을사람 모두를 하나로 묶어주는 대동놀이로서 오랜 세월 지속되어 왔고, 기록 및 전설자료들은 '강강술래'나 '월월이청청'과 같이 전승력을 확보하는 과정으로 이해하는 것이 바람직하다고 여겨진다.

동국세시기(東國歲時記)의 정월상원조(正月上元條)에는 안동이 아닌 춘천에서 행해지던 차전이 기록되어 있다. "춘천지방에서는 차전을 하는 풍습이 있다. 외바퀴수레를 만들어 마을별로 편을 짜서 서로 앞으로 밀고 나가면서 싸우는 것으로, 차전에서 패하여 쫓겨 가는 편에는 그 해에 흉년이 든다고 한다. 가평 풍습도 이와 같은 의미로 알려지고 있다.

그 밖의 기록으로는 안동지방의 풍속을 기록한 《화산지》에 "차전은 석전(石戰)과 같은데 동차가 서로 부딪쳐 싸워 먼저 부서지는 편이 지게 된다."라고 16~17세기 행해지던 안동에서의 차전의 모습을 설명하고 있다.

(2) 음식

① 오곡(五穀)밥

백가(百家)반 이라고도 하며 백 집에 나누어 먹는 것이 좋다는 의미로 음력 정월 보름으로 상원이라 부르며 중원(7월보름), 하원(10월 보름)등 삼원 가운데 으뜸이다. 아침에 부럼이라 하여 껍질이 단단한 밤, 호두, 은행, 무 등을 깨물어 한 해 무사태평과 부스럼이 없기를 축수(祝壽)한다. 다섯 가지 이상의 곡식을 섞어 지은 밥으로 약식이 보다 보편적인 형태로 변한 것이라 볼 수 있다. 오곡은 찹쌀, 수수, 팥, 불콩이며, 그 외에 대추 등을 섞어서 밥을 지어 이웃에 나눠주며, 영남지방 마찬가지로 이는 제삿밥을 나누어 먹는 풍습을 전승한 것이라 전해진다. 오곡밥은 찹쌀, 팥, 차수수, 차조, 콩 등 다섯 가지 이상의 곡식을 섞어 지은 밥이다. 이는 이듬 해 에도 모든 곡식이 잘 되기를 바란다는 뜻이 있으며, 특히 대보름날 다른 성을 가진 집의 밥을 세 집 이상 먹어야 그 해의 운이 좋아진다고 하여, 여러 집의 오곡밥을 서로 나누어 먹기도 하였다. 오곡밥의 기원은 확실치 않으나 일반 서민들은 약밥이 사치스러운 음식이라 엄두가 나지 않아 오곡밥을 지어서 이웃과 서로 나누어 먹었던 것 같다.

② 상원채(上元菜)

전년(前年)도에 말려 만들어 두었던 묵은 나물들을 삶아서 나물을 요리해 오곡밥과 함께 먹으면서 여름에 더위를 안타고 건강하도록 축원(祝願)한다. 말린 버섯, 외고지, 시래기, 가지고지, 말린 버섯, 박나물 등의 9가지 나물을 준비한다.

③ 복쌈

한 해 동안 모아둔 곡식을 조금씩 모아 만드는 오곡밥, 9가지 나물을 먹는 진채식 등 이때 먹는 음식에는 곡물이나 채소의 풍작을 기원하는 마음이 담겨 있다. 곰취잎, 소루쟁이, 피마자잎 등 잎 넓은 나물로 쌈을 싸먹는 복쌈도 이름 그대로 풍년과 평안이 깃들기를 바라는 음식이었다. 보자기는 한자로 보(褓)라 표기된다. 보는 밥을 싸는 것을 비유하여 복을 싸는 것을 의미한다. 이 복쌈을 여러 개 만들어 그릇에 볏단 쌓듯이 성주신에게 올린 다음 먹으면 복이 온다고 했다. 볏단 쌓듯이 하는 이유는 풍년이 깃들기를 마음에서 비는 데서 유래 한 것이다.

④ 부럼

생율, 은행, 땅콩, 호두, 피잣(皮栢子), 엿 등을 새벽에 하나씩 깨물어 버리며 축원한다. 이를 '부럼'이라 하기도 하고, 또한 '이굳히기'라 하기도 한다. 부럼 열매의 껍질이 단단한 것처럼 이것을 먹으면 부스럼이 나지 않으리라는 속신관념(俗信觀念)의 작용에서 형성되었다고 볼 수 있다.

⑤ 귀밝이술(耳明酒)

대보름 새벽에 데우지 않은 청주(술의 분류에서 발효주에 속하며 정종이라고 한다) 이 술을 마시면 귀가 밝아져 '귀밝이술'이라고도 한다. 찬 술을 마시면 정신이 맑아지고 1년 동안 귓병이 생기지 않으며 한해 동안 기쁜 소식을 듣게 된다고 하여 일반 부녀자들도 마셨다고 한다.

⑥ 약식

약밥이라고도 한다. 혼사 때나 환갑 때도 먹는다. 삼국유사에 의하면 사금갑(射琴匣)조에 따르면 신라 소지왕이 정월 대보름 경주 남산 천천정에 거동했을 때 까마귀 덕분에 역모를 피하던 왕비와 중을 처치할 수 있었다 하여, 정월 대보름을 오기일(烏忌日)로 정하고 찰밥을 지어 까마귀에게 제사를 지냈다고 한다. 이로부터 약식이 유래해 찰밥에 꿀 · 밤 · 대추 진장, 참기름 등을 버무려 거무스름하게 쪄서 오늘에 이른 것이다. 약밥을 짓는 방법은 찹쌀을 물에 충분히 불려 시루에 찐 다음 꿀 · 흑설탕 · 진간장 등을 섞고 마지막에 밤 · 대추 · 참기름 등을 섞어 다시 찐다. 다 찐 후에는 잣으로 고명을 얹어낸다. 절식 중 제일로 꼽는 음식으로 알려져 있다.

⑦ 증병도신(甑瓶禱神)

음력 정월 중 초하루, 보름 또는 정월의 길일을 택하여 팥시루떡을 쪄서 고사를 지내는데, 이 증병은 경미분(粳米粉-쌀가루)을 시루에 넣고, 적두(赤豆)등을 넓게 펼쳐 떡가루를 많이 넣어 익힌다.

⑧ 동신제(洞神祭)

일반 민가에서 1년에 한 번 보름날 새벽에 동네 마을 사람들이 마을에 안치한 동신(洞神)에게 정성을 모아 제사지내고 연중 평온하기를 빌며, 한 해 동안의 풍년을 기원했다.

⑨ 적두증병(赤豆甑瓶-붉은 팥시루떡)

멥쌀가루나 찹쌀가루에 붉은 팥고물을 놓고 찐 떡으로 시루채 함께 놓고 지사를 지낸다. 이를 세시도신(歲時禱神)이라 하여 정월 대보름뿐만 아니라 평소에 지내기도 한다.

⑩ 원소병(元宵瓶)

찹쌀가루에 대추와 설탕을 넣고 조린 것으로 속을 넣어 달걀모양으로 만들어서 설탕물에 익혀내어 그 즙과 함께 먹었다고 한다.

⑪ 팥죽

예로부터 붉은 팥으로 쑨 죽은 악귀를 쫓는 색깔이라고 하여 정월 보름에 팥죽을 쑤어 먹는다. 별신굿을 하는 동안 점심은 으레 마을에서 팥죽을 끓여서 관중들을 대접한다고 한다. 이것은 다른 마을에서 구경을 온 사람들의 식사 편의를 제공한다는 의미도 있고 마을에서 준비하기가 비교적 손쉽다는 점을 고려하기도 하지만 다른 한편에서는 팥죽이 가지는 벽사(僻邪)의 기능도 동시에 고려한 것으로 이해된다.

□ 이월

(1) 풍속

① 머슴날

민간에서 농사 시작을 기념하는 날로, 이날은 송편을 농사짓는 사람들에게 나이 순서와 나이만큼 수 만큼 먹였다고 하며, 경기도 풍속에 의하면 20세가 된 머슴은 선배 머슴들에게 그 날을 기념하기 위해 한 턱을 냈다고 전해지고 있다.

② 노래기 부적

온 집안을 깨끗이 청소하고 종이를 잘라 노래기를 물리치려는 기록이 있으며 날씨가 풀리면서 해충들이 나오니 이를 없애려는 의지에서 발생한 부적이라 하겠다. 아직까지 이런 풍습이 남아있는 시골도 있다.

(2) 음식

① 노비 송편

중화절의 송편은 노비들에게 먹이기 위한 것이며 '노비송편'이라 부르기도 하고, 2월 초하룻날 빚는 송편이라 하여 '삭일송편'이라고 부르기도 했다. 쌀가루를 반죽하여 소를 넣고 빚어서 솔잎을 갈피마다 깔고 찐 떡으로, 큰 것은 손바닥만 하게, 또는 작은 것은 달걀만 하게 만드는데 모두 반쪽의 둥근 옥과 같은 모양을 하고 있다.

② 콩볶기

농촌에서는 2월 초하루에 콩을 볶아 먹는다. 쥐와 새가 없어지고 집안의 노래기도 사라지고 청결해지기를 비는 뜻이 있으며 논과 밭에 가지고 가서 농사 잘되게 해달라고 빌면서 묻기도 하였다고 한다.

③ 시래기떡

겨울철에 말렸던 시래기를 가마솥에 푹 삶아서 양념하여 송편의 소를 넣어 쪄먹으면 1년 내내 나쁜 병과 액운(厄運)을 면할 수 있다고 하여 많이 먹었다. 말린 무청에는 영양소가 많이 포함되어 우리 선조들의 영양학적인 지혜로운 면을 엿 볼 수 있다.

□ 3월

(1) 풍습

① 활쏘기

삼짇날 전국 곳곳에서 한량들이 활터에 모여 편을 짜서 활쏘기놀음을 개최한다. 활을 쏠 때는 기생들이 뒤에서 홍을 돋아 주었다고 한다. 또한 향음주례는 마을의 유생들이 모여서 향약을 읽고 술을 마시며 잔치하는 예절로 현재까지도 활쏘기의 전통이 남아있다.

쉬어가기 삼짇날

음력 3월 초사흘을 말하며, 답청절(踏青節)이라고도 하였으며, 들판에 나가 꽃놀이를 하고 새풀을 밟으며 봄을 즐기기 때문에 붙여졌다.

② 풀놀이

물이 오른 버드나무가지나 소나무 새순을 돌 위에 놓고 가볍게 두드려서 비틀어 빼면 껍질과 속이 분리되어 이 껍질 끝을 얇게 만들어 입으로 불어 놀이를 한다.

(2) 음식

① 탕평채

조선시대 영조대왕이 당파 싸움을 없애기 위하여 소론, 노론을 폐지하자는 논의를 하기위한 날 처음 선을 보여 얻어진 이름이라고 한다. 묵청포라고도 하며 동국세시기에 의하면 탕평채는 청포에 채소를 섞어 무친 음식이 나와, 탕평채라고 하였다. 녹두묵 가장자리의 더껑이를 얇게 베어 내고 길이 4~5 cm, 나비 1 cm, 두께 0.5 cm 정도로 썰고, 숙주는 머리와 꼬리를 떼고 끓는 물에 소금을 약간 넣고 데쳐 낸다. 미나리와 물쑥도 다듬어 씻어서 끓는 물에 소금을 약간 치고 데쳐 내고, 쇠고기는 가늘게 채 썰어 양념장에 잰인다. 달걀은 황백 지단을 갈라서 부쳐 가늘게 채 썰고 김은 구워서 가늘게 채 썰거나 잘게 부순다. 이와 같이 준비가 끝나면 번철에 기름을 약간 두르고 뜨거워지면 양념한 쇠고기를 넣고 바싹 볶는다. 물쑥과 미나리는 물기를 짜서 3~4 cm 길이로 썬다. 넓은 그릇에 묵, 볶은 고기, 숙주, 미나리, 물쑥을 함께 넣고 초간장으로 고루 무쳐 접시에 담고 달걀지단, 김채, 실고추 등을 웃기로 얹는다. 미리 무쳐 놓으면 묵이 풀어져 맛이 좋지 않게 된다.

② 진달래화전

두견화전이라고도 하며 진달래꽃과 참꽃을 따서 꽃술을 빼고 찹쌀가루를 반죽하여 꽃을 붙여서 지져 모든 사람이 즐겨먹는다. 이는 우리조상들의 여유와 멋을 누릴 줄 아는 생활의 일면을 엿볼 수 있는 음식이다.

③ 진달래 화채

오미자를 찬물에 담가서 우려내면 빛이 빨갛고 신맛이 나는데 이에 꿀을 달게 타서 진달래꽃의 꽃술을 빼고 녹두 녹말을 묻혀서 끓는 물에 넣어 살짝 익혀 가묘에 천신한다. 봄내음이 가득하고 시(詩)적인 음식으로 알려져 있다.

④ 수란

달걀을 끓는 물에 넣어 반숙하여 초장으로 먹는 음식을 말한다.

⑤ 화면

녹두가루를 반죽하여 익힌 것을 가늘게 썰어 오미자국에 꿀을 타서 띄우고 실백(잣)을 띄운다. 또는 진달래꽃을 녹두가루에 반죽하여 만들기도 하는 음식이다.

⑥ 하돈(河豚-복어)

복숭아꽃이 떨어지기 전에 미나리를 넣고 국을 끓여 유장(油醬)으로 국을 끓이면 매우 맛이 좋다. 껍질, 알, 간에 독이 있으며, 요리 할 때는 독을 제거하고 먹는다.

⑦ 향애단

향기로운 쑥을 데쳐서 찹쌀을 섞어 경단을 만들고, 꿀을 버무려 녹두고물, 팥고물 등을 묻힌다.

⑧ 과하주

예로부터 내려오는 우리나라 명주로, 원래 약주에 소주를 섞어 빚는 술로, 조선 초기부터 일제강점기까지 유명했던 술이다. 알코올 13~14도 정도로 독특한 향기가 있고 맛이 좋아 조선시대에는 임금께 진상하는 상품주로 손꼽혔다. 여름을 지나는 술이라는 뜻에서 과하주(過夏酒)라는 이름이 붙었다. 금릉승람(金陵勝覽)에 의하면 "김천 과하주는 익산의 여산주(礪山酒), 문경의 호산춘(湖山春)과 더불어 전국에서 이름난 술"이라 했다. 타지방 사람이 이곳에 와서 과하주 빚는 방법을 배워가서 똑같은 방법으로 빚어도 김천 과하주의 술맛과 향기가 나지 않는다고 하는데, 그 이유는 아마도 물이 다르기 때문일 것이라고 기록되어 있다.

⑨ 환병(環餠)

멥쌀로 만든 흰떡으로 방울떡을 팥소를 넣고 만들어 오색 빛을 찍어 다섯 개를 염주처럼 꿰어 만든 음식을 말한다.

⑩ 산병(散餠)

청색, 백색, 분홍색 등의 반달형으로 만든 떡을 작은 것은 다섯 개, 큰 것은 두 개 또는 세 개를 잇대어 붙인 떡을 말한다.

□ 4월

(1) 풍습

① 관등

연등은 고려에서는 정월 보름에 실시하다가, 나중에는 2월 보름으로 옮겼고, 다시 음력4월 8일로 옮겼다. 1970년대 초파일을 국가 공휴일로 지정된 이래 매년 불교신도들의 연등행사가 실시되어지고 있다.

(2) 음식

4월 초파일 석가탄신에 집집마다 연등하고 손님을 초대하여 느티떡, 미나리강회, 콩조림 등의 소찬으로 대접하며, 이 시기의 절식으로는 녹두찰떡, 쑥편, 화전, 석이단지, 국수 비빔, 해삼전, 양지머리편육, 차돌박이편육, 신선로, 도미찜, 웅어회, 도미회, 미나리강회, 청면, 생실과, 햇김치, 가련수정과, 준치만두, 장김치, 청홍주악, 양동구리, 준치만두 등이 있다.

□ 5월

(1) 풍습

창포탕과 창포잠과 같은 단오의 풍습이 있었는데, 창포이슬을 받아 화장주로도 사용하고, 창포를 삶아 창포탕을 만들어서 그 물로 머리를 감으면 머리카락이 윤기가 나고 빠지지 않는다고 전해지며, 또한 창포뿌리를 잘라 비녀삼아 머리에 꽂기도 하였고, 창포뿌리에 분홍물을 들여 머리에 꽂아 단장을 하며, 그네놀이를 즐기고, 남자들은 씨름을 하며 즐긴다. 또한 조선시대 궁중에서는 내의원에서 제호탕을 만들어 왕에게 진상하면 기로소(嗜老所-나이 든 공신들이 모여 담소하는 곳)로 하사하신다.

(2) 음식

단오 날은 음력 5월 5일로 떡으로는 수리취절편이 있으며, 쑥으로도 떡을 해서 먹는데 떡의 동그란 모양이 마치 수레바퀴 같아 수리라는 이름이 붙여지게 되었고 떡살의 문양이 수레바퀴 모양이라 '차륜병'이라고도 한다.

① 수리취절편

멥쌀가루에 파랗게 데친 수리취를 곱게 다져 섞어 쪄서 몸이 곱도록 참기름을 발라가며 둥글 넙적하게 밀어 빚어서 수레바퀴 모양의 떡쌀로 찍어낸다. 수리취 대신 쑥을 이용하기도 한다.

② 제호탕

제호탕은 약이기도하고, 청량음료에 속하기도 한다. 단오절부터 여름내 시원한 냉수에 타서 마시면 더위를 타지 않고 건강하게 지낼 수 있다고 한다.

③ 옥추단

궁중, 내의원에서 만들었다가 제호탕과 함께 단오날 임금에게 바치면 임금께서 다시 신하들에게 나눠주던 풍습이 있었으며, 옥추단은 구급약으로 모양은 여러 가지가 있으나, 가운데 구멍을 뚫어서 오색실로 꿰어차고 다니다가 구급약으로 이용하기도 했다고 한다.

④ 앵두편

앵두편은 앵두(살구, 모과)를 살짝 쪄서, 굵은 체에 걸러 살만 발라서 설탕을 넣고 졸이다가 녹말을 넣어 굳힌 것이다. 생률과 함께 담아 낸다.

⑤ 앵두화채

단오날 민가에서 즐겨 만들어 먹는 청량음료로 앵두를 깨끗하게 씻어 씨를 빼서 설탕이나 꿀에 재워 두었다가, 먹을 때 오미자국물에 넣고 잣을 띄운다.

⑥ 창포술

창포술은 찹쌀로 빚은 청주에 단어 며칠 전부터 창포 뿌리를 잘 다듬어 주머니에 넣고 그것이 술에 닿지 않게 술독에 매달아 밀봉해 두었다가 숙성이 되어 창포향에 스며들게 되면 마신다.

□ 6월

(1) 풍습

동도유속집에 의하면 6월 보름을 유두일이라 하고, 맑은 개울에서 멱을 감고, 궂은 것을 털어 버리고 선비들은 유두음식을 차려 물가에서 풍월을 읊는 유두연을 베풀었다고 한다. 유둣날 전후로 해서 나온 햇것으로는 참외, 오이, 수박과 떡을 빚고 국수를 말아 사당에 제를 올린다. 이를 유두천신 이라 한다. 이날 국수를 먹으면 수명이 길어진다고 하여 햇밀을 반죽하여 만든 국수를 국물이나 깻국탕에 말아 먹었다. 푸른 호박을 볶아 그 위에 고명으로 얹었으며, 유둣날 먹는 국수를 유두면이라 한다.

(2) 음식

① 유두면

햇밀가루를 반죽하여 구슬같이 둥글게 모양을 만들어 잘게 만든 것이다. 여기에 오식의 물감을 들여 세 개를 이어 색시로 끼워서 차고 다니거나 문설주에 걸어서 액(厄)을 막기도 했다고 한다.

② 수단(水團)과 건단(乾團)

수단은 멥쌀가루를 쪄서 가래떡처럼 만든 다음 이것을 구슬같이 둥글게 빚어 쌀가루를 씌어 삶아 찬물에 헹구어서 건져낸 다음 오미자국에 띄어 내는 것을 말하며, 이것을 물에 넣지 않으면 건단이 되는 것이다.

③ 보리수단

보리수단은 가능한 한 햇보리로 하여 푹 삶아 여러 번 헹군 후 보리 한알 한알에 녹말가루를 묻혀 다시 삶아 내고 찬물에 담갔다 건져 그 위에 다시 녹말가루를 묻혀 삶는다. 이러한 과정을 3~4회 반복하면 보리는 콩알 만한 크기가 된다. 이것을 화채 그릇에 담고 오미자물을 부어 위에 떠오르면 잣을 띄워서 낸다.

④ 상화병(霜花餠)

상화병은 밀가루를 반죽하여 콩이나 깨에 꿀을 섞은 소를 싸서 찐 것을 말한다.

⑤ 연병(連餠)

밀가루를 맷돌질하여 기름에 지지고 나물 소를 싸거나 콩과 깨에 꿀을 섞은 소를 싸서 각기 다른 형태로 오무려 만들 음식을 연병이라 한다.

⑥ 수교의

밀을 갈아 고운 채로 쳐서 기울은 버리고 물에 반죽하여 조금씩 떼어 방망이로 손바닥 만큼씩 골고루 민음식으로 일종의 만두로 볼 수 있다. 그리고 다진 소고기, 석이, 고추, 알지단, 느타리를 채썰어 양념하여 볶은 것으로 소를 만들어 밀어 놓은 밀가루에 싸서 양쪽을 오무려 빚으면 만두형태와 비슷하게 된다. 이것을 감잎을 깔고 찐 다음 참기름을 묻혀 담아 초장과 함께 내면 된다.

⑦ 구절판

절판이 궁중식과 민간식으로 크게 구분되고, 또 진구절판과 마른구절판의 2가지로 나눈다. 구절판은 요리를 담는 기명(器皿)을 말하기도 하는데, 둘레에 8개의 칸과 가운데 1개의 칸으로 모두 9가지를 담을 수 있게 되어 있는 목기로, 대개 나전칠기로 만들어져 미술공예품으로도 귀하게 여기고 있다. 일종의 밀쌈으로 옛 부터 많이 먹던 음식으로 밀전병, 수제비, 칼국수, 밀쌈 등 밀가루 음식은 햇밀이 나오는 초여름에 많이 먹는다.

□ 7월-칠석

(1) 풍습

① 칠석차례

칠석차례는 다른 명절처럼 음식을 많이 차리지 않고 간단하게 밥만 차려 차례를 지내는 전라남도의 풍속으로 알려져 있다.

② 칠석 불공

칠성당에 가서 자식들의 명(命)복(福)을 비는 전라남도의 풍속으로 경남 양산과 김해에서는 절에 가서 불공을 드리는 풍속도 있다.

(2) 음식

① 밀전병

밀가루를 묽게 반죽해서 얇게 지져서 소를 넣고 말아 익히는 것으로 지지는 떡(유전병)에 속한다. 제주도의 빙떡도 소의 차이는 있으나 같은 방법으로 만드는 떡이고 떡 이라기보다는 부침개에 가깝다.

② 깨찰편

깨찰편은 찹쌀가루에 두가지색 깨고물(흰 깨고물과 검은 흑임자고물)을 놓아서 쪄낸 찰편이다.

□ 7월-백중

(1) 풍습

① 우란분회

우란분(于蘭盆)은 도현(倒懸), 즉 '거꾸로 매달리다'라는 의미의 산스크리트어(語) 아발람바나(Avalambana)에서 바뀐 우람바나(Ullambana)의 음역(音譯)이다. 즉 자손이 끊겨 공양을 받지 못하는 사자(死者)의 혼은 나쁜 곳에 떨어져 거꾸로 매달리는 고통을 받는다고 하는데 이들 혼에 음식을 바쳐 괴로워하는 혼을 구한다는 예로부터의 민간신앙이 불교와 서로 합해진 것이다. 여름수행(修行)을 마치는 날인 7월 15일, 즉 자자(自恣)의 날에 행하는 공양회(供養會)와 결부된 것인 듯하다. 일반에게 널리 알려진, 목련(目連)이 아귀도(餓鬼道)에 빠져 있던 생모의 영혼을 위해 불타에게 구제를 청했다는 전설이 있다.

② 호미씻기

논, 밭의 김을 다 매면 추수 때까지는 한가한 시기이다. 이제 까지의 노고를 위로하는 뜻으로 실시된 행사가 '씻기'이다. 호미를 다 썼으니 씻어 두어야 한다는 뜻이 포함되어 있다.

(2) 음식

① 석탄병

쌀가루와 감가루를 섞어 계피가루와 잣·밤·대추 등으로 맛을 낸 전통 떡이다. 맛이 달고 향이 좋아 '삼키기가 아깝다'고 하여 붙은 이름이다. 주로 7월에 시식(時食)으로 만든다. 임금의 생신이나 고관대작의 집에서 만들던 귀한 음식으로 알려져 있으며 만드는 방법은 먼저 녹두는 갈아서 껍질을 제거하여 소금으로 간을 한 다음 쪄서 으깨어 놓는다. 감은 40℃ 정도의 소금물에 하루 정도 담가 떫은 맛을 없앤 침감을 이용한다. 침감의 껍질을 얇게 벗겨서 햇빛에 말린 후 고운 가루로 만든다. 쌀가루는 소금으로 간을 하여 체에 쳐 놓는다. 잣은 속껍질을 벗겨 손질한다.

밤은 까서 3등분하고, 대추는 씨를 빼고 3등분한다. 계피는 곱게 갈아서 체에 친다. 쌀가루에 감가루와 잣·밤·대추·계핏가루를 고루 섞는다. 단맛을 더하기 위하여 설탕이나 꿀을 함께 넣기도 한다. 시루에 녹두가루를 한 켜 올리고, 그 위에 혼합된 재료를 올린다. 맨 위에 녹두가루를 뿌리고 대추로 장식한 뒤, 30분 정도 쪄 낸다.

② 계삼탕(鷄蔘湯)

계삼탕은 흔히 삼계탕이라고도 하며, 병아리보다 조금 큰 영계를 이용한 것은 영계백숙이라고 한다. 내장을 꺼낸 닭의 뱃속에 깨끗한 헝겊으로 싼 찹쌀·마늘·대추 등을 넣고, 물을 넉넉히 부은 냄비나 솥에 푹 삶아 고기가 충분히 익었을 때 건져낸다. 인삼을 헝겊에 싸서 국에 넣고 푹 고아 인삼성분이 우러나게 하여 소금으로 간을 맞추어 국물만을 마시거나, 국물에 양념한 고기를 넣어 먹기도 한다.

③ 깻국탕

영계를 푹 고아, 그 국물과 깨를 볶아 합한 깻국에 미나리초대, 달걀지단, 등골전, 오이, 버섯 등을 넣은 냉국을 깻국탕이라 한다.

④ 채소갈무리

7월 하순에 박고지와 호박고지를 켜서 말리고, 외, 가지를 소금에 절여서 간수한다.

□ 8월

(1) 풍습

8월 명절 중의 하나인 추석은 송편을 빚고, 햅쌀 술 신도주와 햇과일, 햇곡식으로 만든 음식들과 토란국 등으로 제수를 장만하여 아침에 차례를 지낸다. 강강술래는 정월대보름과 추석날 달 밝은 밤에 동네 아낙과 처녀들이 서로 모여, 보름달 아래 원을 그리며, 노래하고 춤추는 우리 고유의 명절이다.

① 강강수월래

정월 대보름날이나 8월 한가위에 남부지방에서 행하는 민속놀이로 여러 달 밝은 밤에 마을의 처녀와 여인네 들이 모여 춤추며 노래한 놀이로, 중요 무형 문화재 제8로로 되어있다.

② 반보기

추석을 전후하여 서로 만나고 싶은 사람들 사이에 일자와 장소를 미리 약속하고 만나는 부인네들의 풍속으로 중로상봉(中路相逢)이라고도 한다.

옛날에는 시집간 딸을 마음대로 근친할 수 없었다. 그래서 농한기인 추석을 전후하여 어머니와 딸이, 또는 안사돈끼리 제각기 음식과 토산물을 가지고 양쪽 집의 중간 쯤 되는 시냇가나 고개의 적당한 곳에 모여 하루를 음식과 이야기로 즐겼다. 또, 한 마을의 여인들이 이웃 마을의 여인들과 경치 좋은 곳에 집단으로 모여 우정을 두터이 하며 하루를 즐기기도 하였다.

(2) 음식

① 오려송편

송편은 멥쌀가루를 익반죽하여 알맞은 크기로 떼어 거기에 소를 넣고 반달 모양으로 빚어 솔잎을 깔고 찐 떡을 말하며, 소는 깨 · 팥 · 콩 · 녹두 · 밤 등이 사용되지만, 오려 송편은 햅쌀로 만든 송편을 말한다.

② 토란탕

토란은 천남성과에 속하는 다년생 초본으로 습지에서 견디는 힘이 있어서 하천이나 논에서도 재배가 가능한 작물로, 주성분은 전분이고 껍질을 벗겼을 때 끈적끈적한 점질물이 흘러나오는데 이것의 주성분은 갈락탄(galactan)이며 토란을 먹었을 때 나는 아린 맛은 호모젠티산(homogentisic acid)이다. 식초 물에 담그거나 쌀뜨물에 소금을 넣고 데친 후에 찬물에 헹구어 내면 아린맛이 제거된다.

토란을 껍질을 벗겨 1시간쯤 찬물에 담근 후 소금물에 삶는다. 독성의 끈끈한 맛을 제거하기 위해 소금물에 삶아내야 한다. 들깨와 쌀을 씻어 일어 곱게 갈아 체에 거른다. 냄비에 들깨와 쌀 갈은 것을 붓고 끓이다가 토란을 넣어 한소끔 끓인 다음 파, 마늘, 간장을 넣고 간을 맞춘다.

③ 화양적

화양적은 햇버섯, 도라지, 쇠고기 등을 갖은 양념을 하여 볶아 꼬챙이에 꿴 음식이다.

④ 누름적

누름적은 화양적과 같은 방법으로 하되 밀가루나 달걀을 묻혀 기름에 지진 음식이다.

⑤ 배화채

배를 얇게 저며 꽃모양으로 떠서 설탕과 꿀에 재웠다가 꿀물이나 오미자 물에 띄운 음료가 배화채이다.

⑥ 배숙

배수정이라 하여 곶감대신 배를 넣은 것인데 예전과는 작고 단단한 문배를 사용했다. 배를 통째로 삶아 꿀물이나 설탕물에 담근 것을 말한다.

□ 9월

(1) 풍습

제삿날을 모르는 사람과 연고자 없이 떠돌다 죽은 주인 없는 귀신의 제사를 지냈다 햇곡식으로 떡과 술을 준비하고 추석차례와 같이 지냈다. 지방에 따라 산에 가서 시제를 지내는 곳도 있다.

(2) 음식

① 국화주

국화로 담근 한국 약용주를 말하며, 예로부터 불로장수의 약용주로 애용되었으며, 식욕증진·건위(健胃)·정장(整腸)·피로회복, 녹내장 등에도 효과가 있다. 초가을 찹쌀로 술을 빚어 다 익어갈 때쯤 국화꽃을 따서 깨끗이 씻은 후 함께 섞어 넣었다가 며칠 후에 걸러 뜬다.

② 국화전

찹쌀가루를 익반죽해서 동글납작하게 빚어 황국꽃잎을 올려 기름에 지져낸 떡으로 가을철에 만들어 먹거나 웃기로 쓰이는 떡이다. 요즘에는 찹쌀가루만 사용하나 옛 요리법에는 메밀가루를 섞어 만들었다.

③ 유자화채

유자는 껍질을 4등분하여 속을 다치지 않게 겉껍질을 벗기고 속은 알맹이를 한 조각씩 떼어 흰 줄기는 떼어내고 과육에서 씨를 빼서 그릇에 한데 모은다. 유자 껍질을 한 조각씩 도마에 놓고 안쪽의 흰 부분을 얇게 저며내고 노란 부분을 가늘게 채썰기로 썬다. 배는 껍질을 벗겨서 얇게 채를 썰어 노란 부분 옆에 두고 물과 설탕을 한데 끓여서 시럽을 만들어 차게 식힌다. 시럽을 만들 때에는 분량의 물이 반이 될 때까지 젓지 말고 끓여 놓는다. 유자 속은 즙을 짜서 설탕물에 섞는다. 큰 화채그릇에 채썬 유자와 배를 곱게 돌려 담고 설탕물을 가만히 부어서 30분 정도 덮어 두어 유자향이 설탕물에 우러나도록 한다.

단풍색을 연상하게 하는 유자껍질의 노란색과 빨갛고 투명한 석류알이 어울리는 화채이다.

□ 10월

(1) 풍습

① 농공제

추수감사를 조상에게 지내며, 이날의 제물은 대증병(大甑餠), 신도주(新稻酒), 신과(新果)로 제물을 삼는다. 이날은 마을 사람 모두 모여 제사를 지내고 음복(飮福)하며, 마음껏 즐긴다.

② 강신날(講信日)

마을 사람들이 서로의 친밀한 관계를 유지하기 위한 계(契)로 상호 부조하는 풍속으로 서로의 친목을 위해 모인다. 이 날의 모임에는 술, 떡, 메밀국수, 쇠고기, 돼지고기 등을 먹으면서 즐긴다.

(2) 음식

10월의 음식은 무시루편, 무오병, 신선로, 감국화전, 유자화재 등이 있으며, 따뜻한 음식으로는 신선로(열구자탕), 타락죽, 연포탕, 난로회, 전골 등이 있다.

① 신선로

구자탕(口子湯)·열구자탕(悅口子湯)·탕구자(湯口子)라고도 하며, 여러 가지 어육과 채소를 색깔별로 돌려 담고 장국을 부어 끓이면서 먹는 음식이다. 한 개의 그릇으로 여러 가지 성분을 함께 먹을 수 있는 특성을 가진 음식이다. 신선로 맨 밑바닥에는 쇠고기를 채썰어 갖은 양념한 것이나 고기에 무를 섞어 곤 것을 함께 썰어 넣는다. 그 위에 생선전, 천엽전, 간전, 미나리(또는 파)초대를 담고 그 위에 해삼·전복을 얹고 맨 위에 알지단 황백, 표고버섯. 석이버섯, 붉은 고추 쇠고기 완자, 호두 깐 것, 은행 볶은 것 등을 색조를 맞추어 돌려 담는다. 이렇게 담은 것에 쇠고기 맑은장국을 붓고 중앙 부위에 있는 노(爐)에 숯불을 담아 끓이면서 먹는 음식이다.

② 연포탕

가지런히 두부를 잘라 꼬치에 꽂고 팬에 기름을 넣어 닭고기를 섞어 국을 끓인 음식으로 낙지 연포탕이 유명하다.

③ 밀단고

찹쌀가루로 원 모양의 떡을 만들어 잘 삶은 콩을 꿀이나 이와 비슷한 조총 등에 섞어 발라서 붉은색이 나게 만들 떡의 음식이다.

④ 타락죽

조선왕실의 대표적인 식치 음식은 죽으로 알려지고, 그 가운데서도 쌀을 불려간 후 우유를 넣어 끓인 '타락죽(駝酪粥)'이 가장 많이 왕실의 식탁에 올랐다고 한다. 이탈리아 음식 '리조또'와 약간 유사해 보이는 타락죽은 왕실에서 늘 복용하던 음식으로 타락죽은 원기를 돕고 비위를 조화롭게 하는 데 없어서는 안 되는 음식으로 여겨졌다.

⑤ 강정

찹쌀가루와 술을 함께 반죽하여 햇볕에 말렸다가 기름에 튀기면 부풀어 오르며, 속이 비어있다. 여기에 흰깨, 검은 깨, 파란 콩가루, 흰 콩가루를 엿에 붙인다. 종류에는 오색강정과 잣가루를 묻힌 잣강정, 찰벼를 불에 튀겨 꽃 형태를 만든 뒤 엿으로 그것을 붙인 매화강정등이 있다.

⑥ 애탕

어린 쑥과 쇠고기로 만든 완자를 맑은 장국에 끓인 국으로, 쑥 냄새가 향기로운 봄철 별미이다. 쑥은 봄을 대표하는 채소로 향기가 뛰어나며, 칼슘과 인, 철분 등의 무기질과 비타민A와 C가 풍부하다.

⑦ 애단자(艾團子)

계속해서 자라나는 쑥을 뜯어다가 쇠고기와 계란을 넣어 섞어서 떡을 만들고 볶은 콩가루를 꿀에 섞어 발라 만들 음식이다.

⑧ 변씨만두

밀가루 반죽을 밀어 귀나게 썰고 닭고기를 다져 양념한 소를 넣어 네 귀로싸서 닭 곤 물에 삶아 초장에 찍어 먹은 만두로 변씨의 성을 가진 사람이 만들었다고 하여, 그의 성을 따서 변씨만두라 칭했다.

□ 11월

(1) 풍습

11월 중에 천세력에 정해 있는 동지가 있다. 하지는 낮이 가장 길고 밤이 가장 짧은 데 비하여, 동지는 밤이 가장 길고 낮이 가장 짧은 날이다. 11월을 가리켜 '동짓달'이라고 할 만큼 이달의 동지는 유명하다. 또한 동지를 '아세(亞歲)' 혹은 '작은 설'이라 부르기도 하는데, 옛날에 동지를 설로 삼았던 데서 나온 말이며 민간에서는 흔히 동지팥죽을 먹어야 나이를 한 살 더 먹은 것으로 여겼다고 한다.

동짓날 부적으로 사자(蛇字)를 쓰서 거꾸로 붙이면 악귀가 들어오지 않는다고 한다. 동짓날 일기가 온화하면 다음 해에 전염병이 있어 많은 사람들이 죽게 되며, 눈이 많이 오고 날씨가 추우면 풍년이 들어 대길조라고 점친다.

동짓날에는 어느 가정에서나 팥죽을 쑤어 먹는다. 팥을 삶아 으깨거나 체에 걸러서 그 물에다 찹쌀로 단자를 새알만큼 씩 만들어서 죽을 쑨다. 이 단자는 '새알심'이라고 한다.

동지 팥죽은 먼저 사당에 놓아 차례를 지낸 다음 방 마루 광 같은데 한 그릇씩 떠다 놓으며, 대문이나 벽에다 팥죽을 수저로 뿌리고 난 후에 먹는다. 이렇게 하는 것은 팥죽이 액을 막고 잡귀를 없애준다는 데서 나온 것이다.

팥죽은 이 밖에도 화를 막기 위한 주술로도 쓰이는데, 고대 중국의 고사에서 유래한 것이다. 즉, 공공(共工)이란 사람에게 아들이 있었는데 동짓달에 죽어 역귀(疫鬼)가 되었다. 그런데, 이 역귀는 팥을 무서워했으며 동짓날 죽었으므로 이 날 팥을 쑤어 귀신을 쫓는 풍속이 생겼다고 한다. 이 밖에도 팥은 그 색이 붉은데서 축귀(逐鬼)의 기능을 가지고 있는 것으로 인정되어, 잡귀를 쫓고자 할 때에 사용되고 있다.

또 팥죽을 동네에 있는 고목에도 뿌리는 수가 있는데, 이것 역시 액을 막기 위한 하나의 축귀 풍습이다.

동짓날에는 청어(淸魚)가 나오며, 먼저 종묘(宗廟)에 천신하는 것으로 전해져 왔다.

(2) 음식

① 팥죽

동지가 들면 사람들은 팥죽을 끓여 먹는다. 먹기만 하는 게 아니다. 끓인 팥죽을 집안에다 흩뿌린다. 그것은 팥이 낟알이라는 것, 즉 씨알이라는 것, 팥죽의 빛깔이 붉다는 것에 기댄 정화의 주술이다. 맑은 물, 뜨거운 불길 그리고 독한 연기며 소금 등과 마찬가지의 정화 능력을 지닌 것이 곧 팥죽이다.

팥죽은 부정(不淨)을 맑히는 힘이다. 한해, 삼백 예순 날 두고두고 쌓인, 켜켜로 앉은 묵은 때를 벗겨 내는 것이 팥죽이다. 일 년 동안의 오예를 씻어내는 것이 '팥죽뿌리기'다. 그렇다면 팥죽을 먹는 까닭도 아제 알 만할 것이다. 집안에 뿌려서, 집을 맑히는 것과 마찬가지로 팥죽을 먹음으로써 육신과 마음을 정화시키고자 한 것이다

② 골동면

골동면의 '골동(骨董)'이란 말은 흔히 골동품을 가리키기도 하지만 원래는 '여러 물건을 한데 섞는다'는 의미도 있다.

③ 전약

전약은 조선 전기만 해도 오직 왕실과 고위 관료들의 겨울철 건강을 위해서 만든 음식. 소족을 달여 생겨난 아교질에 대추 곤 것과 매운맛에 고유한 향이 나는 약재인 계피 그리고 후추와 정향, 생강 등을 넣어 조린 것으로 그 맛이 쫄깃하고 달콤하며 입에서 녹는 맛이 특징이다. 당시 전약에 쓰던 향료는 비쌌으므로 보통 사람들은 감히 먹어보지 못하는 궁중 보양식이었다. 조선 후기 여러 자료들에 의하면 전약은 외국인을 위한 접대 음식으로 쓰였는데, 중국 사신이나 일본인에게 선보인 조선의 고유 음식으로 알려져 있다.

④ 동침(冬沈)

늦가을이나 초겨울에 제철의 신선한 무 배추를 섞어 담근, 중간계절의 싱그러운 국물김치로 보통 '동치미'라고 한다.

⑤ 수정과

생강을 삶은 미지근한 물에 통계피를 넣고 장시간 우려낸 후 설탕을 넣어 곶감과 잣을 넣어 만든 음청류를 말한다.

⑥ 유자

유자는 감귤과 사촌간이지만 귤은 먹을 때 보통 생식(生食)하는 데 비해 유자는 대개 유자차, 잼, 드레싱, 향신료, 과자, 조미료, 식초 등과 같이 가공해서 먹는다.

⑦ 메주쑤기

콩을 푹 삶아 오랜 시간동안 콩이 크게 불어나고 물렁물렁 해지면 큰 그릇에 담아 콩알들이 다 풀어지도록 잘 짓이긴다. 이렇게 짓이긴 콩을 둥글게 빚은 다음 볏짚으로 싸서 정주간이나 부엌, 헛간 같은데 매달아 놓는다. 이것을 메주를 띄운다고 하는데, 몇 달을 매달아 놓으며 메주가 뜨게 된다. 예전의 각 가정에서는 메주를 쑤는 날에는 온 집안이 동원되어 불을 뗀다. 이때는 명절처럼 야단법석이도 아이들도 잘 익은 콩을 맛보며 기분이 들떠 있었다. 이렇게 복잡한 메주쑤기를 여러 사람의 힘을 합쳐 하자는데 목적이 있었고 한 해 동안 먹을 장을 마련하는 중요한 일을 좋은 날에 모두가 성의껏 함으로써 더 멋있게 하려는 의도였을 것이다.

⑧ 간전

간을 저며 썰어 체에 놓고, 소금을 뿌려 흔들어 씻어 물에 헹군다. 메밀가루를 묻혀 팬에 기름을 두른 다음 지져낸다.

□ 12월

(1) 풍습

납향(臘享)은 동지로부터 세 번째의 未日(干支)인 납일(臘日)에 그해에 지은 농사 형편과 여러 가지 일에 대하여 신에게 고하는 제사를 말한다.

납일 밤에 농촌에서는 새잡기를 하는데, 서너 명의 청소년이 패가 되어 그물을 가지고 어두운 밤에 새가 사는 지붕 추녀를 찾아다니며 새를 잡는다. 납일의 새고기는 맛이 있을 뿐 아니라, 아이가 이 고기를 먹으면 병에 걸리지 않는다고 해서 납일에 새를 잡으려고 애를 쓴다. 또한 이날 내린 눈은 약이 된다고 해서 곱게 받아 독에 담아두기도 한다. 눈 녹은 물을 두었다가 김장독에 넣으면 맛이 변하지 않으며, 의류와 책에 바르면 좀을 막을 수 있다고 한다. 또한 그대로 두었다가 환약을 다릴 때 쓰기도 하고, 그 물로 눈을 씻으면 안질에도 걸리지 않을 뿐 아니라 눈이 밝아진다고 한다.

엿을 고기도 하는데, 설탕이 없던 옛날에는 당분을 엿에서 얻었으니 엿을 만드는 일도 매우 중요했다. 밥에 엿기름물을 부어 삭힌 다음, 곁불로 밥이 물같이 되도록 끓이고 그것을 자루에 넣고 짜낸 다음 다시 끓여서 식으면 굳어져 엿이 된다. 엿을 고기 시작하면 이튿날 새벽에 엿이 된다.

납향에 쓰는 고기에는 산돼지와 산토끼가 있다. 경기도 일원 산간의 군(郡)에서는 옛날부터 대궐에서 납향에 쓸 산돼지를 잡아 진상했다.

(2) 음식

① 납육

조선 왕조에서는 동지 후 세 번째 오는 미일(未日)을 납일(臘日)로 정하고 사직(社稷)에 큰제사를 지냈는데, 이 때 쓰는 고기는 경기도내 산간에서 잡은 산돼지, 산토끼였으며, 이를 납육(臘肉)이라 하였다. 또 제육을 먹고 참새고기구이를 절식으로 하였다. 이러한 풍습은 겨울철 보신의 뜻이었을 것이다.

② 납평전골

산짐승, 산새 고기 등을 사냥하여 만든 것으로 전골을 만든 음식을 말한다.

③ 납설수

섣달 납향에 내린 눈이 녹은 물로 대단히 차다. 이 물에 모든 과실을 담가서 보관하면 좋다.

6. 한국의 상차림과 식사예절

1) 한국의 상차림5)

(1) 상차림이란

한 상에 차려지는 주식류(主食類)와 찬류(饌類)를 선택하여 배열하는 방법을 상차림이라 한다. 한국인들이 일상적으로 먹는 식사에는 밥과 찬(饌)을 차리는 반상과 죽과 찬을 차리는 죽상, 국수, 만두, 떡국을 차리는 면상, 만두상, 떡국상 등이 있다. 또한 손님을 접대하는 교자상이나, 술과 안주를 차린 주안상과 다과를 차리는 다과상이 있다.

(2) 상차림의 종류

① 반상차림

㉮ 개요

반상이란 한국의 일상적으로 차리는 상차림을 말하며, 오래 전부터 내려오는 한식의 정식상을 말한다. 한국인의 주식인 반류(飯類)가 위주로 되어있으며, 밥, 국, 김치와 찬을 함께 차리는 반상은 먹는 사람에 따라 부르는 명칭이 다르다. 아래 사람에게는 밥상이라고 하고, 윗 어른에게는 진지상, 임금에게는 수랏상이라 한다.

반상의 주(主)가 되는 것은 밥이고, 부(副)는 반찬은로 부차적으로 따라온다.

5) 이지호외, 전게서, pp.149-162.

반상은 신분이나 빈부에 따라 그 규모에 차이가 있으나 영양상 균형 있고 맛있는 식사를 위하여 재료와 조리법을 감안하여 일정한 형식을 이루게 되었다. 이것이 3첩에서 12첩에 이르는 상차림이다.

쉬어가기 첩

첩이라 하면 뚜껑 있는 반찬 그릇을 말하며 밥, 국, 김치, 장, 찌개 등을 제외한 반찬 그릇의 수에 따라 첩수를 세게 된다.

㉯ 종류

· 3첩

3첩이란 반찬 3그릇을 상에 올리는 것으로, 서민들의 반상차림을 말한다. 기본적인 밥, 국, 김치, 장 이외에 3 가지 찬품을 내는 반상이다.

· 5첩

5첩이란 어느 정도 여유가 있었던 서민층의 상차림으로 밥, 국, 김치, 장, 조치 외에 5가지 찬품을 내는 반상을 말한다.

- 첩 수에 들어가지 않는 음식 - 밥, 국, 김치, 장, 초간장, 조치가 있으며,
- 첩 수에 들어가는 음식 - 숙채 또는 생채, 구이 또는 조림, 전류, 마른반찬 또는 젓갈

· 7첩

7첩은 사대부집의 상차림으로, 밥, 국(탕), 김치 1-2가지, 조치류(찌개 1, 찜 1), 간장, 초간장, 초고추장 등 첩수에 들어가지 않는 기본 음식을 비롯하여 7가지 찬품을 내는 반상이다. 7첩 반상 이상이 되면 곁상이 따르는데 여기에는 찜과 반주 혹은 후식으로 차, 과자 등을 놓는다.

- 첩수에 들어가지 않는 음식 - 밥, 국, 김치, 장, 조치, 찜, 전골
- 첩수에 들어가는 음식 - 숙채, 생채, 구이, 조림, 전, 마른 반찬, 젓갈, 회, 장아찌

· 9첩

9첩은 7첩과 마찬가지로 사대부집 대가(大家) 상차림의 2가지로 밥, 국, 김치, 장, 조치, 찜, 전골 외에 9가지 찬품을 내는 반상이다.

· 12첩

12첩 반상은 임금이 평상시에 받는 진지상을 말하며, 수랏상차림으로 반드시 12첩이 아니고 그 이상이어도 상관이 없었다. 대조전 수라상은 수라상(대원반), 곁반(수원반), 책상반(대각반)의 3개의 상을 사용했다. 이것이 곧 12첩 반상이다.

대원반에는 은수저 1벌, 은입사시 1벌, 흰 수라, 곽탕, 간장류, 김치류, 찬품류와 토구를 올린다. 소원반에는 기미용 은입사시 1벌, 금테를 한 상아저 1벌, 팥수라, 곰국, 찬품류(저내, 구이, 회), 공공기(1개), 공접시(2개), 냉수시접(여름에는 사기시접, 겨울에는 은시접) 등을 올린다. 이 밖에 냉수주전자, 숭늉주전자, 공접시(1개), 휘건, 첩뚜껑, 행주, 가위 등을 올린다.

② 죽상

㉮ 개요

곡식에 물을 많이 붓고 오래 쑤어서 곡식의 알이 연하게 퍼지고 녹말이 충분히 혼합되어 소화되기 쉬운 상태로 무르게 익은 유동식 음식을 죽이라한다. 죽은 아침 새벽 잠자리에서 일어나 처음 먹는 음식으로 위에 부담없이 먹는 간단한 음식이다. 죽상에 올리는 김치류는 국물이 있는 나박김치나 동치미로 하고, 찌개는 젓국이나 소금으로 간을 한 맑은 조치이다.

㉯ 종류

· 미음상

미음이란 쌀이나 좁쌀에 많은 양의 물을 부어 푹 끓인 후 체에 거른 죽으로 건더기가 없다. 미음상에는 미음의 종류에 따라 찬이 달라지겠지만 거의 비슷하다. 대추미음상에는 설탕을 놓고, 암치나 건대구를 부드럽게 솜같이 보풀려서 놓는다. 대화도 마른 것을 두들겨서 보풀려 한데 곁들이기도 한다. 이럴 때는 반드시 진간장을 놓도록 한다. 김치는 계절에 따라 다르나 나박김치나 동치미, 젓국지 같은 것을 놓도록 한다. 미음대접을 놓고 그 옆에 반드시 공기를 놓는다. 정과도 좋아하는 경우 같이 놓는다.

· 응이상

전분가루로 율무가루, 수숫가루 등을 사용한 녹말을 물에 풀어 끓인 것으로 죽보다 묽은 상태이기 때문에 마실 수 있는 상태로 '응의', '의의'라고도 한다. 응이상에는 설탕을 놓고, 산포가 있으면 두들겨서 진장을 놓는다.

③ 장국상(면상)

㉮ 개요

밥을 대신하여 국수를 주식으로 하여 차리는 상으로 점심 또는 간단한 식사 때에 차리는 상을 장국상이라 한다. 주식으로는 온면, 냉면, 떡국, 만두국 등이고, 부식으로는 찜, 겨자채, 잡채, 편육, 전, 배추김치, 나박김치, 생채, 잡채, 전 등이 있다.

주식이 면류로 각종 떡종류나 한과, 생과일 등을 곁들이기도 한다. 이 때는 식혜, 수정과, 화채 중 한 가지를 놓는다. 술 손님인 경우에는 주안상을 먼저 낸 후 면상을 내도록 하며, 생일, 회갑, 혼례 등의 경사 때에는 큰상(고임상)을 차린다.

㉯ 종류

· 면상

국수를 주식으로 차리는 상을 말하며, 국수는 밀가루나 메밀 등을 물에 반죽하여 국수틀에서 뽑아내거나 국수반죽을 얇게 밀어서 칼로 가늘게 썬다. 이 때의 국수는 젖은 국수이며, 말린 것은 건면이라고 한다.

한국의 국수는 주식이 아닌 생일, 혼례, 손님접대용 별미주식이며, 국수를 주식으로 한 상에는 보통 병과류나 육미음식(肉味飮食)을 함께 내놓는 것을 원칙으로 하였다.

· 떡국상

겨울철 음식으로 정월초하루 설날에 먹는 음식으로 흰가래떡을 넓적하게 썰어 장국에 넣어 끓이는데 지방에 따라 모양을 다르게 내기도한다.

· 만두국상

밀가루 반죽을 얇게 밀어 속을 넣어 싼 다음 맑은 장국에 삶거나 찌는 음식으로 떡국이나 국수와 함께 간단한 주식으로 특별음식이다.

④ 주안상

손님에게 술을 대접하기 위해 차리는 상을 말하며, 소주, 청주, 탁주 등과 같은 술과 함께 전골이나 찌개류 같은 국물이 있는 음식과 전유어, 편육, 김치, 회를 술안주로 내놓는다. 안주는 술의 종류와 손님의 기호를 고려하여 장만해야 한다.

⑤ 교자상

교자상은 설날, 추석과 같은 명절이나, 잔치, 회식의 경우에 많은 사람이 함께 모여 식사를 할 경우 차리는 상으로, 고급재료나 가짓수를 많이 하는 것보다 몇 가지 중심이 되는 요리를 해서 서로 조화가 되도록 재료, 색채, 영양, 조리법 등을 고려하여 식단을 마련한다.

⑥ 다과상

식사를 겸하지 않는 간단한 상으로, 차와 과자 등을 내는 간단한 상차리기를 말한다. 손님이 찾아왔을 때 식사를 대접하기 전에 내는 음식상이다. 계절에 따라 상차리기의 내용이 달라진다.

2) 식사예절[6)]

양식의 식사예법은 열심히 배우려 하면서 한국의 식사예절은 잘 지켜지지 않는 것이 현실이다. 한국 요리의 식사 예절은 중국이나 서양에 비해 매우 관대하

6) 구난숙외, 세계속의 음식문화, 교문사, pp.33-34.

고 단순하여서 상식적이라고 생각해도 무관하다.

세계화시대에 우리의 음식 즉, 김치, 갈비 등이 세계인들에게 많이 알려지게 됨에 따라 한국의 식사예절에 대해 물어오는 외국인이 점점 많아질 것이다.

① 식사 하는 도중에 자리를 떠나지 않는다.
② 식사 하는 도중에 지나치게 말을 많이 하지 않는다.
③ 손 윗분이 먼저 수저를 든 다음에 아랫사람이 들도록 한다.
④ 숟가락과 젓가락을 한손에 들지 않으며, 젓가락을 사용할 때에는 숟가락은 상 위에 놓는다. 숟가락이나 젓가락을 그릇에 걸치거나 얹어놓지 말고 밥그릇이나 국그릇을 들고 먹지 않는다.
⑤ 숟가락으로 국이나 김칫국물을 먼저 떠 마시고, 밥이나 다른 음식을 먹는다. 밥과 국물이 있는 음식은 숟가락으로 먹고, 다른 반찬은 젓가락으로 먹는다.
⑥ 음식을 먹을 때는 음식타박을 하거나 먹을 때에 소리를 내지 말고 수저가 그릇에 부딪쳐 소리가 나지 않도록 한다.
⑦ 수저로 반찬이나 밥을 뒤적거리거나 헤집는 것은 좋지 않으며, 먹지 않는 것을 골라내거나 양념을 덜어내고 먹지 않는다.
⑧ 식사 하는 도중에 수저에 음식이 묻어서 남아 있지 않도록 하고, 밥그릇은 가장 나중에 숭늉을 넣어 깨끗하게 비운다.
⑨ 여럿이 함께 먹는 음식은 각자 접시에 덜어 먹고, 초간장이나 초고추장 같은 것도 접시에 덜어서 찍어 먹는 것이 좋다.
⑩ 식사 하는 도중에 뼈나 생선의 가시 등 넘길 수 없는 것은 옆 사람에게 보이지 않도록 조용히 종이에 싸서 버린다.
⑪ 식사 하는 도중에 재채기나 기침이 나면, 얼굴을 옆으로 하고 손이나 그 밖의 손수건으로 입을 가려서 다른 사람에게 실례가 되지 않게 조심한다.
⑫ 너무 빨리 먹거나 지나치게 늦게 먹지 않고 다른 사람들과 먹는 속도 알맞게 맞춘다. 먼저 웃어른이 수저를 내린 다음에 따라서 내려놓도록 한다.
⑬ 음식을 다 먹은 후에는 수저를 처음 위치에 가지런히 내려놓는다.

⑭ 이쑤시개를 사용 할 때에는 입을 한 손으로 가리고 사용한 후 남에게 보이지 않게 처리한다.

7. 한국음식의 문제점과 국제화[7)]

1) 한국 음식문화의 고쳐야 할 점

한국음식의 문제점은 우리 주변에서 흔히 찾아볼 수 있다. 한국 음식이 당면하고 있는 문제점을 열거하면 다음과 같다.

① 한국의 우수한 식문화가 너무나 급속하게 나쁜 쪽으로 변질되어 가고 있다. 짧은 시간의 급한 식사나 일에 쫓긴 불규칙한 식사로 우리의 전통식문화가 바뀌어 가고 있다. 빨리 먹는 것은 여러 가지 요인이 있을 것이나, 젊은 시절에 군대에 가서 급히 먹는 것을 생활화 한 것도 한 가지 이유이다. 또한 한국의 산업화가 되어 가는 1970년대와 1980년대의 경제가 발전되자 어린 청소년들은 물론 일반 직장인들도 패스트푸드의 대표 격인 햄버거, 켄터키치킨 등 서구 음식을 좋아하게 되었다. 근래에 들어와서는 몸에 좋다는 소위 정력 음식과 보양음식을 지나치게 강조한 나머지 건강식품을 남용하고 있는 현실이다. 불량식품이 남발되어지고, 학교 근처의 소위 먹자골목에서 과음이나 폭음의 음식문화가 자행되고 있다. 바뀌어진 음식문화는 비만이나 생활습관병 등 각종 사회적 문제를 야기하기도 한다. 전반적으로 음식문화 전반에 걸쳐 근본이 훼손될 정도이다.

② 한국 사회의 급격한 산업화와 서양화로 한국 고유의 음식문화가 상실되고 있는 것도 문제이다. 전통적으로 내려오고 있는 우리 고유의 음식문화가 거의 보존되고 있지 않고, 사라진 전통음식과 식문화가 너무나 많다. 가정의 주부들도 시간에 쫓겨 과거의 우리 어머님세대에 직접 손수 담가 먹었던 김치, 장류, 젓갈 등을 담가 먹지 못하고 있다. 그 결과 전통 요리법이 단절되고, 고유한 음식문화가 사라지고 있다. 관혼상제나 잔치음식 문화가 대중식

7) 김재수, 한국음식 세계 속의 식탁으로, 백산출판사, pp.30-33.

당에서 이루어지고 있어 음식문화의 근본이 변질될 우려에 있다.

③ 한국음식의 유통구조가 너무 낙후되어 있다. 한국 식품은 재래시장을 통한 유통이 많고, 많은 사람이 이용하는 대중음식은 위생이나 청결 면에서 많은 문제를 안고 있다. 유원지에서의 취사행위, 무분별한 음식 쓰레기의 과다 등 전반적인 식품 유통환경이 낙후되어 있다. 특히 학교에서의 급식문제는 매우 심각하여 한창 자라나는 어린 세 개에게 불량식품을 제공하는 것은 위생이나 안전은 물론, 용납할 수 없는 비도덕적, 비윤리적 행위가 아닐 수 없다. 불량음식을 공급하여 집단 식중독을 일으켰다는 보도는 TV 등 매스미디어에서 심심치 않게 흘러나오고 있다.
비위생적이고 불량한 학교 급식은 자라나는 새싹인 미래 세대에게 나쁜 음식이라는 부정적인 이미지를 심어주게 된다. 더 이상 우리 자손들에게 누를 끼치지 않도록 근본적인 대책이 하루빨리 만들어져야 하겠다.

2) 한국음식의 퓨전음식을 글로벌(Global)화

한국 음식은 외국의 현지인에 입맛에 잘 변형되지 않는다고 한다. 너무나 한국적인 것은 한국 내에서는 어느 정도 통할 수 있으나 외국에서는 통하지 않는다. 외국에서는 한국의 전통적인 고유한 음식만을 알려야한다. 한국 음식점들은 우리 한국인만을 대상으로 염두에 두고 있다. 세계 어디를 가나 한국 음식의 메뉴 구성이나 형태는 천편일률적으로 현지인의 입맛과 식생활 패턴에 대한 연구도 부족하고, 현지 유통업체에 대한 공략도 미흡하며, 서비스도 미비하다. 또 음식을 식탁위에 놓인 주식이나 반찬뿐만 아니라 식탁, 그릇, 색깔, 분위기 등 하나의 종합적인 '식공간' 개념으로 보는 인식이 자리 잡지 못하고 있다.

3) 한국 식당의 구조상의 문제점과 서비스 낙후

한국식당은 음식을 제공하는 건물이나 혹은 식당안의 공간구성 등 서비스가 많이 뒤지고 있다. 식당의 위생 상태와 식당환경은 언급할 필요도 없다. 식당 내에서 근무하는 종사원들의 서비스 예절교육 등도 개선되어지지 않고 있다. 박리

다매(薄利多賣)형태의 영업전략 또한 문제가 되고 있다. 매출량에 있어 무조건 많이 팔려고 하는 형식을 취하다보니 그만큼 서비스 또한 뒤 떨어지는 것은 당연한 결과라 하겠다.

4) 총체적인 음식연구의 부족

시대가 변함에 따라 한국음식의 영양공급의 확대나 영양성분의 이화학적 분석과 음식점의 위생관리, 외식산업의 육성 등 일련의 몇몇 분야를 중심으로 어느 정도 발전해왔다. 그러나 한국고유의 전통식품에 관해서는 식품의 생산, 유통, 가공, 포장, 수출, 세계화 등을 포함하는 종합적인 연구가 제대로 이루어지지 않고 있으며, 연구 사례 또한 극히 적다. 한국음식에 대한 산(産)·학(學)·관(官)·연(硏)이 공동으로 연계하여 한국전통음식 발굴과 보전, 식품규격과 상품화, 생산성 향상, 외식산업육성 등을 종합적으로 연구하는 체제를 갖추지 못하였다. 한국의 음식에 대한 연구과제는 너무 많이 산재해 있다. 한국음식을 세계인이 함께 즐길 수 있는 고급음식으로 만들기 위해서는 음식재료, 표준식단, 영양성분, 음식점의 위생관리, 식당, 외식산업 등 여러 분야에 걸쳐 연구해야 할 것이다. 전통식품 또한 생산, 유통, 가공, 수출, 포장, 수출, 세계화 등을 포함해서 심도 있는 연구가 필요하다. 산(産)·학(學)·관(官)·연(硏)이 함께 공동으로 연계하여 한국 음식 전반에 대한 연구가 이루어져하겠다.[8)]

8) 상게서, pp.32-33.

제2장 아시아

제1절 일 본

1. 지형적 · 사회적 특성

일본은 아시아대륙의 동쪽에 위치한 섬나라(島國)로 연장 3,000킬로미터에 걸쳐 반달 모양을 하고 있다. 일본은 위로부터 홋카이도(北海島-ほっかいどう)·혼슈(本州-ほんしゅう)·시코쿠(四國-しこく)·규슈(九州-きゅうしゅう)라는 큰 섬이 4개있고, 가장 남쪽으로는 근세에 일본에 편입된 오키나와 지역까지 넣어, 애략 4,000개 정도의 섬이 산재되어 있다. 그리고 산지와 화산지대가 국토면적의 74%를 점하고 있어, 주요 화산만 약 200개나 되고, 그 중의 일부는 활화산(活火山)으로 지금도 활동을 하고 있다.

또한 일본열도는 남쪽의 규슈지역은 아열대 기후에 속하고, 북쪽의 홋카이도 지역은 아한대 기후에 속하는 등 지역에 따른 편차가 크다. 또한 지형이 복잡하고 해류의 영향 등으로 지역 간의 기후 차가 심하다. 그러나 대부분의 지역은 해양성의 온화한 기후로 봄·여름·가을·겨울의 구별이 뚜렷하다. 기복이 심한 산맥이 일본열도를 관통하고 있기 때문에 태평양 쪽과 동해 쪽의 기후 차가 크다. 태평양 쪽 지역은 여름에는 남동 계절풍으로 무덥고, 겨울에는 대륙에서 불어오는 북서 계절풍의 영향으로 눈이 많이 온다. 특히 동해 쪽의 니이가타(新潟-にいがた) 지방은 눈이 많이 오는 지역으로 세계에서도 유명한데, 한 번에 눈이

오면 적설량이 4,5미터나 되어, 겨울에 눈을 치우는 일이 큰 일거리이다. 홋카이도를 제외한 나머지 지역에서는 6월 상순에서 7월 중순에 걸쳐 고온 다습한 우기가 있고, 남서부 지역은 8월에서 10월에 걸쳐 태풍의 피해를 입는 일이 많다. 일본은 자연재해가 많은 것으로 유명하다. 특히, 지진, 태풍, 화재는 일본의 명물이다.

일본의 토착 종교로는 샤머니즘의 영향을 크게 받은 것으로 보이는 신도가 있지만, 주종교는 역시 불교로서 불교가 일본의 식문화에 크게 영향을 끼쳤다. 즉, 생선회(刺身-さしみ)는 일본 음식의 대명사인 것처럼 인식되고 있지만 실제로 생선회가 일반가정의 식탁에 오르기 시작한 것은 극히 근래의 일인데 그 이유는 회요리를 만들기 위해서는 싱싱한 생선을 필요로 하고, 이에 따른 전문적인 시설과 생선의 취급이 요구되기 때문이다. 저온 유통 체계가 완성되고 국민 소득이 현저히 높아진 근래에 이르러서야 일반 가정에서도 생선회를 먹을 수 있게 되었다.

2. 일본 식문화의 특징

1) 일본음식의 개요

세계의 모든 요리는 각 나라별로 고유한 특징을 가지고 있다. 일본요리를 한마디로 말하면 “눈으로 먹는 요리”라고 말할 수 있다. 이러한 말은 일본요리가 맛의 정수라고 할 수 있는 미각보다는 시각적인 아름다움을 표현하는데 중요하게 생각한다는 표현일 수 있다. 이러한 일본의 음식문화는 오랜 역사 속에서 그 나라의 풍토와 자연조건의 제약을 받으며 형성되었다. 일본인의 식생활의 역사를 보면 많은 변화가 있었지만, 그래도 전체적으로는 쌀을 주식으로 하면서 생선과 채소·콩 등을 부식으로 하는 기본유형을 유지해 왔다. 이것이 일본인의 전통적인 식생활의 내용이다.

2) 일본음식의 특징

① 생선회, 생선초밥 등 가열하지 않고 신선한 식품을 생식하는 조리법이 발달하였다.

② 계절감각을 매우 중요시한다. 서구요리에 비해 냉동식품이나 통조림 등의 장기 저장된 식재료 보다 제철에 나오는 비교적 신선한 재료를 이용하여 계절적인 감각을 살려 경향이 많다.

③ 한국은 3면이 바다인 반면 일본은 지형적으로 국가 전체가 바다로 둘러싸여 어패류 종류의 요리가 발달되었다.

④ 자연소재의 식기자재의 물건 등을 여러 형태의 예술적 측면을 십분 활용한다. 즉, 나무껍질, 나뭇잎, 나무열매, 대나무, 대바구니, 죽공예품, 칠기그릇, 도기, 금속, 자기, 유리, 종이 등을 예로 들 수 있다.

⑤ 한국음식, 중국음식과 비교해 비교적 적은 양으로 먹는다.

⑥ 미적 감각을 중요시하여 요즈음 한창 인기리에 관심을 두고 있는 Food Style에 적잖은 영향을 주고 있다.

⑦ 최근에는 외국의 영향을 받아 일본 고유한 풍에 알맞게 개량하여 Fusion(퓨전)화 한 요리가 발달되고 있다.

⑧ 일본요리는 だし(다시)로 시작해서 だし(다시)로 끝난다고 해도 과언이 아니듯이 요리에 들어가는 모든 국물은 だし(다시)를 사용한다.

⑨ 조리료는 さけ(사케-일본 술), みそしる(미소시루-+일본된장), 간장, 설탕을 많이 사용하여 요리한다.

⑩ 최근의 모든 업계에서 부르짖는 친환경적, 자연지향적인 추세의 요리이다.

쉬어가기 だし(다시)

出し(다시)는 대부분 가쓰오부시(かつおぶし-줄참치)를 건조시켜 대패질 한 것)와 다시마를 사용하여 만들며, 서양요리의 Stock과 같은 의미이다.

3) 일본음식의 분류

(1) 형식적 분류

① 혼젠요리(本膳料理-ほんぜんりょうり)

혼젠요리는 무사의 예법이 확립되었던 무로마찌시대(室町時代-むろまちじだい)에 생겨나 은각사를 세웠던 장군이 그 만드는 방법을 완성시켰다고 전해지고 있다. 원래 귀족과 무사회에서 의례적이고 형식적인 향연요리(饗宴料理)로써 사용되어지고 있었으나 에도시대(えど-江戶時代)에 들어오면서 서민들 사이에서도 관혼상제 등의 의식요리(儀式料理)로써 본젠요리가 사용되어지게 되었다. 의식요리이기 때문에 요리의 내용물이 화려하고 장식적인 것이 만고 식기류도 모두가 옻칠한 그릇을 사용하며, 일즙삼채(一汁三菜), 이즙오채 이즙오채(二汁五菜), 삼즙칠채(三汁七菜) 등 요리의 내용도 시대와 함께 변해 왔으며 모든 요리를 처음부터 늘어놓는 것이 특징이다.

② 가이세끼요리(懷石料理-かいせきりょうり)

차를 마시기 위해 다석(茶席)에서 제공되는 요리로써 다회석요리(茶懷石料理)라고도 하며, 정식의 차사(茶事)로 차를 따르기 전에 내는 것으로 간소한 식사로부터 생겨난 요리형식이다. 이것은 짙은 차의 맛이 농후하기 때문에 약간의 음식물을 먹는 것이 차를 맛있게 마실 수 있는 일로부터 시작한 것으로 아즈치모모야마시대(安土桃山時代)의 차도의 육성과 함께 발전했다.

가이세끼요리는 몸을 따뜻하게 할 정도로 배를 부르게 하는 요리라고 하는 의미로 일즙삼채(一汁三菜)를 기본으로 계절의 잘 익은 것과 신선한 재료를 중심으로 한다. 간소하여 정성을 다하여 손으로 만든 요리를 중요시 했으며, 본선요리((本膳料理)를 동시에 늘어놓는 것에 비해 가이세끼요리는 만들어진 요리를 하나씩 시기를 맞추어 내는 특징이 있다.

③ 가이세끼요리(會席料理-かいせきりょうり)

회석요리(會席料理)는 '회석(會席)'이라는 단어에서 보듯이 노래와 안무를 즐

기기 위한 모임을 말하는 것으로서, 처음에는 예의바르게 모임이 끝날 때 술을 조금마시는 것으로 시작되었으나 나중에는 변화되어 중간에서 부터도 술과 요리가 나오게 되었다. 에도시대:1603-1866(江戶-えどじだい)부터 시작되었으며 본선요리를 약식으로 개선해서 이용하였다고 한다.

④ 쇼우진요리(精進料理-しょうじんりょうり)

쇼우진요리는 다도(茶道)가 보급되는 전후에 일반서민에게 전달되어왔다. 불교가 중국에서 전래될 때 중국의 불교승이 일본에 귀화하는 경우가 많아져 콩을 활용하는 청국장, 두부튀김 등 비린내 냄새나는 생선과 수조육을 전혀 사용하지 않는 불교승의 톡특한 요리인 정진쇼우진요리가 보급되었다.

쇼우진요리의 의미는 유정(有情-동물)을 피하고 무정(無情-식물)인 채소류, 곡류, 두류(豆類-콩류), 해초류만으로 조리한 것으로 미식(美食)을 피하는 조식(粗食)을 의미한다. 선종(禪宗)에서는 육식을 금하는 것을 원칙으로 하며 식단은 본선요리(本膳料理)의 형식으로서 일즙삼채(一汁三彩), 일즙오채(一汁四菜), 이즙삼채(二汁三彩), 삼즙칠채(三汁七彩) 등의 기본에 따라 구성된다.

주로 사원에서 발달되었으며 이의 중심지는 교또(京都)이며, 정진국, 정진튀김이라는 의미는 식물성 재료만으로 만들어진 국 또는 튀김이라는 의미이다.

⑤ 후챠요리(普茶料理-ふちゃりょうり)

후챠요리는 오오바쿠 요리라고도 하며 황벽산 만복사의 법주였던 스님이 중국에서 찾아오는 선종승(禪宗僧)들을 대접할 때 이 후챠요리를 중국식으로 조리하였던 것으로써 음식명에도 중국식 명칭이 아직도 남아있다.

(2) 지역적 분류

① 관서요리(關西料理)

가미가타(上方-かみがた)요리 라고도하며, 에도(江戶)요리와 비교하면 그의 역사가 길고 주로 교오또(京都), 오오사카(大阪)의 요리를 지칭하고 있지만 교오또(京都)요리와 오오사카(大阪)요리는 조금 다른 점이 있다.

바다로부터 멀리 떨어져 있으나 물이 좋은 교오또(京都)에서는 야채와 건어물을 사용한 요리가 발달 했으며 바다가 가깝고 어패류를 많이 접할 수 있는 오오사카(大阪)에서는 생선요리가 발달했다.

소재의 맛을 최대한으로 살리는 연한 맛이 특징이며 색, 형태도 그대로 살리며 어느 정도의 국물(汁)도 많은 것이 관서요리의 특징이라 할 수 있겠다.

② 관동요리(關東料理)

에도요리(江戶料理)라고도 한다.

관서요리(關西料理)와 대비하여 말하고 있으나 이는 에도마에(江戶前) 동경만(東京灣)과 우전천(隅田川)등에서 잡은 어패류를 사용한 요리 생선초밥(すし), 덴뿌라(天ぷら), 민물장어(うなぎ)등이나 메밀국수(そば) 등이 대표적이다.

역사적으로는 겐로꾸(元祿:1688-1704)시대로 부터 생기기 시작한 요리와 찻집을 중심으로 발달하여 문화 문정기(文政期)에 들어서면서 서민문화의 성숙과 더불어 확립되었다고 보아야 한다.

관서요리와 비교하면 맛이 농후한 것이 특징으로 되어 있으나 조미료는 관서의 연한 간장에 비해 관동에서는 진한 간장이 사용되어 왔다. 이렇게 맛이 다른 것은 동경만에서 잡힌 생선과 관서지방 주변에서 잡힌 생선의 맛, 어종의 차이, 토질에 의한 야채류의 맛의 차이가 지역의 차이에서 나오지 않은가 추측된다.

결론적으로 관서요리의 맛은 연하면서 국물이 많게 되고 재료의 색과 형태를 살릴 수 있는 반면 관동요리는 간이 세게 되니까 국물이 작을 수밖에 없는 것이다. 또 형태의 보존도 어렵게 될 수밖에 없다. 그러나 요즈음은 교통수단과 요리기술 교류로 지역적 특징은 거의 없어졌다고 해도 좋을 것이다.

3. 일본의 대표적 음식

1) 스시(すし- 壽司)

(1) 스시의 기원과 역사

일본에서 초밥을 뜻하는 한자인 지(鮨)와 자(鮓)란 글자는 둘 다 스시라고 읽는다. 요즘 들어서는 그 사용권이 지(鮨)란 글자는 관동과 자(鮓)란 글자는 관서로 자연스럽게 구분된 듯하다.

옛날부터도 관동의 스시야(초밥가게)에서는 주로지(鮨)를 사용했으며 관서의 스시야에서는 거의 자(鮓)를 사용했다. 단, 관동에서는 관서처럼 지(鮨)를 통일적으로 사용하지는 않았다.

지(鮨)를 '생선(魚)이 맛있다(旨)'라는 뜻으로 써서 스시라고 읽는 일본식 문자라고 이해하는 사람이 있는데 이것은 잘못 알고 있는 것이다.

지(鮨)와 자(鮓)라는 글자는 생선을 조리한 식품이라는 의미로 사용된 아주 오래된 한자이다.

중국에서 기원전 3,4세기경에 만들어졌다고 하는 동양최고의 사전인 『이아(爾雅)』에 보면 '생선을 소금에 절인 것을 해()라고 한다'고 적혀 있는 것으로 보아 지(鮨)는 생선의 젓갈을 가리키는 말이었음을 알 수 있다.

자(鮓)도 오래 된 문자이다. 2세기 말경 유희(劉熙)란 중국의 학자가 쓴 『석명(釋名)』이란 책에 보면 '자(鮓)는 소금과 쌀(밥)을 가지고 저(菹-소금에 절인 채소)와 같은 방법으로 담근 음식으로 발효시켜 먹는다.' 기록이 나온다. 이로 미루어 자(鮓)가 일본의 나래스시와 닮은 음식이란 것을 알 수 있다. 중국에서는 그 후 당, 송 시대를 거치면서 자(鮓)와 반(飯-밥)과의 관계가 차츰 희박해져 밥이 거의 사용되지 않았다. 명(明)말기에는 자(鮓)가 완전히 모습을 감추게 되었고, 결국은 서남 산지의 묘족(苗族)들의 음식에서 그 명맥이 겨우 유지되고 있을 뿐이라고 한다. 반면 일본의 스시는 밥이 계속 쓰여 현재의 니기리스시(주먹초밥)로 발전하였다.

이상에서 알 수 있듯이 원래 지(鮨)와 자(鮓)는 별개로, 지(鮨)는 생선을 썰어서 소금을 뿌려 발효시킨 음식이고 자(鮓)는 생선에 소금과 밥을 함께 담아서 그 위에 중압을 가해 만든 음식을 가리키는 말이었다.

그런데 오늘날 일본에서는 이 두 가지 모두가 스시를 가리키는 말로 혼동되고 있는데, 이 혼동의 시작은 이 글자가 일본에 들어오기 전 중국에서부터라고 한다.

사실 지(鮨)와 자(鮓) 두 문자는 모두 스시 업에서만 필요로 하는 문자로 지(鮨)와

자(鮓) 어느 쪽이 스시인지는 중요하지 않다. 오늘날 지(鮨)와 자(鮓)의 사용빈도는 줄어드는 추세이며'스시(すし-壽し, 壽司)'가 일반화 되고 있는 추세다

(2) 스시의 의미

현재 누구나 스시(すし)라고 읽을 수 있는 한자는 '壽司'라고 본다. 이 단어는 도꾸가와(德川)시대 말경 만들어진 제조 음(적당히 음을 따서 만든 글자)이라고 한다. 지금도 '스시는 壽의 司'라고 말하며 사용하는 스시야(초밥가게)가 있다. 에도시대의 유명한 삼대 스시야의 하나로 자타가 모두 인정하는 동경의 '松스시'는 간판을 '壽え'라고 썼으나, 그 당시 일반적으로 많이 사용했던 간판은 '壽し' 또는 'すし'이었다.

스시는 일본요리 중의 일부분에 속하지만 요리 본래의 독특한 특징으로 인하여 이제는 세계 어느 도시에서도 스시 전문점을 발견할 수 있을 만큼 세계적인 요리가 되었다.

스시가 이처럼 날로 인기가 더해 가는 이유는 경제벌전과 더불어 외식을 즐기는 많은 사람들이 단순 영양식보다는 건강식을 선호하는 추세이고, 생선을 주재료로 하는 스시는 여기에 부합하기 때문이다. 따라서 앞으로도 스시의 선호도는 계속 더해 갈 것이다.

스시는 종류도 다양하여 동경의 '에도마에스시', 오오사까의 '하꼬스시', 교오또의 '마끼스시', 그리고 일본 내 각 고장마다 특색을 살린 스시가 많이 발달되어 있다. 그러나 한국에는 계절적 특성과 식성의 차이로 '니기리스시' 즉 동경식 초밥이 주종을 이루고 있다.

특히 스시를 전공하는 조리사는 조리의 고유 업무뿐 아니라 일본식당의 얼굴이라는 책임감을 가지고 고객을 접대하는 예절을 익히고, 친절하고 공손한 말씨, 그리고 가식이 없는 진실된 자세로 정중하게 고객을 접대하여야 한다.

2) 돈부리(どんぶり:덮밥)[1]

백반 위에 각종 수조육류. 어패류. 야채류를 요리해서 얹고 국물을 끼얹어 먹는

1) 김숙희외, 세계의 식생활과 음식문화, 대왕사, pp.232-234

음식이다.

3) 우동(うどん)

밀가루국수를 가쯔오부시(かつおぶし)나 멸치. 다시마 국물에 표고버섯. 생선묵. 야채. 유부 등을 넣어 끓여 먹는 대표적인 면요리이다.

4) 자루소바(ざるそば)

17세기경부터 일본서민들이 즐겨 먹던 국수로 대나무 발 사각틀에 올려 놓은 삶은 메밀국수를 양념과 소바다시(そばだし)에 곁들여 가며 먹는다.

5) 라멘(ラメン)

일본의 라멘을 인스턴트식품이 아닌 중국식 밀가루국수를 간장이나 된장으로 양념한 국물에 말아서 돼지고기. 콩나물. 죽순 등과 함께 먹는다.

6) 시루모노(しるもの-국)

요리 중 가장 먼저 먹는 국물 요리로 맑은 다시국물을 사용해 재료 자체의 향기와 풍미를 나타내는 스마시시루(濟まし汁-맑은 국)와 된장을 푼 국물에 두부. 미역 등을 넣어 끓인 미소시루(みそしる-된장 국)가 있다.

7) 야키모노(やきもの-구이)

석쇠나 꼬치를 사용하여 고기. 생선. 야채를 함께 굽는 요리인데, 아무 것도 바르지 않고 불에 구워내는 스야키(素燒き), 소금을 뿌려 굽는 시오야키(塩燒き), 간장양념에 재웠다가 굽는 데리야키(照り燒き) 등이 있다.

8) 니모노(煮物-찜)

음식을 약간의 장국과 함께 가열해서 간을 맞춘 다음 다시국물에 고기. 생선.

야채 등을 넣고 조리는 요리로써, 관동지방은 물기가 적고 국물이 별로 없으므로 단맛을 내는 조림을 만들어 먹으며, 관서지방은 물기가 많고 국물이 많으므로 담백한 맛을 내는 조림을 주로 먹는다.

9) 아게모노(あげもの-튀김요리)

다량의 동물성 유지 또는 식물유지로써 고온을 이용하여 식품을 조리하는 요리로 종류에는 재료에 아무것도 묻히지 않고 그대로 튀기는 방법으로, 푸른 야채류 등을 튀기는 데 적합한 스아게모노(すあげもの), 재료에 밀가루, 계란을 묻혀 튀기는 방법의 아라아게모노(あらあげもの), 옷을 입혀서 튀기는 방법의 고로아게모노(ころあげもの)가 있으며, 이 방법의 요리를 일본에서는 덴뿌라(天ぷら) 라고 한다. 덴뿌라는 일본의 대표적인 튀김 요리로 해산물이나 야채 등의 재료를 반죽해 튀긴 것으로, 보통 간장에 찍어 먹는다.

10) 나베모노(鍋物-남비요리)

육류와 신선한 채소류를 즉석에서 요리하여 먹을 수 있는 요리로 보통 겨울철에 간단히 끓여 먹을 수 있으며, 대구지리. 오뎅. 스키야끼(すき焼き-전골), 샤브샤브(しゃぶしゃぶ)등이 있다. 그 중 대표적인 냄비요리로 세계적으로 유명한 것이 스키야끼(すき焼き-전골)이다. 스키야끼(すき焼き-전골)는 쇠고기. 닭 등에 파. 두부를 넣고 끓이는 냄비요리로 메이지유신이 일어나기 불과 몇 년 전에 쇠고기를 이용한 요리로 개발되었는데, 초기에는 규나베(牛鍋)라고 불렀는데, 주로 하급 무사나 뜨내기 인부들이 많이 먹었다고 한다. 육류도 단시간에 가열하여 기생충과 세균 등을 사멸시키도록 하면서, 굳어지기 전에 먹어야 제 맛을 느낄 수 있다. 일본 간장의 독특한 향기는 물론 빛깔과 맛이 한국의 전골과는 사뭇 다르다.

11) 데판야끼(鐵板燒-철판구이)

세계 각국에서 요리별로 전통을 보전하고 자랑하고자 그 특유의 맛과 품질을 보존하려고 많은 노력을 하고 있다. 또한 한 나라의음식이 다른 나라로 전파되면 그 나라의 환경과 기호 식자재에 맞게 변화된다. 철판구이도 서양요리에 착안하여 일본인들이 그 나라의 식성에 맞게 나름대로 발전시켜 오늘날 철판구이가 되었던 것이다.

쉬어가기 철판구이

철판구이는 뉴욕에 위치하고 있는 바니하마(Banihama)라고 하는 레스토랑에서 유래하였다고 한다. 그러나 그 설은 확실치 않다.

4. 식사 시 예절 및 습관

1) 일본의 식사예절[2]

일본의 식사예절은 엄격하고 복잡하여 식사전반에 걸쳐 자세를 바르게 하고, 음식 먹는 소리가 나지 않도록 해야 하며, 또한 일본인들은 서양인과 마찬가지로 이야기하기를 좋아하며 오차카이세키(お茶懐石)의 경우 손님과 주인은 즐겁고 자연스럽게 대화를 한다. 아무 말도 하지 않고 식사만 한다면 분위기가 부자연스럽고 결례가 되어, 다음과 같은 예절을 지켜야 한다.

① 일본인은 식사하기 전에 반드시 '잘 먹겠습니다' '이타다키마스'(いただきます)라고 인사를 한다.
② 밥그릇, 국그릇, 조림그릇 등의 순으로 뚜껑을 열어 밥상의 왼쪽에 놓는다.
③ 젓가락(わりばし)만을 사용하고 숟가락은 사용하지 않는다.
④ 국을 먹을 경우에 국물에 젓가락(わりばし)을 적시고 국물로 입을 축이고 난 다음 밥을 한 입 먹는다. 그 다음부터 밥과 반찬을 번갈아 가면서 먹는다. 국을 마실 때는 건더기를 먹고 국물을 마실 때는 젓가락(わりばし)으로

2) 박금순외, 세계의 음식문화, 효일, pp

건더기를 살며시 누르고 마신다.

⑤ 양손으로 밥그릇을 들고 왼손 위에 올려놓고 오른손으로 젓가락(わりばし)을 집는다.

⑥ 젓가락(わりばし) 을 놓을 때는 자신의 어깨와 평행이 되게 가로로 놓는다.

⑦ 생선을 머리 쪽의 등살에서부터 꼬리 쪽으로 먹는다.

⑧ 모든 사람이 먹는 음식은 전용 젓가락(わりばし)으로 덜어서 먹어야 한다.

⑨ 챠완무시(茶碗蒸し-달걀 찜)는 젓가락으로 휘젓지 않고 앞에서부터 먹어가며, 뜨거울 때는 그릇 밑의 종지부분을 받쳐 들고 먹는다.

⑩ 작은 밥공기를 사용하므로 더 먹고 싶을 때는 공기를 비우지 않고 조금 남겨 자신이 더 먹겠다는 일련의 표시를 해야 한다. 다 먹고 깨끗하게 공기를 비우게 되면 다 먹었다는 표시를 의미한다.

⑪ 사시미(さしみ-회)를 먹을 때에는 젓가락(わりばし)으로 접시의 가장자리에서부터 차례로 작은 접시에 덜어서 와사비(わさび-고추냉이)와 간장을 섞은 소스에 찍어 먹는다.

쉬어가기 챠완무시(茶碗蒸し)

'챠완'의 의미는 찻잔을 의미하며 '무시'는 찐 음식을 의미하므로 찻잔 등과 같은 식기에 반숙의 달걀 등과 같은 찐 음식을 말한다.

2) 일본의 식사 법[3)]

일본사람들은 우리나라 사람들처럼 많은 음식을 차려 놓고 여러 사람이 함께 먹는 것이 아니라, 각자 자기 자신 앞에 놓인 음식을 들고 먹는 것을 종종 볼 수 있다. 이와 같은 방식으로 먹는 밥상을 '메이메이젠'(銘銘膳-めいめいぜん)이라고 하며, 현재도 각종 회합이나 결혼식의 피로연과 모임 등에서 자주 볼 수 있다.

---

3) 김윤태, 지구촌 음식문화, 대왕사, pp.148-149

한국의 음식문화와는 조금 달리 음식을 개인전용 식기에 미리 나눠서 먹는다. 즉, 자신의 양을 먹을 만큼 미리 덜어서 먹는 소식(小食)하는 건강적인 측면과 일본인의 절약하는 습관을 볼 수 있다.

제2절 중 국

1. 지형적 · 사회적 특성과 식문화

세계 4대 문명 중의 하나인 황하강을 끼고 발생한 황하문명인 중국은 수 천년의 역사와 문화를 지니고 있을 뿐만 아니라 방대한 영토에는 다양한 지형과 기후가 나타나 이러한 자연환경은 여러 가지 다양한 식자재를 구입할 수 있으며, 또한 한족(漢族)외에도 56개 소수 민족들은 자신들의 전통적인 생활문화를 보존해 오고 있으며 오늘날까지 자신들만의 식생활을 비롯한 전통 문화를 보존 계승할 수 있었다. 또한 이러한 여러 민족 간의 식문화의 교류는 중국의 식문화의 다양함을 초래하는 원인이 되었다.

쉬어가기 한족(漢族)

한족은 중국의 고유 민족을 만하며 흔히 말하는 한족(韓族)은 한국의 고유민족을 가리키는 말

중국의 면적은 남한과 북한을 합친 한반도 면적의 약 44배로 960만㎢이며 인구는 통계에 의하면 1992년 말까지 중국 대륙의 인구는 1992년 통계에 의하면 11억 7천1백7십1만 명으로, 세계 총 인구의 약 20%를 차지하고 있으나, 현재는 약 12억 명을 훨씬 상회하고 있어 세계 인구의 1/4 정도를 차지하고 있다. 정확한 인구수를 셀 수 없는 이유는 국가에서 시행하고 있는 가족계획이 한 자녀

를 강조하기 때문에 여아가 출생하면 출생신고조차 하지 않기 때문인 것으로 나타나고 있다.

기후는 3유형과 7기후로 나누어지는데 3유형은 습윤, 건조, 고산의 3가지 유형이고 7기후는 열대다우, 온대습윤, 온대몬순, 초원, 사막, 냉대하계습윤, 고산기후로 나누어진다.

열대다우기후 지역은 남부지방의 해남도(海南島)남부이고, 온대습윤기후는 남부지방의 대만동부와 중부지방의 양자강 하류지대에 온대몬순기후는 서부지방에 대단히 넓게 나타나며 냉대하계습윤기후는 북부지방 일부와 동북지방에 고산기후는 서부지방에 청강장 고원에 넓게 나타난다.

지형적으로 세계에서 가장 높은 산을 비롯하여 남쪽의 열대성 기후지역, 북쪽의 고산지대, 그리고 황하와 양자강과 같이 홍수로 자주 범람하는 거대한 강을 끼고 있는 비옥한 옥토로 형성되어져 있다. 자연환경이 다양하고 여러 민족이 모여 있으며, 오래고 찬란한 역사로 인해 오늘의 독특한 중국만의 식문화를 만들어 내고 있다.

2. 중국 식문화의 특징4)

중국음식의 특징은 폭넓은 재료를 이용하여, 맛의 다양성, 풍부한 영양, 쉽고 합리적인 조리법과 그리고 풍성한 외양 등을 들 수 있다. 특히, 곰, 자라, 들쥐나 고양이 등 살아있는 동물을 요리의 대상으로 삼았고, 한의학의 불로장수의 사상과 밀접한 관계를 갖고 발전해 왔기 때문에 중국인들은 식의동원(食醫同源)이라는 어의를 굳게 믿고 있다.

1) 중국음식의 일반적 특징

(1) 재료가 다양하다.

중국의 음식은 종류에서뿐만 아니라 사용되는 재료, 요리법 등에서 다양성이

4) 김광호외, 식생활과 문화, 광문각, pp.196-204.

쉬어가기 식의동원(食醫同源)

중국인들은 몇 몇 음식을 제외하고는 매우 다양한 음식을 먹는데 이는 반복되는 자연재해로 인해 식량부족을 겪었기 때문이다. 그래서 식용가능한 모든 것을 얻어 소비하여 흙, 곤충, 제비집 등과 같은 구황식품을 많이 개발하여 오늘에 이르렀다.

중국요리가 오늘날 세계적인 요리로 발전하게 된 것도 결코 우연일 수 없는 것이다. 그것은 일찍이 동양문화를 이룩해 낸 중국인의 슬기가 광대한 영토에서 산출되는 여러 가지 산물을 바탕으로 해서 수 천년의 역사 속에 문화의 한 분야로 꾸준히 다듬고 가꾸어 온 결과라 할 수 있다.

두드러지게 나타난다. 음식에 사용되는 재료의 종류만 하더라도 식용 가능한 모든 동식물이 그 대상이 되며 자주 이용되는 재료는 3천 종류가 넘는다. 예를 들면 닭에 있어 살 뿐만 아니라, 닭 껍질, 벼슬, 날개 끝까지 요리의 재료로 사용하며, 돼지의 신장(腎臟), 집오리의 혓바닥도 맛있는 요리의 하나가 된다.

현재 실제로 중국에서는 우리가 흔히 사용하고 있는 음식재료들 외에도 제비집, 상어의 지느러미, 돼지의 진장(腎臟), 오리 피 등의 특수 재료로 사용한다. 따라서 이에 따른 음식의 종류도 다양할 수밖에 없다. 또한 광활한 국토는 보존성과 운송이 편리하도록 말린 식자재가 발달하게 하였다. 식재료만큼 조합에도 주의를 기울여서 재료의 성질・맛・색・형태 등을 고려한 배합으로 맛있고 아름다우며 풍성한 요리를 만들어낸다.[5)]

중국인들도 다 외울 수 없을 만큼의 수적인 면에서 다양하고 풍부한 음식은 중국의 식생활 문화를 세계적인 문화로 끌어올리는데 견인차 역할을 하고 있다.

(2) 간단하고 사용이 용이한 기구를 사용한다.

중국요리는 다른 요리에 비해 다양한 요리의 종류에 비해 조리기는 가짓수가 적고 사용법도 비교적 간단하다. 훠궈(중국냄비), 사궈(볶음, 튀김냄비), 러우사

---

5) 성태종외, 음식문화 비교론, 대왕사, pp.131-132.

오(그물조리), 정룽(찜통) 외에 식칼, 뒤지개, 국자 등이 조리기구의 전부라 할 정도로 간단하다.

(3) 숙식 위주의 식습관이 있다.

식생활 구조에 나타나는 또 하나의 중국요리 조리법에 있어서의 특징은 반드시 불이나 뜨거운 물을 사용하여 익혀 먹는 이른바 숙식을 기본으로 한다. 중국인들에 있어서 생식이라는 것은 상상할 수 없는 일로 받아들여진다. 심지어 일상 마시는 물까지 끓여서 먹는 습관을 지니고 있으며 중국에서 일찍부터 차 문화가 발달한 것도 이러한 이유 때문이라고 볼 수 있다.

숙식의 습관화는 다양한 조리법을 발전시키는 데도 기여하여 츄이(오래 끓여 조리는 법)

(4) 기름을 사용한다.

중국요리에는 거의 기름을 사용하지 않는 요리가 없다고 할 정도로 요리의 대부분이 기름에 튀기거나 조리거나 볶거나 지진 것이라 할 수 있을 만큼 기름을 많이 이용한다. 그 만큼 적은 재료를 가지고 독특한 방법으로 재료의 맛을 떨어뜨리지 않고 영양분도 파괴하지 않게 칼로리 높은 요리를 만드는 것이 특징이다. 즉, 고온에서 단시간 처리하고 기름에 파, 마늘, 생강 등의 향신료를 넣어 독특한 향미를 내어 중국의 고유한 맛을 내고 있다.

① 차오법: 중국인들이 일반가정에서 가장 많이 사용하는 조리법으로 중간 불에 식용유등의 기름에 넣고 볶는 것이다. 특히 편이나 가늘고 작게 썰은 재료를 조리 할 때 쓰이며 수시로 뒤집으면서 익힌다.

② 지엔법: 약간의 식용유를 두르고 지져내어 조리하는 법이다.

③ 빠오법: 강한 불에 뜨거운 기름으로 단시간에 튀겨 내는 조리법이다. 산동요리에서 많이 사용하는 조리법이나 현재는 중국 전 지역에서 볼 수 있으며 보편화 되어 있다.

④ 짜 법: 강한 불에 기름에 끓여 튀겨 내는 조리법이다.

(5) 다양하고 풍부한 맛을 가지고 있다.

간(단맛), 셴(짠맛), 쏸(신맛), 신(매운맛), 쿠(쓴맛)의 오미를 복잡 미묘하게 배합하여 창출해 내는 중국요리의 맛의 다양성은 세계의 어떤 요리도 따를 수 없는 것이다. 이것이 오랜 역사와 전통의 산물일 것이다.

(6) 다양하고 풍부한 조미료와 향신료를 사용한다.

중국 요리에 쓰이는 조미료와 향신료는 그 종류가 다양하게 쓰이는 데가 많아 중국 요리의 특유의 맛을 내며 제거하고 맛을 풍부하게 하는 것이 특징이다. 중국요리의 맛이 풍부한 것도 이와 같이 많은 종류의 조미료와 향신료를 적절히 이용하기 때문이라 하겠다.

(7) 푸짐하고 화려한 모양을 띄고 있다.

중국 요리에서는 몇 인분이라는 말이 없고 한 사람 앞에 얼마씩을 따로 담아내는 것이 아니라 한 그릇에다 한 가지 요리를 전부 수북히 담아 풍성한 여유를 느끼게 하고, 한 그릇의 것을 나누어 먹음으로써 친숙한 분위기를 조성하며 인원수의 조절이 편리하다. 따라서 먹을 사람이 많아지면 한 가지 요리의 양을 늘리는 것이 아니고 요리의 가짓수를 늘이는 것이 원칙이다. 그만큼 한 그릇에 담겨진 하나하나의 요리는 풍요롭게 보이며 화려한 장식들을 곁들인다.

(8) 음식의 보신성(保身性) 의미가 있다.

중국인의 의식 속에 예로부터 전해 내려오는 '약으로 보신하는 것보다는 음식으로 보신하는 것이 좋다'라는 말이 강하게 씌어져 있다. 이 말의 의미는 일상 시에 좋은 음식을 균형 있게 섭취하는 것이 건강에 좋다는 의미를 내포하고 있다.

현대 사회에서 의사와 요리사는 완전히 구별되는 직업으로 약품과 식품도 완전히 다른 상품으로 구분된다. 그러나 고대 중국에서 의(醫)와 식(食)은 같은 원류에서 시작되었으며 약물의 발견과 사용은 바로 식품에서 출발하였다. 식일합일(食一合一)이라는 개념은 이미 중국인들의 일상 식생활문화에 깊이 뿌리를 내리고 있기 때문에 결코 의료적인 관념에만 그치지 않음을 볼 수 있다.

(9) 음식의 조화와 균형을 이루고 있다.

중국인의 식생활 문화에서 조화와 균형은 매우 중요한 관념으로 받아들여진다. 조리할 때 풍부한 재료를 사용하는 것과 음식에 대해 보신(保身) 관념을 갖고 있는 것도 궁극적으로는 음식의 균형적 섭취를 통하여 건강을 극대화 시키는데 그 목적이 있다. 이러한 식보(食補)를 위하여 중국인들은 가정에서의 식생활이나 외식을 막론하고 영양과 맛의 균형을 강조하며, 이것은 식단의 균형에 의해 이루어진다. 즉, 육류와 채소류, 어류와 당을 언제나 함께 식단에 올림으로써 영양과 미각의 균형을 이루도록 하는 것이다.

이러한 관념은 조리 과정에서도 뚜렷하게 드러난다. 중국 음식은 재료의 특유한 맛과 향을 내기 위하여 한 가지 재료만을 가지고 조리하는 경우도 있으나 육류와 해산물과 채소 등 적어도 두 가지 이상의 재료를 함께 섞어 조리하는 경우가 더 많다. 이러한 조리법은 음식물을 고루 섭취함으로써 균형 있는 신체 건강을 유지하려는데 그 목적이 있는 것으로서 대부분 단일 재료에 조미료로 맛을 내는 한국의 식생활과는 사뭇 다르다.

2) 지역별 특징

(1) 북경요리(北京料理)

베이징 요리(北京料理)는 일명 '징차이(北菜)'라고도 한다. 베이징을 중심으로 남쪽으로 산동성, 서쪽으로 태원(太原)까지의 요리를 포함한다. 황하 유역에 발달한 요리로 베이징은 오랫동안 중국의 수도로써 정치, 경제, 문화의 중심지였고, 궁중요리를 비롯하여 고급요리가 발달하여 가장 사치스러운 요리문화를 이룩하였다. 청조(淸朝)는 본래 유목민족(만주족)이었기 때문에 양, 소, 오리 등을 이용한 요리가 많았으며 이것이 오늘날 북경요리의 한 특징을 이루기도 한 원인이 되기도 하였다.

베이징은 지리적으로 한랭한 지역에 위치하여 칼로리가 높은 음식이 요구되기 때문에 육류를 중심으로 강한 화력을 써서 짧은 시간에 조리하는 튀김요리와 볶음요리가 특징이다. '루메이'라는 강한 석탄을 사용하여 짧은 시간에 음식을 조리해 재료 고유의 맛을 살리려고 노력한 것이 특징이다.

베이징은 화북평야의 광대한 농경지에서 생산되는 소맥을 비롯한 농작물이 풍부하여 면류(麵類), 만터우(饅頭), 빙(餅-떡) 등 가루 음식이 발달되었다.

조리방법도 다른 지역에 비하여 굽는 방법을 많이 사용하는 편이며, 궁중 조리법의 영향으로 신선로를 이용하는 조리법을 쓰기도 한다. 북방 민족의 전통적인 조리법과 뜨거운 불에 올려 기름을 부어 튀겨내는 산동 조리법의 영향으로 북경요리는 대체적으로 바삭바삭한 느낌을 준다.

북경요리의 대표적인 것은 오리통구이인 카오베이징야쯔(烤北京鴨子)이다. 이 요리의 재료로 쓰이는 오리의 사용법이 특수한 것으로 유명하다. 부화한 후 50일이 지나면 어둡고 좁은 곳에 집어넣어 강제로 먹이를 주어 약 반달 동안 키우면 과잉섭취와 운동부족으로 집어넣기 전 크기의 2배로 자란다. 이 오리의 깃털과 물갈퀴, 내장을 빼고 껍질과 살 사이에 공기를 넣어 부풀어 오르게 한 후, 몸 표면에 엿을 발라서 햇볕에 쪼인 다음 아궁이에 표면이 다갈색이 될 때까지 굽는다. 먹을 때는 벗겨낸 껍질을 만두피처럼 얇게 민 떡에 채친 파와 양념과 함께 싸서 먹는다. 특히 바삭바삭한 껍질이 유명하다.

(2) 사천요리(四川料理)

중국의 서방 양쯔강 상류의 내륙지방에 발달한 요리로 윈난(雲南), 꾸에이조우(貴州) 지방 요리까지의 요리를 모두 총칭한다. 사천지방은 내륙이기 때문에 기후가 온화하여 생산물이 풍부하나 바다와는 멀리 떨어져 있어 해산물 요리가 적은 반면 육류와 채소요리가 많은 것이 특징이라 할 수 있겠다.

사천지방은 더위와 추위가 심한 지방으로서 악천후를 이겨내기 위해 향신료나 조미료의 배합에 변화가 많고, 매운 요리와 마늘, 파, 고추 등을 사용하는 요리가 많다. 맵지 않을 경우 사천사람들은 신(sour)음식을 즐긴다. 조리법은 38가지가 있을 정도로 풍부하다. 그 중에서도 주로 기름을 두르고 지지는 '사오지엔법', 기름에 볶은 후 삶아내는 '깐싸오법'등이 주종을 이루는데, 모든 요리마다 독특한 맛을 지닌다고 일컬을 만큼 각각의 요리가 독특한 향기와 맛을 표현해 낸다.

산악지대에서 나오는 암염은 소금절이에 밑받침이 되었고 신맛과 매운 맛, 톡 쏘는 맛과 향기가 기본을 이루었다. 식품의 보존법도 발달하였는데, 차아이라는 장아찌 비슷한 것이나 쓰촨식의 고추장 따위가 있다. 두부와 다진 고기를 이용한 마파도우프(痲婆豆腐), 회교도들의 양고기 요리인 양로루꿔즈(羊肉鍋子), 새우 고추장 볶음인 간사오밍시아(干燒明蝦) 등이 유명하다.

(3) 상해요리(上海料理)

중국 중부의 대표적인 요리인 상해요리(上海料理)는 양쯔강 하류일대에 모여 있는 도시인 상하이, 난징, 쑤저우, 양저우 등지에서 발달한 요리로 형성된다. 해산물 요리가 가장 큰 특징이며 설탕의 사용량도 많은 편이다. 상해는 따뜻한 기후와 풍부한 농산물, 갖가지 해산물의 집산지로 다양한 요리를 탄생시켰고, 이 지방의 특산물인 장유(醬油)를 써서 만드는 요리는 매우 독특하다.

상하이 요리는 간장이나 설탕으로 달콤하게 맛을 내어 기름기가 많고 진한 것이 특징이기도 하다. 돼지고기에 진간장을 써서 만드는 요리가 유명하고, 양쯔강과 바다에 가깝기 때문에 해산물이 풍부하여 어패류 요리가 많으며, 한 마리 생선을 가지고 머리에서 꼬리까지 조리와 양념을 달리해서 맛을 내는 생선 요리도 일품으로 손꼽고 있다.

바닷가게를 가지고 만드는 푸룽칭셰(芙蓉青蟹), 두부로 만드는 스진사궈더우푸(什銀砂鍋豆腐)와 꽃 모양의 방인 화쥐안(花券), 만두의 일종인 탕바오(湯包) 등이 유명하다.

(4) 광동요리(廣東料理)

중국요리를 대표하는 광동요리는 광저우(廣州)요리를 중심으로 푸첸(福建)요리, 차오저우(潮州)요리, 둥장(東江)요리 등의 지방요리 전체를 일컫는다. 광동요리는 남방계 중국요리의 대표로서, 예로부터 외국과의 상업무역이 발달하고 외국고의 교류도 빈번했던 지역이어서 일찍부터 그 요리가 외국에 알려졌다. 따라서 세계인들이 중국요리라면 광동요리로 꼽았을 정도로 유명하다.

광동지방은 아열대이고, 생산물이 풍부하여 예부터 '식재광주(食在光州)'라

할 정도였다. 청(淸)에 이르러서는 중국과 외국의 각국을 연결하는 주요 통로의 하나였으며 육상과 해상을 연결하는 중요한 무역의 집산지이기도 했다. 특히 외국의 진귀한 화물이 대부분 광주를 통하여 내륙으로 유입되고, 또한 외국인들의 왕래가 빈번하여 중국과 판이하게 다른 외국 문화를 가장 먼저 접하는 곳도 광주였기 때문에 식생활 문화를 포함한 일반 문화에 외국의 영향을 가장 많이 받게 되었다.

쉬어가기 식재광주(食在光州)

광동요리가 천하제일이라는 의미

광동요리의 특징은 무엇보다도 음식의 재료가 풍부하고 내륙의 타 지역에 비하여 이것을 광범위하게 사용한다는 점이고, 광동요리도 부드럽고 담백하여, 기름지지만 느끼하지 않은 것이 특징이다. 가능한 한 거의 모든 조미료가 동원되며 그 때문에 시고, 쓰고, 짜고, 달고, 매운 다섯 가지 맛을 고루 표현해 낸다. 한편, 서구요리의 영향을 받아 쇠고기, 서양 야채, 토마토 캐찹, 우스터 소스 등 서양요리의 재료와 조미료를 받아들인 요리도 있다. 이러한 재료는 전통요리의 맛에 변화를 가져온 것이 사실이었고, 그것을 소화하고 중국화하여 서구풍이 섞인 다채로운 맛의 연회 요리까지 발전시켰던 것이다. 볶음에는 재료가 지니고 있는 자연의 맛을 그대로 살리기 위해 재료를 지나치게 익히지 않고 비교적 간을 싱겁게 하고 기름도 적게 쓰는 것이 특징이다.

광동요리의 대표적인 것으로는 구운 돼지고기인 차사오(叉燒)와 어린 통돼지 구이인 피예피루주(片皮乳猪), 광동식 탕수육인 구라오러우 등이 있고, 뎬신(點心)류는 사오마이(燒賣), 차오판(炒飯) 등이 있다. 그 밖에 상어 지느러미, 뱀, 개, 고양이의 창자・간・귀・입술 등도 먹는 습관은 1년 내내 더위와 습기에 시달리는 광동인의 생활의 지혜와 다부진 생활력의 표현이라고 할 수 있다.

3) 식재료 · 향신료

(1) 식재료[6]

① 제비집

원래 제비집요리는 베트남의 왕실요리였으나, 중국에 전해지면서 중국 역대왕조의 제왕들이 즐기는 음식이 되었으며, 지금은 전 세계의 미식가들의 입맛을 즐겁게 하는 요리로 자리잡게 되었다. 제비는 뱀이나 맹 · 조류의 침입을 피하기 위해 해안 절벽에 둥지를 짓는다. 그래서 제비집을 채취하려면 목숨을 걸 정도로 위험이 뒤따르기 때문에 가격도 비싸며, 중국에서는 금과 동일하게 매매가 이루어진다는 이야기가 있을 정도의 귀한 음식의 재료가 되고 있다.

바다주변의 산과 절벽에 사는 바다제비는 목구멍 속의 침샘에서 끈적이는 분비물(金絲燕)로 암벽에 집을 짓는데, 이 제비집요리는 교질단백질을 주성분으로 한 보양정식(補陽定食)으로 알려져 있다. 제비집은 둥지모양이 완전하고, 색이 투명하여, 밑바닥이 작고, 제비 깃털이 적게 든 것이 상등품이다. 이 상등품은 관연(官燕)이라 하며, 색이 희고 잡물이 섞이지 않아서 백연(白燕)이라고도 한다.

쉬어가기 중국의 요리 제비집과 금사연와(金絲燕窩)

중국요리는 하루가 다르게 끊임없이 발전하고 있다. 요즈음 퓨전(Fusion)이 유행하지만 중국요리는 옛날부터 그 휴전의 산물로 보면 될 것이다. 워낙 면적이 크다 보니까 음식도 지방마다 교통이 불편하였던 시절에는 말이 서로 틀리듯이, 음식도 서로 나누어 먹을 수 없었다고 한다. 그러나 명나라와 청나라의 강력한 중앙집권체제는 현재의 북경어로 관화(官話)를 만들어 중앙에서 파견된 관리들을 중심으로 언어를 통일하였고 음식도 황실 요리를 중심으로, 나중에는 북경요리를 중심으로 차츰 퓨전음식이 나오기 시작하였다. 이처럼 황실(궁중)요리는 전국에서 가장 뛰어난 요리사를 불러들여 황실 주방을 구성함에 따라 최고급 지방요리가 퓨전(Fusion)화 되고 북경요리는 베이징(北京)이 북방에 치우쳐 있어 재료의 한계

---

6) 성태종외, 전게서, pp.143-145.

가 있지만 수백 년간 수도(首都)의 기능으로 중국 각 지역에서 올라온 요리사와 그들이 운반해 가지고 온 각 지방의 재료를 이용하여 요리를 만들어 왔기 때문이다. 또한 재료가 가장 풍부한 대륙 남쪽의 광동성 사람들은 육해공(陸海空) 모든 재료를 음식으로 만드는데 사용하였다. 중국인의 이러한 노력은 자신의 조국 중국을 떠나서도 계속되고 있다. 그 중 하나의 실례가 제비집(燕窩) 요리라고 생각된다. 사람이 먹을 수 있다고 감히 생각해 보지 않은 재료를 이용하여 지금은 세계 최고의 요리로 만들어낸 사람이 바로 중국 사람이다.

또한 명의 초기 환관이었던 정화(鄭和)가 수군(水軍)을 이끌고 동남아를 평정하고 멀리 아라비아 반도까지 내려갔다. 그 이후 동남아의 해상 세력들은 중국의 수군(水軍)위력에 눌리고 그 틈을 타서 중국 남쪽에 살던 중국 사람들이 항구를 중심으로 하는 동남아 전 지역에 이민을 나가게 된다. 지금 동남아의 화교들이 이렇게 해서 현지인보다 더 나은 상황에서 현지 상권을 쥐게 된다. 지금부터 200여 년 전 태국에 살던 화교가 신기한 것을 발견하였다. 태국의 여러 섬에 날아다니는 제비(燕)가 집을 짓는 것을 유심히 보게 되었다. 제비 암수가 날아다니는데 집을 지을 때는 수놈이 바위 위에 자신의 침을 내어 줄줄이 둥지를 만들고 있는 것이다. 마치 누에가 실을 뽑는 형상이었다. 그 색깔이 눈부시게 희었다. 제비집이 눈부시게 깨끗하고 물에 넣으면 부풀어 오르는 것을 알게 되었다. 항상 음식재료에 관심을 갖고 있던 중국인은 이것이 중국 요리의 재료로서 식용할 수 있다고 판단하였다. 그는 당시 태국 국왕에게 그 제비집 채취 권리를 획득하고 근해 바위섬에 널려 있는 흰 제비집(白燕)을 채취하여 요리한 것이 유명한 제비집(Bird Nest) 요리이다.

그 후 중국 화교들은 이 요리를 북경의 대청황제(大清皇帝)에게 진상(珍賞)하였더니 황제도 좋아하였다고 한다. 그 이후로 태국 화교들은 주기적으로 이 백연(白燕)을 황실에 진상하여 그 후 관연(官燕) 또는 공연(貢燕)이라는 이름이 붙었다고 한다. 이 제비집 요리는 특히 정력에 좋다는 소문이 있어 당시 첩을 많이 두고 있던 돈 많은 노인들 사이에 인기가 있었다고 한다. 처음에는 그렇게 많던 백연(白燕)이 다 채취되자 금사제비는 자기 집을 잃고 다시 둥지를 만드는데 이번에는 침이 부족하여 자신의 날개 쪽 부드러운 털을 섞어서 둥지를 만들었다. 그리고 없는 침을 억지로 뱉어 내니 목구멍에 피 까지 섞여 나왔다. 이것도 화교들은 채취하여 피를 씻어내고 털을 제거하고 요리 재료로 쓰는데 백연(白燕)보다 값이 떨어지는 것은 당연하다. 이 제비집을 생긴 모습을 보고 모연(毛燕) 또는 혈연(血燕)이라고도 부른다. 태국의 푸케섬 근처에 주먹처럼 솟아오른 바위섬 주위를 둘러보면 제비집이 간간이 보이는데 백연(白燕)은 보기 어렵고 해조류, 식물섬유들로 뭉쳐진 제비집이 보인다. 이는 침이 말라버린 제비가 지은 집이기 때문에 식용 가치가 없으므로 채취되지 않고 그대로 있는 것이다. 세계적인 자연보호론자들은 제비집 요리가 금사(金絲) 제비의 멸종을 가져온다고 하여 요리 자체를 금지하고 있어서 갈수록 제비집 요리를 맛보기가 어려울 전망이다. 지금도 동남아 해상 바위섬의 금사제비 서식지에는 마치 군사 비밀기지처럼 철책을 둘러치고 무장 경비가 지키고 있다. 해적들이 몰래와 제비집을 채취해가기 때문이다. 이 바위섬은 홍콩의 유명한 식당이 섬 전체를 태국 또는 말레이시아 정부로부터 장기 임대하여 금사 제비집을 확보해 두고 있다고 한다. 홍콩의 식당들은 이 제비집을 이용 고급 수프(湯)를 만들거나 코코넛·아몬드 등과 함께 요리하여 후식으로 내놓기도 한다.[7)]

② 상어지느러미

상어지느러미를 말린 것으로, 단백질 함유량이 83%나 되는 진귀한 재료이다. 부위에 따라 등지느러미·가슴지느러미·꼬리지느러미로 나누어진다. 주로 아프리카·인도·일본·태국·베트남 등에서 생산된다. 대만의 대황어시가 품질이 좋은 것으로 알려져 있으며, 아프리카산도 최고품이다. 부위별로는 등지느러미가 살이 적고 양이 많아 가장 좋다. 상어지느러미는 색깔에 따라 여섯 종류(흰색, 노랑, 회색, 검정, 청색, 여러 색이 섞인 것)로 나누어지는데, 이 중 황색·흰색·회색 등이 비교적 품질이 우수하다. 냉동의 상어지느러미는 냉장에서 해동 후 물에 담그어 불리고, 건조된 상어지느러미는 흐르는 물에 담그어 충분히 불린다. 그 다음 육수·대파·생강·청주·소금·조미료를 넣고 물기를 없앤 상어지느러미를 넣어 찜통에서 약 30분간을 찐 다음에 사용한다.

또 삶아서 사용할 수도 있고, 중탕으로 삶아서 어시만 걸러낸 다음에 사용하라 수도 있다.

③ 해삼

해삼은 세계 오대양에 분포되어 있다. 큰 몸집에 빛깔이 검고, 육질이 두터우며, 체내에 모래가 없고, 흠집이 없으며, 가시가 고루 퍼진 것을 상품으로 취급한

---

7) http://www.korea-china.or.kr/
전게서, 성태종외, pp.143-145.

다. 해삼은 가시가 없는 광삼(光蔘)과 가시가 있는 자삼(刺蔘)으로 나누어진다. 해삼은 바다 밑에 깔려 있는 모래 속의 미생물을 먹고 사는데. 낮에는 바위 같은 곳에 숨어 있다가 밤에 나와서 활동을 하므로 육지의 쥐와 비슷하다고 해서 '바다쥐'라고도 한다. 해삼은 여름잠을 자며, 길이는 40㎝정도 까지 자란다. 알은 여름잠을 자기 바로 직전에 산란하며, 종류는 500여종이나 된다.

마른 해삼을 불릴 때는 찬 물에 3시간 이상 담근 후에 물을 따라 버리고 소금기와 이물질을 씻어낸다. 해삼을 두꺼운 스테인리스 용기에 담고 물을 끓여서 해삼에 붓고 뚜껑을 덮어서 빨리 식지 않도록 한다. 물이 식으면 물을 따라내고, 다시 물을 끓여 부은 다음에 뚜껑을 닫고 하여 하루를 불려서 가위로 배를 가르며, 내장과 모래 등의 이물질을 제거한다. 이를 다시 스테인리스 그릇에 담고 처음처럼 반복해서 하루를 불린다. 3일 정도 불리면 약 2배가량으로 불려진다.

④ 해파리

중국요리에 쓰이는 해파리는 명반과 소금으로 압착하여 수분을 없애고 깨끗이 씻은 다음, 다시 소금에 절인다. 직경이 3㎝ 이상으로 색이 희고 광택이 있으며, 오돌도돌 하면서 부드럽고 모래가 없는 것이 좋다. 해파리는 갓을 썰 때는 돌돌 말아서 채를 썰고, 해파리를 끓는 물에 데친 후 수축이 되면 즉시 건져서 흐르는 맑은 물에 6시간 이상 담구어서 소금기를 뺀다. 소금기가 빠지면 해파리가 부드러워진다.

⑤ 전복

전복에는 단백질을 비롯한 칼슘·철·요오드와 같은 광물질과 비타민이 많이 함유되어 있다. 그 때문에 상어지느러미와 해삼·부레와 함께 자양기능을 갖고 있어 4대 해산물의 하나로 꼽힌다. 전복은 연황색으로 투명하고, 탄성이 있으며, 큰 것이 좋다. 건전복은 타원형으로 연한 갈색을 띠고, 형태가 완전하며, 살이 두텁고, 크기가 고르면서 잘 마른 것이 고품질이다.

(2) 향신료[8]

향신료에는 쏸(마늘), 충(파), 장(생강), 화자오(산호씨), 딩샹(정향), 구이피(계피), 다후이샹(대회향), 샤오후이샹(소회향), 천피(귤껍질), 우샹펀(오향가루), 싱런샹(살구씨) 등이 있다.

4) 중국의 술과 차[9]

(1) 중국의 술

중국에는 지방마다 한두 개의 정도의 특산주가 있을 정도로 술의 종류가 매우 많을 뿐만 아니라 알코올 도수가 보통 40-60도로 매우 독한 것이 유명하다. 그래서 술에 관한 고사도 많이 있으며, 술을 노래한 시인들도 많은 편이다. 이태백과 같은 주선(酒仙)은 술을 먹다가 삶을 마감했고, 한국인들에도 익히 알려진 전원시인 도연명은 헌주사(獻酒飼) 25편을 남겼다. 그들은 술을 인생의 좋은 반려이며 삶의 질을 높여 주는 좋은 짝으로 보았다.

중국의 술은 크게 다섯 가지로 나누는데, 증류주인 백주, 발효주인 황주, 한방약을 이용한 노주, 과일 등을 이용한 과실주, 그리고 맥주 등이 있다.

① 백주

백주(白酒)는 백색・투명한 술을 통틀어서 부르는 말이다. 곡류나 잡곡류를 원료로 해서 만드는 술로서 모든 증류주가 그렇듯이 알코올 도수가 보통 40도 이상으로 매우 독하다. 대표적인 술로는 마오타이주・분주・고량주(배갈)・오곡액(五穀液) 등이 있다.

② 황주(黃酒)

황주는 일종의 저 알콜술(보통 15-20도 정도)로 황색을 띄고 있으며, 윤기가 있다 해서 그 이름이 붙여졌다. 황주는 한국의 탁주에 해당하지만, 탁주만큼 흐

8) 김광호외, 전게서, p.205.
9) 성태종외, 전게서, pp.145-147.

리지는 않으며, 그다지 독하지도 않다. 황주는 곡물을 원료로 해서 전용 누룩과 누약(약초와 그 즙 등을 넣어 배합을 하고 곰팡이를 채운 것)을 첨가하여 당화·발효·숙성의 과정을 거쳐 마지막에 압축해서 만들어진다. 대표적인 술로는 소홍주를 꼽을 수 있는데, 소홍주는 중국의 황주 중에 가장 오랜 역사를 지닌 명주이다. 소홍주는 품종이 많은데, 원홍주·가반주·선양주·향설주 등이 있다.

③ 노주(露酒)

노주는 미주라고도 하는데, 약주(藥酒)라고 할 수 있다. 술에 각종 식물이나 약재를 넣고 함께 증류시켜 독특한 맛과 향기를 내게 한 술이다. 대표적인 술로는 죽엽청주와 오가피주가 있다. 그 중 죽엽청주는 음주 후 나타나는 두통 등의 부작용을 전혀 느낄 수 없으며, 기를 충족시킬 뿐만 아니라 혈액을 순화시키는 작용을 한다고 알려져 있다.

④ 과실주

대표적인 과실주로는 와인(Wine)이 있는데, 와인에 관한 문헌은 구약성서의 노아시대에 포도를 가꾸고 포도주를 마셨다는 기록이 있고 B.C 4000년경 아시아 남서부 티그리스 유프라테스 강 유역의 메소포타미아(Mesopotamia)에서 포도를 재배한 징후가 발견되었으며, B.C 3000년경의 이집트와 페니키아에서 포도를 재배했던 기록이 발견되었고, B.C 1700년경의 바빌로니아의 함무라비(Hammurabi)법전에 포도주 제조에 관한 규정이 성문화된 것과 B.C 1400년경에 이집트 왕의 분묘의 성벽에 포도주를 만드는 것이 그려져 있는 것을 보아 아주 오래전부터 포도주가 만들어졌던 것을 알 수 있다. 또한 사마천의 '사기'에 따르면 중국의 서북지방에서 포도를 재배하여 술을 담갔다는 기록이 있어 포도주의 역사는 최소한 2,200년이 넘는다. 산동 연대의 홍포도주와 청도의 백포도주가 유명하다.

⑤ 맥주

맥주는 중국에서 가장 많은 종류를 자랑하는 술로 각 지방마다 고유 브랜드를 가진 것이 많다. 그 중에서 청도맥주가 가장 유명한데, 독일과 기술을 제휴하여 만든 것이다. 그 외에 북경·상해·서안 등지에 각각의 브랜드를 가진 맥주들이 있다.

(2) 중국의 차[10)]

① 차의 종류

중국의 차 종류는 수천 가지가 넘는다. 그러다 보니 차에 대한 명칭도 다양하게 나오고 있다. 차의 이름은 차를 채취하는 시기나 방법·색깔·형태·지명 등에 따라 제각기 다르다. 이를테면 사전 차는 경칩 전에, 우전 차는 곡우 전에, 명전 차는 청명 전에 채취하는 차를 말하며, 홍차·녹차·백차는 색깔로 구분한 이름이다. 차의 형태에 따라서 직설차와 말차로 구분되며, 이외에 차의 맛은 토질과 기후의 영향을 받기 때문에 차의 이름에 지명을 딴 것이 많다.

차의 종류는 크게 6가지로 나누는데, 일반적으로 역사가 길고, 생산량이 가장 많으며, 품종이 다양한 것이 녹차이다. 녹차 중 으뜸 명차는 용정차·벽라춘차·우화차 등 90여종이 있다. 용정차는 중국차 중에서 가장 으뜸으로 치는 차로, 청나라 건륭제 때에는 황실에서만 마실 수 있었던 고급품이었다. 특산지는 항주에 있는 룽징이라는 차밭이다.

홍차는 국내총생산이 1/4를 차지하며, 수출량은 총 수출량의 1/2를 차지한다. 홍차 중의 명차는 기(祁)홍차·기(淇)홍차·영(英)홍차이다. 오룡차는 홍차처럼 향기가 짙으며, 녹차처럼 맛이 산뜻하다. 종류에는 무이암영·안계철관음·봉황단총은 오룡차의 우등 품으로 간주된다. 백차는 은빛의 찬 물색이 우아하고 담백하며, 쓸개와 위에 좋다. 백호은침과 백호단은 백차의 진품이다. 화차는 중국의 독특한 차로서 향편차 라고도 한다. 생화를 가지고 찻잎을 훈제한 것이 화차이다. 복주의 다리공정은 화차 중의 상등품으로 알려져 있으며, 북부지방에서 즐겨 마신다. 긴압차는 보통 큰 차 잎이나 차나무 가지로 먼저 흑차·홍차 또는 화자를 만든 다음, 그것을 원료로 하여 다시 만든다. 보이(普耳)와 육보(六堡)가 긴압차 중의 명품이다.

---

10) 성태종외, 상게서, 145-146.

② 차 예절

중국의 차 문화는 식사 시·회의 시 및 생활 깊숙이 파고들어 한국인들이 물 마시는 것과 동일하다. 그러므로 그들에게 차를 마시는 것은 하나의 풍속이자, 세상을 살아가는 이치를 배우는 것이다. 중국의 전통적인 습속(習俗)으로는 친구나 친척 등 각별한 관계가 있는 사람이 아니면 좀처럼 집을 방문하지 않으며, 설사 방문했다 하더라도 집 안에 들여 주지 않는다. 그러므로 낯선 사람간의 대화나 사업을 위한 장소로는 차를 마시는 다관이 제일 자주 이용된다. 이 점은 실질을 중시하는 사람들의 국민성과도 관계가 있다. 즉 차 한잔 마시면서 간단한 식사를 하므로 비용이 저렴할 수밖에 없다. 별도의 예의를 요하지 않으나 상대방의 잔에 물이 비였을 경우 계속 따라 주는 것이 예의이다. 그리고 차를 마시는 중에는 정치를 논하지 말아야 한다. 다관에 많은 사람이 모이게 되지 자연히 정치 이야기도 나오게 되어 전에는 조정에서 몰래 정탐꾼을 보내 불순분자를 색출하는 장소로 다관을 이용했기 때문이다.

3. 명절음식[11)]

1) 춘절

음력 1월 1일을 춘절이라 하는데 한국의 민속의 날과 같다. 보통 2주 정도를 쉬는데 만두·빵·생선찜을 명절음식으로 준비해서 먹는다. 밀의 주산지인 중국의 북쪽에서는 자손의 번영과 행운을 바라며 만두를 빚어 먹는다.

남쪽의 광동지방에서는 설에 떡을 만들어 먹는다. 특히 무, 간 새우, 표고버섯 등을 찹쌀가루에 넣어서 찐 무떡을 많이 만들어 손님들에게 대접하거나 친구들에게 나눠준다. 광동지방의 떡은 찹쌀가루 이외에 다른 재료를 넣어서 만든 것이 특징인데, 재수가 있으라고 만들어 먹는 경우도 있다. 중국의 북쪽지역에서는 춘절에 교자라고 하는 만두를 만들어 먹는데, 신년에 먹는 만두 속에는 여러 가지

---

11) 구난숙외, 세계속의 음식 문화, 교문사, pp.56-57.

좋은 뜻을 지닌 재료를 넣는다. 두부와 배추는 일 년 내내 무사고, 동전은 재운(財運), 사탕은 달콤한 생활, 대추는 많은 자식, 땅콩은 득남, 찹쌀떡은 승진, 국수는 장수를 뜻하는데 물론 동전은 먹지 않는다.

2) 중추절

음력 8월 15일 중추절에 남쪽의 광동·차오저우(潮州)에서는 월병과 감자·유자·과일 등을 달을 향해 차린다. 이와 함께 달에 산다는 유에량이 음식을 먹은 뒤에 화장도 한다고 하여 연지도 놓는 풍습이 있다.

4. 식사 시 예절 및 관습[12)]

1) 식사예절

① 중국음식은 한 식탁에 둘러 앉아서 큰 접시에 나온 음식을 여러 사람이 나누어 먹는 방식이므로 동석한 사람들이 식사를 즐길 수 있도록 하는 것이 중요하다.

② 좌석은 주빈이 되는 손님이 가장 안쪽인 상좌에 앉도록 배치하고, 주인은 시중을 드는 사람이 드나드는 문 쪽의 하좌에 앉는다. 주빈의 좌우에는 주빈 다음으로 중요한 손님을 앉게 하고, 주인의 좌우에는 가까운 친지나 친구들을 앉게 한다.

③ 식탁은 손님의 수에 따라 적당히 간격을 두고 1인분씩 준비를 한다. 먼저 중앙에 덜어 먹을 때 쓰는 앞접시를 놓은 다음, 왼쪽에 국물을 담기에 알맞은 작고 깊은 그릇을 놓고, 오른쪽에 젓가락과 스푼을 놓는다. 유리컵은 왼쪽 안쪽에 놓는다. 그 다음 상아나 나무로 만든 긴 젓가락과 사기로 만든 스푼을 수저받침 위에 놓는다.

④ 음식이 나오면 주빈 앞에 놓아 먼저 먹도록 배려하고, 마실 술의 종류도 주

---

12) 김숙희외, 전게서, pp.217-218.

빈에게 물어서 정하도록 한다.

⑤ 중국 식탁에서 스푼은 탕을 먹을 때만 사용하고, 다른 음식을 먹을 때는 젓가락을 사용하며, 밥이나 국수는 젓가락을 사용한다. 양손으로 먹을 때는 왼손에 스푼을 들고 음식을 덜어 담은 다음 오른손에 쥔 젓가락을 사용해서 먹는다. 밥이나 탕이 담긴 그릇은 손에 들고 입 가까이 대고 먹는다. 사용하고 난 수저를 남에게 보이는 것은 실례이므로 탕을 먹은 뒤 스푼을 뒤집어 놓는다.

⑥ 껍질이 있는 새우요리는 우선 젓가락으로 몸통을 누르고 머리를 잡아떼어 안쪽에 들어 있는 내장을 먹고 난 다음 몸통의 껍질을 벗겨 살을 떼어 먹는다. 이때 입 속에 들어간 껍질은 손으로 꺼내도 상관없다. 껍데기째 만든 게요리를 먹을 때는 개인접시에 다리부분과 몸통을 한두 개씩 덜어다 놓고 먹는다. 살을 젓가락으로 발라서 먹지만, 작은 토막은 껍데기째 입 안에 넣고 먹어야 소스의 맛을 충분히 음미할 수 있다.

2) 관습 및 음주예절[13)]

(1) 식사 시 관습

음식은 정신적으로 문화와도 밀접하나 관계를 맺고 있는데, 중국의 경우에도 미신과 밀접한 관계를 맺으며 음식문화가 발달했다. 중국에서의 식사시 금기하는 몇 가지 관습을 예를 들어보면 다음과 같다.

① 이미 사용하고 있는 밥그릇 외에 또 다른 밥그릇을 사용하지 않는다는 점이다. 특히 집안에서나 밖에서 여성과 식사를 할 때는 조심하여야 한다. 이는 두 개의 밥 그릇을 사용할 경우 두 집 살림을 차린다는 관념에 의한 것이니 주의해야 한다.

② 수저로 빈 밥그릇을 두드리지 않는다. 이는 예부터 거지들이 밥을 빌어 먹을 경우 그렇게 행동했다고 해서 거지팔자가 될 수도 있다는 일종의 미신 때문이다.

---

13) 상게서, pp.218-219

③ 밥그릇을 식탁 위에 엎어 놓거나 밥 위에 젓가락을 꽂아 놓지 않는다. 전자의 경우는 병이 나서 탕약을 마실 경우 다 마시고 난 탕약그릇을 엎어 놓기 때문이다. 후자의 경우에는 제사 밥의 경우에만 밥 위에 젓가락을 꽂아 두기 때문이다.

④ 술잔을 사이에 두고 젓가락을 하나씩 양쪽에 놓지 않으며, 젓가락의 길이가 다른 것을 사용하지도 않는다.

(2) 음주예절

중국인은 술에 취해 실수하는 것을 몹시 싫어한다. 그들은 작은 술잔임에도 단숨에 들이켜는 법은 없다. 향음주례에는 열 번을 나눠 마시라 하듯이, 여러 번에 나눠 마시는 것이 일반적이다. 술을 통하여 대화를 이끌어내고, 삶의 애환을 풀어 가는 도구로 인식하고 있다.

중국인은 술잔이 완전히 비우기 전에 술을 첨잔하며, 잔을 돌리지 않는다. 건배를 외치며 술을 권해 올 때는 한 번에 다 들이키자는 의미이기 때문에 중도에 내려놓으면 실례가 된다. 그러므로 술이 약한 사람의 경우 음주 전 양해를 구해 놓는 것이 여러모로 좋은 주법이 된다.

제3절 인 도

1. 인도 문화의 이해14)

1) 인도의 역사와 종교

다양한 종교와 인종이 생활하는 나라로 알려진 인도는 힌두교 83%, 이슬람교 11%, 시크교 2%, 기독교 3%, 자이나교 300만, 불교400만으로 구성되어 있

14) http://blog.naver.com/itu2004.

다. 이와 같이 인도의 종교 중 대다수를 차지하는 것은 힌두교로 인도에서 가장 오래된 종교이지만 특별한 교조도 교단도 없다. 베다를 비롯한 많은 문헌이 있으나 이슬람의 코란이나 기독교의 성경 비교할 만한 경전은 없다. 또한 힌두교는 예로부터 전해져 오던 것에 끊임없이 새로운 요소가 융합되어 있다.

힌두교도는 죽을 때까지 카스트에서 벗어날 수 없으며, 자신이 속한 카스트에 태어난다는 것은 자신의 전생(前世)의 행위에 의해 정해진 것이라고 믿고 따른다. 따라서 카스트 내에서의 계급상승은 다음 生(생)에서나 기대할 수 있는 것으로 카스트는 많은 부분에서 생활규범으로써 작용한다. 단지 직업을 제한할 뿐만 아니라 결혼도 카스트내의 같은 계급에서만 가능하며, 심지어는 음식도 각 계급간에 제한을 두고 있다.

2) 인도의 사회제도 - 카스트

아리안족이 인도로 이주하면서 원주민들을 정복하고 동화(同化)시켜 가는 과정에서 카스트 제도라고 하는 특유한 사회제도가 발달하였다.

2. 인도음식의 특징

1) 인도음식의 특징

인도는 다인종(多人種)의 나라일 뿐만 아니라 중동 및 서양 문화의 영향을 받아서 음식도 지역과 종교에 따라 매우 다양하고 음식은 색과 맛, 질감이 조화를 이루고 있다. 쇠고기를 먹지 않는 힌두교인들이 많은 남부 인도에서는 요리에 향신료를 강하게 하여 칠리(고추의 일종)를 많이 사용하고, 또 코코넛 밀크와 크림을 많이 사용하고 있다. 반면, 북부 인도에는 외부 식문화의 영향을 받아 약하게 조미한 음식과 요구르트 및 다른 혼합물을 많이 사용하고 있다.

인도인구의 약 80% 이상이 힌두교도이며, 이들 모두 채식주의자이므로 주로 단백질을 콩류와 우유, 버터, 요구르트 등의 유제품으로 섭취한다. 인도인들은 육류섭취 여부에 따라 채식주의자(Vegetarian)과 비채식주의자(Non Vegetarian)로 나뉜다. 채식주의자들은 주로 살생을 금지하는 자이거나 힌두교도를 비롯해 종교적인 이유 때문에 육류를 먹지 않는데, 상위 카스트인 사람일수록 엄격하게 지킨다. 엄격한 채식주의자들은 육류와 생선류는 말할 것도 없고, 심지어는 달걀도 먹지 않는다. 입으로 섭취한 음식물이 몸 상태를 유지시킴과 동시에 마음까지도 결정한다고 생각한다.

이에 비해 비채식주의자는 일반적으로 이슬람교도, 시크교도, 기독교도들로 가난한 계층의 사람들은 종교적이라기보다는 경제적인 이유로 검소한 채식주의 음식을 먹는 경우가 많다. 도시의 여유 있는 계층간에서는 육식도 보편화되어 있지만, 아직까지 인도의 전통을 지키는 채식주의자는 예전과 같이 엄격하게 육식을 금하고 있다.

힌두교에 뿌리를 두고 있는 인도인들은 근본적으로 음식을 만드는 것은 오염되는 과정이라고 생각한다. 왜냐하면 인간이 음식을 만듦으로써 재료를 세속화하고 정수를 파괴하고, 또한 음식을 먹기 시작했을 때보다 음식을 다 먹었을 때가 인간은 더 오염되어 부정해졌다고 생각한다. 따라서 인도인들은 음식을 만들 때나 식사할 때 최대한으로 부정해지지 않고 정결함을 유지할 수 있도록 음식과 관련된 규례(規例)들을 잘 지켜 왔다.

힌두교 가정에서 부엌은 아주 정(淨)한 지역으로 구별되어 있으므로 부엌은 쓰레기를 버리는 곳과 멀리 떨어져 위치해야 하고 손님을 접대하는 곳과도 구별되어 있어야 한다. 음식을 만들기 전에 깨끗하게 치워놓은 부엌은 집안에서 가정, 사원 다음으로 성스러운 곳이기도 하다. 부엌에는 금이 그어져 있어 아무나 그 금 안으로 들어갈 수 없다. 야채 등 음식 재료도 부엌 안으로 들이려면 그것을 씻는 등의 의례적인 의미의 정하게 하는 행위를 해야 한다. 음식을 만드는 사람은 부엌에 들어가기 전에 반드시 샤워하고 바느질하지 않은 옷을 걸쳐야 한다. 오늘날까지도 바느질한 셔츠를 오염의 두려움 때문에 기피한다.

모든 카스트는 브라만에게서 음식이나 물을 받을 수 있지만, 조금이라도 높은 카스트들은 자신들보다 낮은 카스트에게서 음식을 받을 수 없으므로 가장 높고 정한 브라만이 모든 계층을 충족시켜 줄 수 있다는 이유로 요리사는 브라만이 가장 선호의 대상이다.

음식을 먹을 때 사용되는 도구들도 정해져 있는데, 오염을 막기 위하여 접시 대신 바나나 등 큰 나뭇잎을 일회용 접시로 많이 사용한다. 숟가락이나 포크도 부정한 것일 수 있기 때문에 기피하고 오른손만을 사용한다. 브라만에 속하는 인도인뿐만 아니라 모든 인도인들은 다른 카스트와 합석하여 식사할 수 없었다. 음식을 함께 먹는다는 것은 한 카스트의 일원이라는 것을 확인해 주는 것이다. 결혼 등으로 인척 관계가 형성되어도 식사를 같이 하는 관계는 즉시로 성립되지 않는다. 카스트에서 단절된 사람과의 식사는 카스트 안의 소집단의 형성과 분열을 가져오는 주요한 요인으로 작용하기도 한다. 여러 사람이 식사할 때도 서로 마주보지 않고 모두 얼굴을 한 방향으로 하고 줄을 맞추어 앉아 식사하는데, 이 때 가장 중요한 남자 인물이 제일 오른쪽으로 자리잡는다.[15)]

정통적인 힌두 요리체계의 토대는 4가지 요소, 즉 불, 기이, 안느와 팔이 갖는 의례적이 중요성에 있다. 요리 방식은 불을 사용하는 경우와 그렇지 않은 경우로 크게 나뉜다. 불을 사용하지 않는 요리 방식으로는 첫째, 물이나 손을 써서 하는 경우로 야채를 씻고 달을 물에 담그는 것, 그밖에 껍질을 벗기거나, 비비고, 자르는 것 등을 들 수 있다. 둘째, 유제품을 사용하는 경우로 열을 가하지 않고 우유나 유제품을 섞는 것으로 요리한다. 음료를 만들거나 금방 자른 과일을 우유나 다히(dahi)로 썩는 때를 들 수 있다. 셋째, 공기와 태양으로 요리하는 경우로 야채나 설익은 과일을 태양열을 이용하여 피클을 만들거나 야채를 보관하기 위하여 햇볕에 말려 건조시킬 때 사용한다.

불을 사용하는 것이 더 관례적인 요리의 개념인데, 불을 사용하는 경우를 크게, 첫째 기이를 사용하는 경우와, 둘째, 기이를 사용하지 않는 경우로 나누어 볼 수 있는데, 기이를 사용하는 경우를 빡까 라 하고, 기이를 사용하지 않는 경우를 까짜라 한다.

---

15) 김우조, 정·부정 관념을 토대로 한 인도인의 음식문화 , 김태정 외 편, 음식으로 본 동양문화, 대한교과서, pp 250-252

쉬어가기 **다히(dahi)와 기이(ghee)**

다히(dahi)는 생유(生乳)를 가열·살균하고 약간 따뜻할 때 오래된 다히를 조금 넣어 발효시키는데, 적당한 온도에서 몇 시간 놓아두면 약간 신맛이 나는 크림 상태로 된다. 이 다히를 막대기로 휘저으면 막칸이 되고 막칸을 가열하면 기이가 생긴다. 기이는 상온에서 고체이기 때문에 운반·보관이 편리하다. 식용, 약용, 의례용으로 사용되며 인도 유제품 생산량의 절반 정도를 차지한다고 한다.

요리법의 분류를 통해서 인도인들에게는 요리를 한다는 것이 관례적으로 불을 사용하는 것과 달리 불을 사용하지 않고도 가능하다는 것을 알 수 있다. 그 이유는 인도에서 음식을 만든다는 것은 음식 재료에 불을 가하여 먹기에 적합하게 익히는 것이 아니고 음식의 문화적 속성과 먹는 사람의 문화적 속성을 연결하는 것이기 때문이다. 또한 불로 혹은 불 없이 요리하는 것에도 많은 복합성이 들어 있다.

3) 독특한 향신료의 문화와 탄두리 조리법

인도요리의 특징은 향신료(spices)에서 비롯되는데, 열대지방에 속하는 인도는 풍성한 나무로부터 인도 특유의 맛을 내는 향신료를 만들어 조리하는데 사용하고 있다. 나무 뿌리, 껍질, 잎, 열매 모두가 음식 에 사용되며, 향신료는 월계수 잎, 고수풀 열매, 고추, 커민 열매, 계피, 카르다멈, 클로버(정향나무열매), 호로파씨, 박하, 겨씨, 칼피처, 셀러, 타메릿(심황뿌리), 펜넬(회향풀), 샤프란, 백리향, 칼다몬, 넛머그(육구두) 등 이루 헤아릴 수 없을 정도이다. 이것들은 주로 약재로도 이용되는 것이기 때문에 건강에도 좋은데, 이 재료들을 개인의 취향에 따라 여러 가지 혼합하여 사용하고 있다.

민족의 감각·지혜·전통이 표현되어 있다는 의미에서 그 나라의 요리는 중요한 문화 중의 하나라고 말할 수 있다. 인도요리에서 우리의 간장·된장에 버금가는 것이 바로 마살라(Masala) 이다. 마살라는 주로 식물의 열매 씨앗·잎·뿌리 등으로 만들어진 향신료로 그 종류도 아주 많다. 인도 요리에서는 재료에 열을 가하고 나서 여러 가지 마살라를 섞어 만든 종합 향신료를 넣어 향기를 내고 맛을 내는 것이다. 반찬에서 스낵까지 인도 음식의 대부분은 이 마살라를 빼고는 생각할 수 없을 정도로 인도 요리는 독특한 마살라 문화라고 할 수 있다. 또한 인도 요리는 전체가 마살라 문화의 통일성을 지니고 있으면서 개개의 지방성과 종교 등에 따른 미묘한 다양성을 동시에 갖고 있다. 이 점 또한 인도만의 특성으로 인도를 표현할 때 자주 쓰는 다양성 속의 통일 이 적용되는 것이다. 인도음식의 기본이 되는 마살라의 주재료는 감자로, 손이나 주걱으로 눌러 어깬 후 양파 썰은 것과 커리 분말과 다양한 재료들을 넣어서 섞으면 새하얀 감자가 노랗게 변한다.

인도 음식에 주로 쓰이는 용기인 '탄두리(Tandoori)'는 흙으로 만들어진 화덕을 지칭하는 인도어로 24시간 동안 계속 숯불에 달구어져 있으며, 탄두리를 사용하여 만든 요리는 별미이다. 이 옹기에 양이나 소, 닭, 돼지고기를 바베큐 방식으로 조리되는 음식을 탄두리 음식이라고 하는데, 닭을 요구르트와 고추, 정향, 계피 등의 향신료를 넣어 양념한 후 탄두리에 구워낸 탄두리 치킨이 우리 입맛에 맞다.

3. 인도의 대표적인 음식

1) 인도인의 주식(主食)

인도인의 주식을 크게 나누어 보면 북인도에서는 밀가루로 만든 인도 빵(차파티, 난 등)을, 남인도나 뱅골에서는 쌀밥을 주식으로 한다. 주로 서북 인도에서 밀을 생산하고 남인도나 뱅골지역에서 쌀을 생산하는 영향도 있지만, 북쪽 지방의 밀가루 음식의 상식은 중동이나 유럽에 걸쳐서 보편화된 빵 중심의 식생활에서 기인하는 것 같다.

(1) 밥

쌀을 주식으로 하고 있는 곳은 동인도 일대에서 벵골 해안과 아라비아 해안 주변의 고온 다습 지대가 중심이다. 북쪽과 남쪽은 품종이 틀려 북부에서는 쌀알이 긴 인디카종, 남부에서는 쌀알이 짧은 자포니카종을 재배한다. 조리법도 우리의 조리법과 달라 쌀이 어느 정도 익으면 밥물을 버린다. 거의 대부분의 지역에서는 익을 때쯤 밥물을 버리고 뜸을 들이지만, 아삼지역 일부에서는 설익은 상태의 밥이 선호되고 있다. 벵골지역에서는 죽을 쑤기도 하며, 또 설익은 쌀을 으깨어 말린 후 물에 말아서 먹거나 기름에 튀겨 먹는 경우도 있다.

(2) 차왈

우리의 밥과 흡사한 음식으로 쌀밥(Rice or Plain Rice)이라고 한다.

(3) 플라우(Pulau 또는 Pulao)

향신료를 알맞게 섞어서 볶은 밥으로 우리의 볶음밥과 비슷하다.

(4) 비리야니(Biriyani)

풀라우 보다 조금 값이 비싸지만 향신료나 너츠도 사용한 고급 요리로 야채만으로 조리한 요리도 있지만 양고기(mutton)비리야니나 닭고기(chicken)비리야니는 일반적으로 비교적 고급 레스토랑에 가야 먹을 수 있다.

(5) 레몬 라이스(Lemon Rice)

레몬으로 맛을 낸 산뜻한 맛의 밥이다.

(6) 빵

인도에서는 쌀보다는 밀을 주식으로 하는 지역의 분포 범위가 한층 넓다. 그 분포는 파키스탄 전체와 갠지스 평원의 서쪽 평지와 데칸고원의 북쪽평지 대부분을 차지하고 있다. 북인도에서는 인도식 빵인 로티(Roti: 차파티 등의 인도식 빵의 총칭)가 주식이다. 밀은 쌀과 달리 밀가루로 만들어 빵 종류를 만들어서 먹는데 만드는 방법은 반죽을 발효시키지 않고 만드는 방법과 발효시키는 방법의 두 가지가 있는데, 발효시킨 것으로는 난(Nan)이 있으며 정제한 하얀 밀가루(마이다)로 구운 빵인데, 발효시켜 만든 것이어서 조금 부풀어 있으며, 차파티 보다 고급으로 값싼 레스토랑에서는 구하기가 어렵다. 또한 발효시키지 않은 것으로는 차파티와 푸리가 있다.

① **차파티(Chapati)**

밀기울이 든 밀가루(아타)를 물로 개어 얇게 적당한 크기로 둥글게 편 다음 불에다 구워서 만든다. 갓 구운 것이 맛있고 담백해서 물리지도 않으며 다양한 소스에 찍어 먹으면 된다. 인도인에게는 차파티와 달(콩수프)만 있으면 그것만으로도 훌륭한 한끼 식사가 된다고 한다.

② **푸리(Puri)**

인도식 스낵으로서 역이나 거리에서 쉽게 볼 수 있는 푸리는 차파티같이 철판 위에다 굽지 않고 기름으로 튀겨서 부풀린 것으로 탁구공처럼 작은 것부터 호떡 크기까지 다양하다.

2) 커리요리(Curry)

인도요리 중 일반인들에게 널리 알려진 것으로는 카레라이스를 연상하겠는데 인도의 전통 커리요리는 우리의 카레와 차이가 있으며 우리식 카레밥(curry rice)은 없다. 카레는 인도요리에서 유래되어, 그것이 영국으로 건너가서 대중적인 입맛에 맞게 만들어져, 다시 한국에 수입되어 퓨전화된 요리이므로 인도 고유의 커리 요리와는 사뭇 다르다.

(1) 고기를 이용한 카레

한국에서 카레를 만들 때에는 고기와 여러 종류의 야채를 이용하지만 인도에서는 고기와 야채 중에 한 가지만을 사용하는 것이 보통이다. 그렇기 때문에 재료와 맛이 조금씩 다르지만 비슷한 요리 이름이 아주 많다. 레스토랑의 영문 메뉴에도 카레(Curry)라는 단어가 등장한다. 예를 들면 양고기카레(Mutton Curry)는 자른 양고기를 향신료를 가미해 삶아 만든 정통적인 고기 요리로 야채를 넣지 않고 각종 향신료를 넣어 걸쭉하게 만든 것이다. 이것을 반찬으로 해서 밥이나 로티(차파티 등의 빵 종류)와 같이 먹는 것이다. 커리요리의 주재료는 양고기와 닭고기로 잘 알려진 바와 같이 소는 힌두신이 타는 것으로 성스러운 동물로 모셔지기 때문에 쇠고기는 먹지 않는다. 그렇다고 해서 절대로 먹지 않는 것은 아니고 힌두교도가 아닌 사람은 먹기도 하며 도시의 서양식 레스토랑에서는 비프스테이크를 파는 곳도 있다. 또한 이슬람교도는 돼지고기를 부정한 것이라고 해서 입에 대지 않으므로 육식주의자들의 식사에는 주로 양고기와 닭고기를 쓰고 있다. 인도에서는 육류 중 닭고기를 제일로 여겨 양고기보다 비싸고 지역에 따라서는 생선과 새우를 사용하기도 한다. 우리나라에서는 카레요리에 쇠고기를 넣는다면 고급으로 생각하지만 인도에서는'쇠고기카레'자체가 사리에 어긋나는 것이므로 쇠고기카레를 취급하고 있는 곳은 극히 특수한 곳으로 한정되어 있다.

(2) 야채를 이용한 카레

채식요리에는 여러 가지 계절야채가 사용되는데, 사브지(Sabzi)는 야채라는 의미이지만 야채카레처럼 반찬으로 만들어진 것도 사브지라고 부르기도 한다. 사브지는 고기요리보다 싸고 위와 장에도 부담이 없으며 야채는 여러 가지를 마구 섞지 않고 1~2 가지를 섞어서 만든다. 대표적인 사브지는 컬리플러워, 감자, 완두콩, 양배추, 가지, 토마토, 시금치 등이 있다.

남인도에서는 반찬으로 먹는 산바(Sanba)가 있는데 이것 역시 야채카레로 세끼 식사에서 빼놓을 수 없는 것이라고 한다. 건더기는 집에 있는 채소 중에서 몇 가지를 넣어서 만든다. 조리 방법은 후라이팬에 버터를 녹이고 머스터드(겨자)를 넣어 볶기 시작한 후 가지와 토마토를 넣고 볶는다. 버터가 잘 스며들었을 때 달(삶은 콩요리)을 익혀 놓은 냄비에 쏟아 붓고 삼바가루(고추, 통후추, 달, 코코넛 등을 함께 볶아 가루로 만든 것)와 함께 10분쯤 끓여서 소금으로 간을 맞춘 후, 그것을 밥에 끼얹어 먹거나 찐만두에 끼얹어 아침식사를 한다.

3) 인도인의 정식(定食) - 탈리(Thali)

인도의 음식 문화를 상징적으로 나타내는 '탈리(Thali)'는 인도의 정식인데, 〔탈리〕라는 단어가 의미하는 바는 큰 접시 이다. 이 접시에 쌀밥이나 차파티 등의 주식과 콩 종류인 '달(Dhal)', 커리 종류, 인도 김치의 일종인 '아차르(Achar)', 요쿠르트인 '다히(Dahi)' 등을 수북히 담은 인도 정식이다. 이 요리에는 밥과 여러 가지 반찬을 담기 위해 오목하게 생긴 쟁반이나 둥글고 큰 접시가 사용되는데 이 접시가 탈리이다. 역의 식당이나 열차 안에서의 식사도 탈리이고, 일반 식당에서도 탈리의 형식으로 식사를 제공하는 곳이 많다.

4) 기타 요리

① 달(Dhal): 부드럽게 삶은 콩에 마살라를 가미한 음식으로 큰 것과 작은 것, 황색이나 검은빛이 도는 것 등 여러 종류가 있는데 콩의 종류에 따라 맛과 모양이 다르다. 밥이나 차파티에 이 달을 섞어서 먹는 것이 식사의 기본으로 우리 나라의 된장국에 버금가는 대중음식이기도 하다. 콩에 약간 독특한 맛이 있어서 처음에는 적응이 안 될 수도 있겠지만 식물성 단백질이 풍부한 음식으로 익숙해지면 비교적 괜찮은 음식이다.

② 다히(Dahi): 요구르트의 일종으로 탈리에도 많이 곁들여지며 지나치게 매운 카레를 섞으면 먹기가 수월해지며 식후에 먹어도 좋다.

③ 도사(Dosa): 주재료인 쌀가루를 하룻밤 동안 재운 후 발효가 되면서 약간 시큼한 맛이 나면, 이것을 반죽해서 얇고 둥글게 만든 다음 기름에 튀긴다. 튀긴 후에 건져내면 기름을 머금고 있으므로 말면 말리는데, 보통은 한번 정도만 말아 놓는다. 말아놓은 모양이 다양하고 어떤 곳에서는 고깔모양으로 말아서 세워주기도 하는데, 시간이 지나면 바삭바삭해진다. 도사의 종류가 다양한데 도사 안에 아무 것도 넣지 않고 반죽만을 튀겨낸 것을 플레인(Plain)도사 또는 사다(Sadha)도사라고 한다. 도사 안에 무엇을 넣느냐에 따라 도사의 이름이 달라지는데, 마살라를 넣고 둘둘 말은 마살라(Masala)도사도 있다. 좀더 바삭바삭한 것이 좋다면 종이처럼 얇은 페이퍼(Paper)도사를 시켜 먹으면 좋다.

④ 이들리: 남인도에서 만나볼 수 있는 음식인 이들리는 도사와 마찬가지로 쌀가루를 1~2일 정도 발효시켜서 만들기 때문에 약간 시큼하다. 도사가 기름에 튀겨서 느끼한 편이지만, 이들리는 여자 주먹만한 크기로 반죽한 쌀가루를 증기로 쪄내는 음식이므로 비교적 담백하다.

⑤ 아차르(Achar): 야채나 과일 절임으로 피클의 일종이라고 생각하면 된다. 고추가 들어 있어서 식욕을 불러일으키며 라임이나 망고로 담근 것도 있어서 맛이 독특하다.

⑥ 사모사(Samosa): 만두피에 마살라 또는 야채나 고기, 치즈 등을 듬뿍 얹어 삼각형 모양으로 만들어 기름에 튀긴 음식으로 대중적인 음식이다.

⑦ 우따빰(utappam): 우따빰(utappam)는 우리 나라의 빈대떡 같은 형태로 여러 가지 야채를 넣고 향신료를 넣은 쌀가루와 함께 반죽한 뒤 기름에 튀겨져 나오는데 케첩이랑 찍어 먹으면 한결 맛있다.

⑧ 파코라(Pakora): 이것도 대표적인 스낵 중의 하나이다. 꽃양배추, 양파 등의 채소에 마살라 맛의 껍질을 입힌 튀김이다. 레스토랑에 있는 치킨 파코라는 닭을 그대로 튀긴 것 같은 느낌이 드는 음식이다.

⑨ 파니르: 야채는 아니지만 채식요리의 독특한 특징을 지닌 요리이다. 하얗고 부드러운 치즈를 넣고 조리한 것으로 재료가 야채만 들어갔을 때보다는 비싸지만 고기보다는 싸며 단백질원(源)으로 이용된다.

⑩ 양념장(sauce): 식당에서 요리를 시키면 대개 두 가지 양념이 나오는데, 한가지는 흰색의 소스로 맛이 조금 밍밍하고, 다른 한가지는 황토색의 매우 짜다. 밍밍한 것은 짜뜨니 라고 하는데, 코코넛 가루를 약한 향신료에 넣어서 만든 양념으로 코코넛가루가 씹히는 것이 뒷맛이 고소하다. 황토빛이 나는 양념은 쌈바 라고 하며 여러 가지 향신료로 만든 양념으로 이 두 가지를 섞어서 찍어 먹으면 맛있다.

⑪ 스윗(Sweet): 인도인들이 즐겨 먹는 디저트로 스윗(Sweet) 이 있는데, 레스토랑에서 탈리를 시키면 작은 접시에 스윗이 가끔 제공된다. 이것은 달콤함을 넘어 목이 메일 정도로 단데, 특히 연유를 이용해서 만든 '스페셜스윗(Special Sweet)'은 더 달다. 스페셜스윗은 주로 은박지에 쌓여져 있는데, 그 이유는 말라서 굳어지는 것을 방지하기 위해서이다. 그리고 인도음식에 익숙하지 않은 외국인들의 눈에는 자칫 도넛츠로 착각하기 쉬운 스넥으로 기름에 튀긴 '기스윗(Ghee Sweet)'이 있다.

5) 티벳음식

인도에서 그래도 우리 입맛을 끌 수 있는 음식은 아마 티벳음식일 것이다. 티벳음식은 티벳 사람들이 주로 모여 사는 곳에서 맛 볼 수 있는데, 그 가격이 우리 상상을 넘는 수준이니 값을 물어보고 시키는 것이 좋다.

① 모모: 모양과 맛이 한국의 만두와 비슷한 음식인 모모는 내용물에 따라 양고기모모, 닭고기모모, 베지모모, 감자모모 등이 있다.

② 떤뚝: 뗀뚝은 한국의 수제비와 비슷한 음식으로 밀가루 반죽을 수제비 만들듯이 뚝뚝 떠어내 만들거나 칼로 잘라서 모양을 내는데, 종류에 따라 닭고기떤뚝, 야채뗀뚝, 계란뗀뚝 등이 있다.

4. 인도의 술과 음료

1) 인도의 술

이슬람교는 술을 금지하며, 힌두교도 그다지 술을 좋아하지는 않는데 인도인들은 술이 마음을 탁하게 해서 인간 속에 있는 신을 잠재워 버린다고 믿는다. 아직까지 구자라트주 는 아직도 주 전체가 금주법의 영향으로 술을 먹을 수 없지만, 이 주에서도 일부 호텔에서는 술을 마실 수는 있는데 이 경우에는 리큐르 퍼밋(Liquor Permit: 일종의 음주 허가증)을 보여주어야 한다. 델리를 포함한 꽤 많은 지역이 금요일을 'Dry day'라 하여 술을 먹지 않는 날로 지정하고 있다.

(1) 인도 술의 종류

① 맥주: 우리나라 맥주의 알코올 도수가 대부분 4~5%인데 비하여 인도맥주는 최고 8.5%까지의 여러 종류가 있다. 이런 독한 맥주는 대부분 'Super strong'라고 쓰여져 있다. 인도는 넓은 나라인 만큼 각종 술의 종류가 다양한데, 맥주 역시 지방마다 하나의 상표가 있다고 해도 과언이 아니다. 그중 한국인들이 가장 선호하는 맥주는 블랙라벨(Black Label)과 킹피셔

(King fisher)이며, 지방에 따라서 골든 이글(Golden Eagle), 선라거(Sun Lager) 등 여러 가지가 있는데 다른 물가에 비교하여 비싼 편이다.

② 위스키, 럼: 인도의 위스키의 맛은 세련되지는 않지만 알코올 도수는 높다. 인도 곳곳에는 'Bag piper, World no.3 hisky'라는 간판을 볼 수 있는데 백파이퍼 는 그만큼 인도에서는 대중적인 위스키이다. 백파이퍼 보다 고급화된 위스키가 백파이퍼 골드 이다.

③ 토속주: 야자나무의 줄기에서 뽑아 낸 즙을 발효시켜서 만든 것으로 색다른 맛이 난다. 고아에는 야자나 너츠로 만든 토속주 페니가 있다.

④ 찬: 찬은 곡물로 만든 탁주로서 티메트 고유의 술이다. 손으로 빚은 술이라서 거친 것도 있지만, 입에서 느껴지는 감촉이 상쾌하고 취하는 기분도 좋다. 병에 든 양주에 비해서 값도 아주 싸서 인도뿐만 아니라 네팔 및 티베트계 사람들이 주로 애용한다.

2) 인도의 음료 종류

① 챠이(Chay): 인도의 음료수라면 단연 챠이를 꼽을 수 있는데, 챠이는 우유와 설탕, 때로는 차 잎의 즙을 넣어 끓인 홍차이다. 인도 어디를 가더라도 사람이 많이 모이는 곳이나 오가는 곳에는 반드시 챠이가게가 있으므로 인도 여행 중에 챠이를 마실 기회가 많다. 챠이를 주문할 때 Special Tea 로 부탁하면 값은 두 배 이지만 더욱 짙은 맛을 느낄 것이다.

② 랏시(Lassi): 물 대용으로 먹기는 그렇지만 인도에서 가장 맛있는 마실거리 중에 하나인 랏시는 걸쭉한 마시는 요구르트로 고소한 뒷맛이 상큼하다. 랏시는 레스토랑보다는 전래시장 안에서 파는 랏시가 정통 인도의 맛일 것이다. 랏시는 요쿠르트에 설탕과 물을 넣어서 잘 섞은 청량음료로 단맛과 신맛이 나며 대개 여성들이 좋아한다.

③ 코코넛 쥬스(Coconut): 수레에 잔뜩 쌓아 놓은 코코넛 1개를 골라서 윗부분을 칼로 잘라 빨대를 꼽아 건네주는 코코넛은 상큼한 단맛이 나며 뒷맛이 고소하다.

④ 병에 든 음료수: 병에 든 음료수로는 콜라·주스류가 있는데, 코카콜라와 비슷한 인도 콜라로는 Thums Up, Campa Cola 등이 있다. 레몬 맛의 탄산음료인 Limca도 차게 해서 마시면 상쾌한 느낌을 준다. 병제품 이외에도 망고, 구아바, 파인애플 등 의 종이팩 쥬스도 많이 있다.

⑤ 남인도에서의 커피: 커피를 생산하는 남쪽에서는 챠이와 함께 저렴한 대중적인 차로 커피를 들 수 있다. 주문을 받은 가게 주인은 눈을 의심케 할만큼 놀라운 기술을 보여준다. 양손에 잡은 컵에서 컵으로 이리저리 커피를 이동시키면서 한 잔 가득한 커피를 빈 컵으로 무사히 옮겨지는 것이다. 이것을 몇 차례 반복하면 설탕과 우유가 잘 섞이고 거품이 있는 핫 커피가 손님 앞에 놓이는데, 인도인 중에는 이 커피를 접시로 옮겨 식혀가면서 마시는 사람도 있다.

5. 인도의 식사예절과 음주문화

1) 식사예절

인도에서는 식기를 통하여 부정(不淨 ;더러움)이 전해지지 않기 위하여 손으로 식사를 한다. 다만 왼손은 배설작용의 뒤처리에 사용하기 때문에 식사 때에는 사용하지 않는다. 식사 전에 반드시 물로 양손을 씻고 난 후 식사를 시작하는데, 인도의 식당이나 가게에 가면 입구의 한 곳에 손 씻는 곳이 있고 나란히 비누가 놓여 있는 경우가 많다.

커다란 바나나의 잎 위에 음식을 올려놓고 오른손으로 손가락을 이용하여 먹으며, 아주 뜨거운 음식은 나무 스푼을 이용하기도 한다. 오른손 검지, 중지, 약지를 붙여 밥을 뜬 다음 엄지손가락 손톱으로 입안으로 밥을 밀어 넣는다. 예의범절을 중시하는 곳에서는 손가락 두 번째 관절까지만 사용하기도 한다. 오랜 경험 속에서 손으로 음식을 먹으면 음식의 촉감과 온도를 입과 손 두 곳에서 느낄 수 있어 맛이 훨씬 좋다는 것을 깨우쳤기 때문이다. 다 먹었으면 손끝에 묻은 것을 빨고 핥아서 맨 마지막에는 자신의 손가락을 맛보는 것으로 마감하는 셈이다.

식후에는 손 씻는 곳에서 손을 씻고, 입안을 헹구고 가게를 나서는 것이 인도식 예법인데, 이런 습관 덕분인지 인도에서는 충치에 걸린 사람이 비교적 적다. 힌두교에서는 식사 중에 이야기하는 것을 무례하다고 여기며, 식사하고 있는 모습을 보는 것조차도 버릇없다고 여기기 때문에 조용히 식사가 끝나면 손을 씻고 양치질한 후 이야기한다.

2) 음주문화

인도를 기점으로 서쪽으로 갈수록 술 마실 기화가 적은데, 인도 역시 술 마시기가 어려운 나라이다. 인도는 전면 금주국은 아니므로 술을 마실 수는 있지만, 단순히 기분을 내기 위해서 술을 마시는 사람은 드물다. 우선 술을 먹기 좋은 지역은 엄청난 양의 주세가 붙지 않는 델리, 고아, 폰티체리, 시킴, 듀 등의 지역이다. 그 외의 지역은 지역마다 주세가 다른데, 아그라와 바라나시가 있는 우타르프라데쉬는 주세(酒稅)가 비싸기로 인도 내에서도 소문난 곳이다. 남인도에서 자주 볼 수 있는 바(Bar) 라는 간판은 거의가 위법이므로 주의하는 것이 좋다. 현재 금주법이 실시되고 있는 주는 구자라트 주뿐이지만, 구자라트주에서도 일부 호텔에서는 마실 수 있다. 그런 경우에도 음주허가증(Liquor Permit) 을 보이지 않고는 마실 수 없다.

제4절 태 국

1. 지형적 · 사회적 특성

태국지형은 북서부에 산지와 산악지대가 펼쳐지며, 동부에는 평균고고 200-300m의 분지와 고원이 지형을 이루고 있다. 그리고 북부산악지대에서 발원하여 태국을 남하하는 메남강은 유역과 하류에 드넓은 곡창지대인 삼각주평야를 이루고 있다. 태국의 기후는 열대몬순기후로서 일반적으로 기온은 19-38℃

정도의 날씨를 보이고 있다. 5월과 6월 사이에 찾아오는 남서풍의 몬순기후는 우기가 시작되는 계절이고, 보통 10월 달까지 비가 내리기도 한다. 11월과 12월은 보통 건기가 시작되고, 1월 이후에는 기온이 상승하기 시작하여 따가운 햇살이 비친다. 남쪽지방은 말레이반도의 모든 지역이 바다에 접해 있기 때문에 건기가 짧은 편이다. 예외적인 경우를 제외하고는 보통 태국의 모든 지역은 적당한 강수량을 나타낸다. 그러나 우기의 기간이나 강수량은 해발 지역에 따라 다소 변화가 있다. 북동지역은 비교적 긴 건기를 맞이한다. 따라서 그 지역 특유의 붉은 토양 또한 습기가 없는 건조한 토질을 가지고 있으며, 이러한 조건으로 인해 농작, 경지가 제한되고 있다.[16]

2. 태국 음식문화의 특징

태국의 음식문화는 서구 문화가 유입되면서부터 점차 손으로 먹는 습관에서 숟가락이나 포크를 사용하는 식사 습관으로 변화하였다. 그러나 아직도 일부 농촌의 노년층은 손으로 먹는 습관을 쉽게 바꾸지 못하고 있다. 태국을 비롯한 서남아시아와 중동의 전 지역의 사람들이 과거처럼 손으로 먹는 습관을 가졌었는데, 아마 기후 때문에 그러 했으리라 추측된다. 즉 사람들은 열대의 기후에서 살기 때문에 음식을 식혀서 먹어야만 했고 따라서 뜨거운 음식을 즐겨 먹는 추운 지방에서처럼 숟가락의 사용이 불필요했을 것이다. 원래 태국 음식의 조리 방법이 식품 재료들을 잘게 썰어서 조리하는 것이기 때문에 식사할 때에 나이프를 사용하지 않으며 두 손으로 숟가락과 포크만을 사용한다.

태국 음식 맛의 특징은 음식에 따라 다르지만 대체로 고소하고 맵고 신맛이 나는 편이다. 거기에 다양한 향신료가 첨가됨으로 독특한 향미가 난다.

한편, 북부지방과 동북부 지방은 찹쌀밥이 주식이므로 세끼 모두 찹쌀밥을 먹는다. 이 두 지역이 고원지대이고 토양이 찹쌀 경작에 더 적합하기 때문에 다른 지역보다 찹쌀을 더 선호한다.

---

16) 고종원, 전게서, pp.328-329.

1) 전반적인 음식문화의 특징

태국음식은 한국인에게는 익숙하지 않지만, 프랑스음식, 중국음식과 더불어 세계의 맛있는 음식으로 꼽히고 있다. 중국, 인도, 포르투갈로부터 영향을 받아 나름대로 독특한 음식문화를 발달시켰다. 타이인들의 인사는 일반적으로 '낀 까오 레오캅', 탄 카오 레오캅(식사하셨습니까)이라고 말한다. 태국에서 그만큼 먹는 것을 중시한다는 것을 보여주는 사례가 되는 것이다. 카오(Khao)는 쌀을 의미하며 이것은 타이인들의 음식문화에서 쌀이 차지하고 있는 비중 있는 위치를 함축한다. 그리고 '고기를 금하지는 않지만 육류는 잘라진 상태로 판매되고, 매월 4일에는 쇠고기와 돼지고기를 시장에서 팔지 않는다. 그러나 식용이 되는 닭, 생선, 조류, 개구리 등은 음식재료로 사용한다. 태국 음식문화의 특징은 다음과 같다.

(1) 중국의 영향을 받은 식생활 문화다.[17)]

중국의 광동성이나 북건성 주변에서 많은 사람들이 이주해 온 중국인들이기 때문에 중국문화와 아주 밀접한 관계가 있으며, 중국인들이 유입한 것 중에서 영향이 큰 것은 중국식 냄비와 면류 및 장류가 그 대표적이라 할 수 있다.

태국음식이 중국의 영향을 많이 받은 또 다른 요인은 중국요리를 먹을 기회가 많아 이에 따라 젓가락 사용법을 익힌 사람이 다수였다는 것이다. 물론 젓가락을 사용하는 나라는 한국을 비롯해 중국, 일본 베트남이고 그 다음에는 바로 태국이다. 동남아시아 중 회교도가 많은 말레이시아나 인도네시아에서는 돼지고기를 좋아하고 불교 신도자가 많아 도교를 믿는 중국인과의 동화가 매우 어려웠다. 그러나 태국은 도교를 믿는 사람도 많고 그에 따라 혼혈아도 증가하였다. 식생활의 경우도 태국 요리로 소개된 것 중에는 중국요리를 발달시킨 것과 중국요리를 그대로 만든 것도 많다.

(2) 불교와 식문화가 어우러져 있다.

태국은 불교신자가 많아 오래 전부터 음식을 만들기 위한 살생을 금지했다. 불

---

17) 김광호외, 전게서, pp.222-223.

교의 영향도 있지만 태국에는 물고기 등의 수산물이 풍부하고 소(牛)와 같은 큰 동물들은 식품으로 적합하지 않다고 생각되었기 때문이다. 어떤 종류의 토종 동물들은 식품이라기보다는 애완용으로 치부되었고 또 그 동물들은 식용으로서가 아니라 농사나 수송을 위한 동력을 위해 길러진 것이다. 현재 태국사람들에게 육식의 금기는 별로 없지만 한 달에 4일간은 소, 돼지고기를 시장에서 팔지 않아 식용할 수 있는 동물을 먹는데 주로 닭고기, 어패류, 조류, 개고기 등을 먹는다.[18]

(3) 외국 음식의 퓨전화(Fusion)로 태국만의 음식문화 창출

외국의 음식과 식습관을 무조건 받아들이는 것이 아니라, 태국의 고유한 식문화로 발전시켜왔다. 그래서 이미 대체 식품이 많이 활용되었다. 카레를 만드는데 코코넛 기름이 버터기름의 대체품으로 쓰이고 다른 각종 식품들도 코코넛유로 대체되었다. 강한 향신료는 레몬잎과 갈란가(Galanga)와 같은 신선한 풀의 맛을 감소시킨다. 태국요리의 주재료 중의 하나인 칠리는 남아메리카에서 포루투칼의 전도사가 가지고 왔다. 태국 남자들은 알코올 음료를 마시는 것을 즐겼으며 이러한 음료와 어울리는 요리로 칠리 음식을 즐겨 먹었다. 또한 칠리로 만든 요리는 일상식(日常食)보다 저장성이 우수하다. 이처럼 중국, 인도로부터 영향을 받았으며, 포루투칼로부터도 영향을 받아 태국 고유의 독특한 식문화를 발달시켜 오늘에 이른다.[19]

2) 지역적 분류와 음식의 특징

(1) 북부지역 음식

북부지역은 치앙마이 중심이 되며, 태국의 전통적인 맛이 그대로 보전되어 있으며, 찹쌀이 주식이며, 점성이 강한 쪄낸 밥을 좋아한다. 조미료로 소금을 많이 사용하는 특징이 있고, 코코넛 밀크를 거의 사용하지 않으며, 야채, 곤충, 개구리

---

18) 상계서, 223.
19) 상계서, 223-224.

등을 좋아한다. 또한 북부 음식은 다른 지역과의 구분이 되는데, 전통적으로 손을 이용해 작은 공처럼 반죽하여 먹는다. 남부, 중부의 지역은 해안근처로 물고기를 선호하지만, 북부지역은 그렇지 못하며 신 맛 나는 음식을 즐기지 않는 것도 타 지역과 구분되는 특징 중의 하나이다. 또한 이 지역에서는 중부와 남부에서는 찾아 볼 수 없는 '밥상'문화가 있고, 전통적으로 잔치나 연회 칸토크(Khantoke) 라고 부르는 대나무 소반에 얹어 손님들에게 내오는 풍습이 있으며 이때 칸(Khan)은 그릇을, 토크(Toke)는 둥근 탁자를 뜻한다.[20]

(2) 북동부지역 음식

이 지역은 태국 전 국토의 1/3이상을 차지하며, 강우량이 적고 토양이 척박하여 남부나 중부와 같은 풍부한 논농사지역이 아니므로 타 지역에 비해 경제적으로 낙후되어 있으며 찹쌀이 주식이다. 또한 이 지역은 코코넛 밀크보다는 주로 민물고기로 담근 젓갈인 쁠라라를 조미료로 사용하며, 닭과 돼지고기를 숯불에 구워 먹는 바비큐(태국어로는 '양')문화와 태국 대표음식 중에 하나가 된 쏨 땀이 유명하다. 음식의 대부분은 라오스의 영향을 받았으며, 대표적인 음식은 차놈부양(Khanom Buang)과 랩(Labb)이 있다.

쉬어가기 차놈부양과 램

차놈부양은 얇고 바삭거리는 달걀 크레이프에 새우와 싹튼 콩 및 다른 재료를 싸 먹는 것을 말하며, 램은 양념이 된 다진 고기와 닭고기와 솜탐(Som Tam-파란 파타야 샐러드)및 카이양(Kai Yang-닭고기 숯불고기)으로 만드는 음식이다.

(3) 중부지역 음식

세계적인 규모의 곡창지대로 알려진 중부지역은 태국의 젖줄이라고 할 수 있는 차오프라야강을 따라 형성되어 있다. 태국의 수도인 방콕을 중심으로 형성되

20) 전계서, 성태종외, p.191.

어있고, 멥쌀(비료나 농약이 불필요하고 홍수에 강함)을 주식으로 하며, 코코넛 밀크와 박하, 고추를 사용한 걸쭉한 음식과 중국식 음식이 많으며, 칠리, 고수, 코코넛유, 라임, 남플라(생선간장)를 많이 사용하는 것이 특징이다. 특히 톰얌(Soup)이 유명하다.[21]

(4) 남부지역 음식

남부지역은 말레이시아 잇닿아 있는 긴 반도로 구성되어 있어, 말레이시아 요리의 영향을 받아 회교도를 믿는 사람이 많은 것이 특징이다. 말레이시아인의 영향과 이곳에 이주한 중국인과 인도인의 영향을 받아 이 지역만의 독특한 음식문화를 형성하고 있다. 코코넛을 사용하는 음식이 많고, 향신료를 많이 사용하기 때문에 인도음식에 가깝다고 할 수 있겠다.

3. 태국의 대표적 음식

태국의 음식은 해산물과 열대과일에 독특한 향의 향신료와 양념을 사용하여 만들었으므로 자극적이고 화려한 맛으로 세계인의 사랑을 독차지하는 Global음식이다.

또한 태국음식의 종류로는 이름의 앞이나 뒤에 붙는 단어를 통해 구분되며 쌀은 '카카오'라고 하고, '팟'은 볶음을 뜻한다. '얌'이라는 단어가 붙으면 샐러드 종류를 , '깽'이라는 단어는 국, '톰'이라는 단어가 붙으면 찌개 종류라고 보면 될 것이다.[22]

1) 태국의 일반음식

(1) 카오팟(Khao Phad)

태국음식 중에 가장 대중적인 음식으로 중국식 볶음밥이나 인도네시아의 나시

---

21) 전게서, 구난숙외, p.66. 전게서, 김윤태, pp.223-224.
22) 원융희, 세계의 음식이야기, 백산출판사, p.71.

고렝(Nasi Gorang)과 비슷하다.

① 카오팟(Khao Phad): 밥에 새우, 닭고기, 돼지고기, 오징어, 달걀 등과 여러 가지의 각종 야채를 넣어 볶고, '남플라' 라는 젓갈로 맛을 낸다. 그릇에 담을 때 양파, 실파나 오이 등을 곁들이고, 위에는 고수나 고추, 달걀지단, 다진 땅콩 등을 뿌린다.

② 카오팟 사파로드(Khao Phad Saparod): 파인애플 과육을 잘게 썰어 밥, 새우, 오징어 등과 같이 볶은 것으로 새콤하면서도 달콤한 것이 특징이라 할 수 있다.[23]

(2) 톰얌(Tom Yam)

태국으 수프를 말하며, 새우 수프는 톰얌쿵, 닭고기 수프는 톰얌카라고 한다. 톰얌쿵(Tom Yam Kung-새우수프)은 태국에서 모든 사람에게 인기가 많은 수프로 중국의 상어 지느러미수프, 프랑스의 부이야베스(생선수프)와 함께 세계 3대 수프로 유명하다. 톰얌쿵은 신선로처럼 생긴 냄비나 도자기냄비에 담아 끓인다. 새우, 생선, 닭고기, 버섯 등이 들어가고, 레몬그라스, 월계수잎, 생강, 라임즙, 남플라, 고수, 고추 등의 향신료와 조미료로 맛을 낸다. 고추의 매운 맛과 레몬그라스의 향기 및 라임즙의 신맛이 아주 상쾌하며, 어패류의 맛이 훌륭하게 조화를 이루어 섬세하면서도 깊은 맛을 내는 것이 특징이다.

(3) 솜땀

설익은 파파야를 채 썬 것과 마른 새우 및 고추·땅콩가루 등을 함께 빻아 만든 샐러드로 동북부 지방의 음식으로 알려져 있다.[24]

(4) 남

잘다진 돼지고기를 삶아서 채 썬 것에 밥과 다진 마늘 및 태국고추·소금 등을 잘 배합한 다음 보통의 소시지 크기의 모양을 만들어 바나나 잎에 싼 후 어두운

23) 전게서, 박금순외, p.90. 전게서, 김숙희외, p.241.
24) 상게서, 박금순외, p.89. 전게서, 김숙희외, p.240.

곳에서 발효시킨 발효음식으로, 북부지방에서는 돼지고기를 사용하는데 비해, 동북부 지방에서는 쇠고기를 사용한다. 이를 '찐쏨' 이라고도 한다.

(5) 쌀국수(꿔띠우)

태국에서 가장 일반적인 국수로 길거리 등에서 먹는 모습을 많이 볼 수 있다. 보통 간장, 설탕, 식초, 고춧가루를 직접 섞어 입맛에 맞도록 조절하며 먹으며, 가는 쌀국수를 '센레크', 굵은 것을 '센사이'라고 하는데, 기름에 볶거나 튀기고 국물에 말아서 먹는다.

① 팟타이(볶은 국수): 새우, 숙주, 부추를 많이 넣고 볶은 국수를 말한다.

② 카놈찜남야: 가느다란 쌀국수에 가물치와 채소를 넣고 젓갈과 향신료로 맛을 낸 코코넛 밀크를 부어서 먹는다. 보통 잔치 때 많이 먹는 국수로 알려져 있다.

(6) 커리(Curry)

커리는 해산물 · 육류 · 채소 등을 넣어 만들고, 재료나 향신료는 집집마다 또는 식당마다 각각 다르다. 보통 밥이나 국수에 얹어서 먹는다.

2) 태국의 발효음식

(1) 토 아나오(To-Anao)

썩은 콩을 의미하는 태국 북부 산악지대의 청국장류이다.

(2) 남플라(Nan Pla)

멸치과에 속하는 엔초비나 고등어과의 생선에 소금을 넣어 발효시킨 맑고 투명한 액젓이다.

(3) 새우 페이스트 (Shrimp Paste)

오래 묵혀서 먹는 장 종류로 냄새가 독특하고 핑크색으로부터 짙은 갈색까지 다양한 색이 있다.

(4) 팍-뎡(Pak-Dorng)

야채를 2~3일 또는 1~2주간 발효시킨 것으로 재료에 따라 콩차이(Kong-chai: 배추절임), 키암차이(Kiam-Chai: 평지절임), 후아차이(Hua- Chai: Po순무절임), 통차이(Tang-Chai: 양배추절임)등이 있다.

(5) 가피(Kapi)

새우나 보리새우를 으깨어 발효시킨 새우젓이다.

3) 태국의 음료와 술

태국인은 보통 물을 가장 많이 마신다. 청량음료가 다른 동남아지역보다 저렴하며, 소금이 들어간 과일 주스를 좋아하며, 차 문화의 큰 특징의 하나는 커피와 차가 너무 달다.

(1) 물

태국에서는 물 사정이 좋지 않아 식수로 이용되는 정화된 물이나 끓인 물을 간단히 나암 데움(Naam Deum)이라고 부른다. 그리고 태국인들이 마시는 물은 지역마다 다른 여러 종류의 물을 마신다. 북부의 산악지대에 사는 민족들은 강물을 그대로 마시고, 평지에 사는 사람들은 주로 빗물을 마신다. 세탁이나 목욕은 샘물이나 강물을 사용해도 마실 물은 언제나 빗물을 사용하는데. 이는 태국의 동부부지방의 샘물이 짜기 때문이다. 빗물을 식수로 사용하기 위해서는 끓여서 식힌 다음 음료수로 사용한다. 도시에 사는 사람들은 수돗물을 끓여서 마시는데, 이는 음식점 등에서 흔히 보는 물이다. 끓인 물이라는 것을 보여주기 위해 얼음에 차가 약간 들어 있는 물을 내놓기도 한다. 이 물은 남켕플로우(얼음물)라고 한다.[25]

25) 전게서, 성태종, p.196.

(2) 쌩쏨

태국에서 가장 인기가 많은 술로 서민들이 가장 많이 찾는 술로 알려져 있다. 사탕수수가 주원료이고 하이볼 글라스에 얼음을 넣고 소다수나 기타 청량음료 특히 콜라와 함께 마신다. 레시피는 하이볼글라스에 1/3쌩쏨을 넣고 소다수를 2/3 정도 채운 뒤 그 위에 라임을 뿌려 넣는다.

4. 식사 시 예절 및 습관

태국사람들은 식사를 할 때 대나무나 원목으로 만든 마룻바닥이나 반상에 음식을 차려놓고 여럿이 모여앉아 각자 개인의 접시에 덜어서 손으로 직접 먹는 것이 전통적인 식사방법이다. 이러한 관습은 1900년대 초 쭐라롱껀 대왕의 현대화 개혁과 1932년도의 입헌 혁명 등으로 서구 문화가 유입되면서부터 손으로 먹는 식습관이 점차 스푼과 포크와 식탁을 사용하고, 음식에 따라 여러 도구를 사용하기도 한다. 또한 태국음식은 식품 재료를 잘게 썰어서 조리한 것이기 때문에 나이프는 사용하지 않는 것이 특징이다. 국물이 있는 국수를 먹을 때에는 젓가락과 숟가락을, 튀긴 국수는 포크와 스푼을, 생선을 넣은 국수는 숟가락만 사용해서 먹는다. 밥 종류는 접시에 담아 숟가락과 포크를 사용하는 것이 보편적이지만, 숟가락 하나로만 식사를 하는 사람들도 많다. 포크는 접시의 음식을 스푼으로 뜰 때 보조 역할을 하거나 스푼에 붙은 음식을 제거하기 위해 사용한다. 식사 때 스푼과 포크의 부딪치는 소리가 많이 들린다. 특별한 격식은 없지만 다음과 같은 예절은 지키도록 한다.

① 음식을 빨리 먹지 않는다.
② 음식을 먹을 때 소리를 내지 않는다.
③ 입술을 오므리고 음식을 씹는다.
④ 음식이 입안에 있을 때 말을 하지 않는다.
⑤ 국물이 있는 음식은 들이마시지 말고 숟가락으로 떠서 먹는다.[26]

---

26) http://cafe.naver.com/foodt/34.

제5절 터 키

1. 지형적 · 사회적 특성

1) 터키의 개요

아시아와 유럽에 걸쳐 있는 서아시아 나라. 정식명칭은 터키공화국(Türkiye Cumhuriyeti). 면적 78만 580㎢, 인구 6810만 9469명(2003). 소아시아반도로 이루어진 아시아쪽 영역은 아나톨리아, 유럽쪽 영역은 트라키아로 불리며 면적의 97%, 인구의 90%가 아나톨리아에 속한다. 아나톨리아의 동부 · 남동부는 그루지야 · 아르메니아 · 이란 · 이라크 · 시리아, 트라키아의 서쪽 끝은 불가리아 · 그리스와 접해 있다. 북쪽은 흑해, 남쪽은 지중해가 있다. 수도는 앙카라이며, 지질구조상 대부분 지역이 알프스 · 히말라야조산대에 속하고 동서방향으로 산맥들이 몇 겹으로 뻗어 있어 전체적으로 산이 많다. 아나톨리아에는 북부의 흑해연안을 따라 폰투스산맥과 이스펜디야르산맥, 남부의 지중해연안을 따라 토러스산맥이 가로놓였으며, 토러스산맥의 동쪽 연장에 있는 동토러스산맥과 안티토러스산맥이 내륙부로 뻗어 있다. 이들 해발고도 2000~3000m급의 주요 산맥 사이에는 산맥이 뻗어 있는 심한 기복의 아나톨리아고원이 있는데 이것은 동쪽으로 갈수록 고도가 높아져 아르메니아고원으로 이어진다. 또한 아르메니아고원에는 이 나라 최고봉인 아라라트화산(5165m)이 있다.

서부의 에게해 연안에 접한 지역에는 해안선과 직각의 단층이 동서방향으로 뻗어 있고, 지루(地壘)산지와 지구(地溝)평야가 나란히 펼쳐져 있다. 아나톨리아고원을 돌아 흑해로 흘러가는 구즐 울마크강과 사카리야강, 남쪽으로 흘러 지중해로 가는 세이한강 등이 있고, 아르메니아고원 및 안티토러스산맥에서 티그리스강과 유프라테스강이 발원하여 이라크 · 시리아로 흐른다. 에게해 연안의 평야에는 메안다〔蛇行(사행)〕의 어원이 된 뷔유크(크다는 의미) · 멘델레스강 등이 흐른다. 내륙부에는 반호수와 투즈호수 등의 함수호가 있다. 유럽 쪽의 트라키아에는 북쪽에 우스트란자산맥, 남쪽에 갈로스산지가 있으며 모두 해발고도 1000m 정도된다.

전반적으로 평야가 펼쳐져 있으며 그리스와의 국경을 흐르는 메리치강 지류인 엘게네강이 윤택하게 해준다. 아나톨리아와 트라키아의 경계는 함몰에 의해 생긴 마르마라해와 그 북동쪽 끝의 보스포러스해협 및 남서쪽 끝의 다르다넬스해협이다. 이들 해협은 길고 가느다란 침식곡(浸蝕谷)이 가라앉아 생긴 것으로 지중해와 흑해를 잇는 연락수로이다.

터키의 기후는 아나톨리아고원 중앙부와 아르메니아고원 등 일부 지역을 제외하고 대부분 온대기후이다. 서부 에게해 연안에서 남부 지중해 연안까지는 지중해성 기후로, 여름은 중위도 고압대가 북상하여 고온·건조하지만 겨울은 지중해의 이동성 저기압 영향으로 온난다우하여 연강수량 500~1500㎜, 지역에 따라서는 2000㎜에 이른다. 식생은 올리브 같은 상록경엽(硬葉)수림이며, 지중해 연안 특유의 마키(maquis)라는 숲이 많다.

북쪽 흑해 연안지역은 1년 내내 흑해의 습기를 받아 연강수량 1000~2000㎜ 또는 그 이상의 비가 오는 습윤기후로서 광엽수림·침엽수림이 무성하다. 아르메니아고원은 겨울에는 -40℃로 기온이 내려가는 냉대습윤기후이다. 아나톨리아고원 내륙부는 폰투스산맥·토러스산맥에 의해 바다의 영향이 차단되며 내륙성이 강한 이란·이라크·시리아 국경지대의 저지대와 함께 연강수량이 500㎜를 밑도는 건조기후지역이며 투즈호 주변 등은 매우 건조하여 반사막경관을 볼 수 있다.

국토의 약 12%를 차지하는 목초지에서는 양·염소·소 등의 목축업이 활발하며 특히 앙카라지방에서 나오는 앙고라염소는 유명하다. 아나톨리아 남동부와 토로스산맥에는 유목민이 있으나 도시 근교에서는 근대적 낙농업과 양계업이 영위된다.

2. 터키 식문화의 특징

1) 음식의 개요[27)]

터키의 지형적인 특징 즉, 지중해 동쪽 끝에 위치해 유럽과 중동문화가 만나는 접점이다. 그렇기 때문에 터키의 음식문화는 다른 여러 나라의 문화에 영향을 받아 왔고, 따라서 터키 음식을 먹는 것은 오랜 세월 전수되어 온 다양하고 풍부한 요리법을 맛보는 것이라고 할 수 있다. 각 지역마다 독특한 고유음식 성향을 보인다. 예를 들면 터키 서부의 에게해 지역은 생선과 야채 및 올리브 오일을 많이 사용하는 지중해 풍 건강식을 많이 즐기고, 중부지방은 콩류 음식을 선호한다. 동부는 고기요리를 즐겨 발달하나 것에 비해, 남부는 다양한 종류의 케밥으로 유명하다. 그러나 흑해지역은 지중해산 멸치류의 작은 물고기인 앤초비같은 해산물과 캐비지 요리로도 유명하다. 튀긴 미트볼, 굽거나 곱게 갈아 만든 가지요리, 피클, 라임 주스에 재운 생선, '수죽'(Sucuk-Sujuk이라고도 함)이라 불리는 매콤한 터키식 소시지, 페타 치즈와 파슬리를 채워 튀긴 패스트리, 다양한 야채와 콩류 샐러드를 곁들인다.

또한 터키의 기후의 특징으로 인해 여러 종류의 과일이 풍부하다. 디저트와 유제품도 많이 생산되며, 좋은 와인도 생산되고 있다.

터키음식은 조리법이 쉬우며, 신선한 식자재를 사용한다. 채식을 좋아하는 사람과 육류를 섭취하는 사람들 모두 메뉴선택에 어려움이 없을 만큼 다양하다. 이 중에서 가지 샐러드는 여러 가지 신선야채를 이용해 만든 대표적인 요리로 터키의 고유한 풍취를 그대로 전하고 있다. 터키인들의 주식은 빵이며, 작은 바게트처럼 생긴 흰색의 에크멕에 꿀 또는 잼을 발라 먹거나, 멕시코의 또띨라처럼 납작하게 만든 피데에 야채와 고기 등 갖가지 재료를 싸서 먹는다. 지중해・에게해・마르마라해의 4곳의 바다에 접해 있기 때문에 생선을 많이 먹는 것도 특징이라 할 수 있다.

---

27) 전게서, 김태윤, pp.35-237.

2) 터키 음식의 특징[28]

터키사람들은 중앙아시아 유목민의 음식문화, 이슬람의 음식문화, 비잔틴제국의 음식문화를 합하여 터키고유의 독특한 세계적인 음식문화를 발전시켰다. 터키는 100%자급자족하는 국가로서 밀가루· 쌀·면화·헤절너트 등이 주작물이며, 양을 중심으로 하는 목축업도 성행하고 있다.

(1) 올리브 오일을 많이 사용한다.

터키에서는 여러 가지 음식을 만드는데 있더 올리브 오일을 사용하고 있으며, 메제(Meze)라고 불리는 차가운 전채요리의 대부분은 올리브 오일에 담근다. 올리브 오일은 샐러드에도 와인과 함께 드레싱으로 사용되고 있는데, 이 때는 버진 올리브 오일이 사용된다.

(2) 스파이스와 허브를 많이 사용하여 맵고 자극적이다.

터키음식은 스파이스와 허브를 많이 사용하여 맵고 자극적인 것들이 많다. 커민·튜메릭·파프리카 등은 양고기 음식에 주로 사용하며, 풋고추·코리앤더·파슬리·민트 등은 생것으로 이용한다.

쉬어가기 커민

잎이 매우 잘게 갈라져 있으며 흰색 또는 장밋빛이 도는 꽃이 핀다. 지중해 연안 국가가 원산지이지만 인도·중국·멕시코에서도 열매(씨라고도 함)를 얻기 위해 재배하는데, 이 열매는 다양한 식품의 맛을 내는 데 쓰인다. 많은 혼합 향신료, 처트니, 칠리, 카레 가루 등에 반드시 들어가는 커민 씨는 특히 아시아·북아메리카·라틴아메리카식 요리에 흔히 쓰인다. 이들의 진하고 강한 독특한 향과 화끈한 맛은 캐러웨이를 연상시킨다.

---

28) 전게서, 김숙희외, pp.265-267.

(3) 주요리는 양고기 음식이다.

터키의 음식은 주로 양고기를 이용한 음식이 많으며, 주로 케밥을 만들어 먹는다.

(4) 빵이 주식이다.

밀이 풍부하게 생산되는 터키에서는 식사 때마다 빵을 주식으로 한다.

(5) 수프와 필라프를 즐겨먹는다.

주산업이 농업인 터키에서는 농경문화의 영향으로 농산물을 이용한 음식인 수프와 필라프를 즐겨 먹는다.

(6) 유제품을 이용한 음식이 있다.

목축업이 발달한 터키에서는 우유·치즈·요구르트 등의 유제품을 음식에 이용하는데, 특히 요구르트는 고기요리의 소스나 채소 샐러드의 드레싱으로 이용된다.

(7) 생선과 채소 및 과일을 이용한 음식이 발달했다.

3면이 바다로 둘러싸인 터키는 기후가 좋아 신선한 생선과 과일·채소 등이 풍부하여 이를 이용한 다양한 음식이 발달하였으며, 특히 채소요리를 할 때는 버터를 넣고 요리를 한다. 여름과 가을에 멜론·포도·수박 등의 과일을 매우 풍성하게 맛볼 수 있다.

(8) 후식으로 단 음식을 즐긴다.

자극적인 음식이 많은 터키에서는 이를 위해 후식으로 달콤한 것을 즐겨 먹는다.

3. 터키의 대표적 음식[29]과 음료

1) 터키의 대표음식

(1) 케밥

원래 고대 터키와 그리스에서 시작된 요리로 현재는 유럽을 비롯한 호주·일본·태국·미국 등 여러 나라에서 사랑받는 패스트푸드이다. 패스트푸드의 일반적인 방식은 튀기지만, 케밥은 전용 로스터를 사용해 쇠고기·돼지고기·닭고기를 바비큐식으로 즉석에서 구운 각종 샐러드와 함께 넓고 얇은 빵에 얹어 말아 먹는 특징이 있다. 케밥의 종류는 약 200-300가지 정도가 된다고 한다.

① 도네르케밥

고기들을 약간의 양념을 한 후에 수직으로 여러 개를 끼운다. 그것을 기둥처럼 세워진 자그만 숯불 화덕 옆에 회전시키면서 겉에서부터 익히는 것이다. 고기들을 세우 두고 조금씩 익히기 때문에 요리가 되는 과정에서 동물의 기름을 아래로 흘러 내리게 된다. 이것을 잘게 썰어 동그랗고 납작한 빵 속에 넣어 먹는다.

② 쉬쉬케밥

터키의 가장 전통적인 케밥요리로서 양고기나 소고기 등을 꼬챙이(Skewer)나 봉에 끼워 쇠꼬챙이에 끼워 굽는 것이다.

③ 이쉬켄데르 케밥

도네르케밥에 요구르트와 토마토소스를 첨가한 케밥을 말한다.

(2) 필라브(Pilav)

필라브는 터키에서 보통 밥 종류를 말한다. 쌀 또는 불구르(Bulgur-밀을 볶아서 말린 것을 지칭)를 주재료로 하여 만드는데, 필라브는 쌀이나 불구르에 닭고기·간·땅콩·건포도 등을 넣고 육수를 부어 만든다. 터키에서는 아무 재료도

---

29) 전게서, 성태종외, pp.202-205.

섞지 않고 물로만 만드는 밥은 소화 능력이 없는 환자들의 음식으로 생각한다. 쌀과 함께 필라브의 주재료로 사용되는 불구르는 터키의 고유곡물로 에크맥 다음으로 시골식탁에 자주 오르는 주요 식품이다. 불구르는 밀의 껍질을 벗기지 않은 채 그대로 삶아 말린 것으로 도정과정에서 파괴될 수 있는 영양소가 그대로 포함되어 있다.

(3) 빵

터키에서는 밀이 풍부하게 생산되어 빵값이 저렴하여 어디에서든지 빵을 쉽고 저렴하게 구입하여 먹을 수 있다. 터키인들의 주식은 빵이며, 이것을 먹지 않으면 식사를 하지 않은 것으로 여길 정도로 중요한 주요 식품이다. 빵종류는 크게 에크멕(Ekmek)과 피데(Pide)로 나눌 수 있으며 다음과 같다.

① 에크멕(Ekmek)

에크멕은 터키인들이 주식으로 먹으며 겉이 약간 딱딱하고 속은 부드러운 것이 특징이다.

터키에서는 식사 때에 맞추어 방금 구운 따뜻한 에크멕을 사기위해 에크멕공장 또는 에크멕가게에서 장사진을 치며 기다리는 터키인들의 모습을 쉽게 찾아볼 수 있다. 또한 에크멕은 밀가루와 약간의 소금 및 이스트만을 반죽하여 오븐에 구워낸 것으로 그 맛이 매우 담백하여 다른 음식과 함께 먹기에 적당하다. 영양을 섭취할 목적으로 먹기 보다는 허기를 채우기 위해 먹는 음식이라고 보면 적당하다. 에크멕은 터키사람들에게는 신성시 되는 식품으로서 먹다 남은 찌꺼기나 조각을 함부로 버리지 않는다.

② 피데(Pide)

넓적하고 둥근 빵 위에 고기·토마토·마늘·계란·양파·고춧가루 등을 넣어 굽는 것으로, 개인 각자의 식성에 따라 고춧가루를 첨가하여 먹기도 한다.

③ 시미트(Simit)

시미트는 터키에서 사람들 많이 모이는 곳에서는 반드시 발견되는 아주 대중적인 빵으로 '영원에 끝은 없다'라는 뜻을 가지고 있으며, 대중적인 빵이다. 시미트는 도넛과 같은 고리모양의 빵·과자로서 약간 짭짤하며, 씹을수록 깨의 고소한 맛과 단맛이 우러나는 것이 특징이다. 길을 걸으면서 자연스럽게 먹을 수 있는 간편한 음식이다.

④ 포아차(Poğaça)

주로 요구르트와 치즈가 들어 있으며, 간단하게 먹을 수 있는 간식용 빵이다

(4) 파스트르마(Pastrma)

파스트르마는 터어키인들이 좋아하는 전통적인 음식 가운데 하나로 소고기나 양고기에 후추가루와 채맨 등의 향료를 뿌리어 소금에 절인 다음 햇빛에 말린 식품이다. 흔히 한국의 음식가운데 육포와 흡사한 파스트르마는 맛이 있을 뿐 아니라 장기간 보관하기 쉽고 운반하기에도 편리하여 터어키 민족이 유목 이동 생활을 하던 때 애용했던 식품으로 여겨진다. 요즈음도 겨울에 눈이 많이 내려 종종 도회지와 차단되는 터키 동부지역의 시골에 가면 월동 준비를 위해 파스트르마를 준비하는 것을 볼 수 있다. 식탁에 빵, 요구르트, 파스트르마와 더불어 양파나 다른 채소가 있으면 훌륭한 식탁이라고 할 수 있다. 터어키인들은 한국인들에 비해 채소를 물에 씻어 날것으로 먹는데 훨씬 익숙해져 있다. 채소를 날것으로 먹으면 음식하는 시간도 단축되지만 채소의 영양가를 그대로 섭취할 수 있을 것이다. 처음에는 날 채소를 먹는 것이 쉽지 않으나 익숙해지면 채소 본래의 맛을 느낄 수 있게 된다. 날 채소를 많이 먹는 것도 유목민 식생활 관습의 연장에 속한다.

(5) 요구르트(Yogurt)

터키는 세계 3대 요리에 드는 요리를 가지고 있을 정도로 맛있고 다양한 음식문화를 자랑한다. 그 가운데 빼놓을 수 없는 것이 요구르트다. 요구르트를 처음 먹기 시작한 사람들이 터키족이며, 요구르트라는 단어도 터키어(Yogurt)에서 비롯되었다. 요오운(Yogun - 밀집된, 짙은)이란 말에서 파생된 것으로 알려져 있다. 요구르트는 중앙아시아 지방에서 목축업을 하던 유목민들이 처음 만들었다. 짜 놓은 소나 양, 염소의 젖이 더운 날씨에서 미생물 작용에 의해 응고되어

신맛을 내는 요구르트가 된 것이다.

우유에 종균을 집어넣어 약 8시간 정도 온도를 유지하면서 발효되어 만들어지는 것으로 걸죽하면서 시큼한 맛을 낸다. 요구르트는 음식과 함께 먹기도 하고, 수프를 비롯한 여러 음식을 만들 때 사용하기도 한다.

(6) 쿄프테(Kyofte)

중국의 난젠완쯔 서양의 미트볼과 비슷한 음식으로, 주재료는 다진 쇠고기·양고기·돼지고기 등이다. 여기에 생강·마늘·양파·민트·파슬리 등 다양한 야채를 다지거나 갈아 넣은 다음 소금·후춧가루·계피 등으로 양념을 하고 달걀을 풀어 넣어 잘 뭉쳐지도록 한다. 준비한 재료를 모두 큰 그릇에 넣고 반죽을 만든다. 터키는 대체적으로 굽는 요리가 발달해 있는데, 쿄프테도 구운 요리에 속하며, 물녹말과 고추기름을 넣어 맵고 걸쭉하게 만들어 먹기도 한다.

(7) 뵈렉(Börek)

뵈렉은 밀가루 반죽을 이용한 음식으로 치즈나 계란, 각종 야채, 간 고기 등이 든 얇은 페스트리를 기름에 튀기거나 굽는다.

(8) 돌마(dolma)

포도나무 잎, 양배추 잎, 피망 등의 야채 안에 각종 양념을 한 쌀이나 파스타를 넣어 만든 음식으로 그 종류가 수십 가지에 이른다.

(9) 타틀로(Tatli)

타틀로는 터키어로 디저트라는 뜻으로 보통 식사에서 맨 마지막에 제공되는 후식으로 애용되는 음식으로 설탕을 많이 넣어 만든다. 종류는 여러 가지가 있지만 보통 공통적인 사항은 설탕 시럽을 충분히 부어 단맛이 나게 한다는 것이 특징이다.

2) 터키의 음료

(1) 차이(Cay)[30]

터키 사람들은 '차'를 '차이'라고 한다. 일반인들이 커피보다 더 널리, 대중적으로 애용하는 음료이다. 일반적인 경우와는 달리 터키에서는 차를 낼 때 정교하고 작은 투명한 유리잔을 사용하는데, 이는 차가 지니고 있는 검붉은 색을 확실하게 보여줄 수 있을 뿐만 아니라 차의 온도를 오랫동안 유지하는데도 더 효과적이기 때문이다.

그들은 차이를 마시면서 하루의 생활을 시작하고 차이를 마신 후 잠자리에 든다. 차이는 터키사람들과는 분리될 수 없는 중요한 문화의 한 부분이다. 차를 끓이는 주전자 모양은 한국의 주전자와 비슷하지만, 이층으로 되어 있다. 아래층에는 물을 끓이고 위층에는 물을 약간 섞은 농도가 진한 차이를 끓인다. 그래서 접대하는 손님의 기호에 맞추어서 연한 차이를 만들기도 하고 진한 차이를 만들기도 한다.

터키 사람들이 만나는 곳에는 언제나 차이가 있다. 처음 만나는 사람에게 먼저 차이를 권한다. 심지어 일부 지방에서는 손님에게 차이를 대접했을 경우에 마시지 않는 것은 마치 인사를 받지 않은 것으로 간주되기도 한다. 터키인들은 보통 하루에 3-5회 정도 차이를 마신다고 한다. 찻잔에 차이가 다 없어지기도 전에 다시 채워 놓는다. 차이를 더 이상 원하지 않을 경우에는 차 스푼을 반대로 눕혀서 찻잔 위에 올려놓으면 된다.

(2) 카흐베(Kahve)[31]

카흐베는 차이 다음으로 터키인들이 즐겨 마시는 음료이다. 카흐베는 터키어로 커피라는 의미로 카흐베는 오스만 제국 당시 1555년 시리아 상인들에 의해서 전해지게 되었다. 오스만 제국의 술탄들도 터키 카흐베를 즐겨 마셨다고 한다.

---

30) http://cafe.daum.net/bellyqueenjh/Fa51/

31) 상게서.

왕궁에서는 카흐베를 의식에 따라 궁녀들이 준비하여 술탄에게 드려졌다고 한다.

터키 카흐베가 대중화 되면서 시중에는 '카흐베하네'라는 터키식 커피집이 생기게 되었다. 이슬람 문화속에서 당시에 여인들은 바깥 출입이 자유롭지 못했으므로 주로 남자들이 카흐베하네에 드나들었다. 카흐베하네는 단순한 커피집이 아니라, 중요한 사회적 장소가 되었다. 오늘날에도 커흐베하네는 여유시간을 보내는 남자들의 중요한 사회적 장소로 이어지고 있다.

터키 카흐베는 알 커피를 미세한 분말로 갈아 설탕과 함께 끓인다. 커피를 끓인 다음에는 설탕을 넣지 않는다. 터키 카흐베를 끓이는 특이한 모양의 주전자를 제스베(Cezve)라고 부른다. 손님들은 커피를 다 마신 후에 커피 잔을 받침 위에 엎어놓는다. 그러면 주인은 흘러서 생긴 흔적을 가지고 손님들의 운세를 말해주는 흥미 있는 관습이 있다

(3) 와인

오스만 제국 시대부터 생산되어 현재 세계 각국으로 수출되고 있는 터키산 포도주는 지역에 따라 약간 차이가 있지만 약34종의 다양한 종류로 시판되고 있다. 돌루자(Doluca)와 카박클르데레(Kavaklidere)등의 유명한 포도주 상표가 있다.

(4) 기타 음료

① 살렙(Salep): 난초 향을 첨가하여 끓인 우유로 감기치료에도 효과적일 뿐만 아니라 맛이 상당히 좋은 음료로 알려져 있다.

② 보자(Boza): 보리 혹은 옥수수를 발효시켜 만든 걸죽한 음료로 시나몬을 첨가해서 구운 병아리콩과 함께 먹으면 더욱 그 맛이 좋다. 겨울 밤, 터키의 길거리 가판대에서도 흔히 볼 수 있다.

③ 라키(Laki): '사자의 젖'이라고 불리는 라키는 아니스(Anis) 열매향이 나는 터키의 토속주로 라키에다 물을 타면 우유 빛으로 변하게 된다. 전채인 메제(Meze)를 곁들여 먹는 라키는 일반적으로 얼음을 넣어 차게 해서 마시는데, 보통 한 사람에게 적당한 양은 2잔-4잔 정도라고 한다.

(5) 터키의 디저트 문화

한국인들은 디저트를 그리 자주 먹는 것 같지 않지만 터키인들은 식사를 마친 뒤 꼭 디저트를 먹는다. 그만큼 터키인들은 디저트를 매우 중요하게 여긴다. 즉 터키인들은 수프, 샐러드, 메인디쉬(Main Dish)를 먹은 다음 차와 함께 디저트를 먹기 때문에 터키에는 디저트 문화가 매우 발달되어 있다.

이러한 터키의 디저트 문화는 예전 오스만 투르크 시절부터 이어져 온 것이다. 오스만 투르크 시절부터 터키인들은 아기가 태어난 집을 방문할 때, 먼 곳을 찾아갈 때, 아이가 할례를 받을 때 등등 특별한 날에 특별한 디저트를 만들어서 선물하고 대접하고 나눠먹었다. 터키의 디저트를 소개하면 다음과 같다.

① 헬바

밀가루 기름, 설탕, 우유로 만듭니다. 먼저 불 위에 냄비를 올려놓고 냄비에 기름과 밀가루를 함께 넣어 젓다가 설탕과 우유 혹은 물을 넣어 끓이면 된다. 헬바는 장례식 때 문상객들에게 대접하는 음식이기 때문에, 터키 사람들은 어떤 사람이 죽을 고비를 넘겼을 때 '하마터면 헬바 먹을 뻔했네.'하고 말한다.

② 아슈레(asure)

'아슈레(asure)' 역시 터키의 대표적인 디저트이다. 아슈레는 이집트콩, 흰색 강남콩, 밀, 설탕, 말린 살구, 말린 무화과, 호두, 건포도, 계피, 카네이션씨방, 생강, 소금, 기타 양념들을 넣어 수프처럼 끓인 푸딩(Pudding)의 일종이다. 이 음식은 특별한 행사가 있을 때 만들어 먹는 것으로, 단식월인 라마단 기간 한 달 뒤 일 주일 동안 아슈레를 먹는 기간이 따로 있다. 아슈레의 유래에 얽힌 재미있는 전설이 있다. '노아의 방주' 이야기에서 노아네 가족들이 대홍수를 피해 방주 안에서 지낼 때 가지고 있던 식량들을 이것저것 한데 섞어 만들어 먹은 것이 바로 이 아슈레라고 한다. 이 때문에 아슈레를 영어로는 'Noah's pudding'이라고 부른다.

③ 바클라바(Baklava)

터키의 디저트를 언급할 때 '바클라바(Baklava)'를 빼놓고 지나갈 수 없다. 바클라바는 패스트리 반죽에 호두, 파스타치오 등의 견과류, 설탕 시럽 등을 얹어 만드는 아주 달콤한 과자이다. 라마단 명절, 희생절 등의 명절 때는 반드시 바클라바를 준비한다. 또한 생일잔치, 집들이 잔치에 초대되어 갈 때도 손님들은 바클라바를 가지고 가며 가정에 따라서는 아들을 군대에 보낼 때 아들 손에 바클라바 보따리를 들려주기도 한다. 바클라바를 만들기 위해서는 패스트리 반죽을 준비하는 게 큰일인데, 오늘날에는 가게에서 손쉽게 반죽을 구입할 수 있지만 옛날에는 온 동네 여자들이 다 함께 모여서 만들었다고 한다. 터키에는 우유를 넣어 만든 디저트가 많은 것 또한 특징이다.

④ 무할레비(Muhallebi)

무할레비는 쌀가루와 우유로 만든 푸딩의 일종이다. 무할레비를 만들어 파는 가게를 무할레비지라고 하는데, 지금처럼 카페도 없고 이성교제 및 데이트가 자유롭지 못했던 옛날에는 무할레비지가 젊은 연인들의 데이트 장소로 자주 이용되었다고 한다. 하지만 카페, 제과점, 패스트푸드 점이 넘쳐나는 오늘날에는 무할레비지를 발견하기가 쉽지 않다.

⑤ 타욱괴우수(Tavukgogsu)

'타욱괴우수'를 직역하면 '닭가슴'이란 뜻인데 주재료는 닭가슴살으로 만들지만 메인디쉬가 아닌, 달콤하고 산뜻하게 먹을 수 있는 후식의 일종이다. 터키어로 '귤'은 장미를 뜻하는데 '귤' 라치트르는 귤이 들어간 디저트가 아니라 장미꽃물(Rose Water)이 들어간 디저트이다.

⑥ 귤라치(Gullac)

터키어의 '귤'의 의미는 '장미'를 뜻하는 의미로 '귤라치'는 장미꽃물(Rose Water)이라는 디저트를 말한다. '트르(tir)'의 의미는 한국어로 '~입니다'의 뜻이므로 '귤라치트르'라고 하는 것은 잘못된 표현이다.

지금가지 설명한 무할레비, 수틀라치, 카잔디비, 타욱괴우수, 케스큘, 귤라치 등은 모두 우유가 들어간 디저트들이다.

4. 식사 시 예절 및 습관[32)]

터키인들이 이슬람을 10세기 말부터 집단적으로 이슬람을 받아들이기 시작했지만 아직까지 식사예절에서 이슬람이 요청하는 기도행위는 기록되지 않았고 유목민적 특성은 뚜렷하게 나타나 있다. 유목민이기 때문에 일반적으로 평소에 성인 남성이 관례로 칼을 소지하여 수시로 사용하였지만 식사 중에는 칼을 꺼내 보이는 행위를 금지시켰고 단정히 앉도록 요구했다. 때로는 칼이 위험스러운 행동으로 연장될 수도 있음을 시사하고 있다.

초대 받은 손님이 식사 시 예절은 다음과 같다.

① 어른보다 먼저 음식을 먹어서는 안된다.

② 음식을 먹을 때에는 오른손을 사용해야 한다.

③ 식사 중에는 칼을 꺼내지 말며 단정히 앉아야 한다.

④ 음식을 많이 먹어 배가 부르더라도, 음식을 준비한 가정의 여성이 기뻐할 수 있도록 대접받은 음식은 맛있고 즐겁게 먹어야 한다.

⑤ 음식물은 입에서 잘게 씹어야 하며 뜨거운 음식을 식히려고 입으로 불어서는 안 된다.

또한 손님을 접대하는 방법으로서의 예절은 다음과 같다.

① 손님을 초대하는 집, 밥상과 그릇을 항상 깨끗이 정돈해야 한다.

② 방에 방석을 깔아 두고 먹을 것과 마실 것들은 최상급으로 준비할 뿐만 아니라 맛있고 정갈해야 한다.

③ 다양한 음료가 준비되어야 하며 부족해서도 안 된다.

④ 식사가 끝나면 과일이나 건과물을 대접해야 한다.

여러 가지 면에서 여유가 있다면 손님들에게 선물을 마련하는 것도 손님에게 접대하는 좋은 방법 중의 하나가 될 것이다.

---

32) 11세기 터키 역사가 유스푸 하스 하집의 예절에 관한 기술.

제6절 베트남

1. 지형적 · 사회적 특성33)

베트남은 인도차이나반도의 동쪽에 위치하고 있으며, 북쪽으로는 중국 서쪽으로는 라오스와 캄보디아와 국경을 맞대고 있으며 동쪽과 남쪽은 남중국해와 접해 있다.

베트남 국토의 전체면적은 약33만㎢(한반도의 1.5배)이고 국토의 70%이상이 산지이며 서쪽 쯔엉산맥으로 라오스와 캄보디아북동쪽과 국경을 맞대고 있으며 북쪽은 중국과 접한 산악지대 산악지대 및 홍강 삼각주, 남쪽은 메콩델타의 곡창지대 중부는 쯔엉산맥 동쪽의 좁은 해안선으로 이루어져 있는데 북부의 하노이와 남부의 호치민과의 거리는 1,750km에 이르고 최북단에서 최남단까지의 거리는 무려 2,000km에 달하는 남북으로 길쭉한 국가이며 북쪽 넓은 곳의 거리는 동서 600km, 남쪽은 400km, 중부지역의 좁은 곳은 50km 정도로 남북양쪽은 넓은 곡창지대이고 중간은 좁은 아령같은 모양이다. S자로 긴 해안선은 3,200km에 이르며, 3개국(중국, 라오스, 캄보디아)과의 국경선은 4,510km이다.

북부지방은 주요 도시는 수도인 하노이(Ha Noi)와 홍강하류의 항국도시 하이퐁(Hai Pong)이며 홍강델타(약15,000㎢, 경기도의 1.5배) 중심으로 농업이 발달하였고 중부지방는 다낭(Da Nang)을 훼(Hue)가 주요 도시이며, 쯔엉산맥이 해안 가까이까지 접하여 해안지방의 좁은 지역에 약간의 평야가 있으며 15세기까지 인도의 영향을 받은 남방계 참족들의 참파왕국의 지배하에 있었으나 북쪽에서 내려온 베트남족 들에게 점령당하였다.

남부지방은 호치민을 중심으로 메콩델타(약22,000㎢, 경기도의 2배)등 곡창

---

33) http://cafe.daum.net/tour1005/FWO3/104

지대로 이루어져 있으며, 6세기까지는 푸난(Funan)왕조, 7세기부터는 크메르 왕국의 지배를 받았으나 17세기 중부 으우웬 왕조에 의해 베트남 영토가 된 지역이다.

2. 베트남 식문화의 특성34)

베트남은 역사적으로 오랜 기간 동안 중국의 지배를 받다가 1850년 독립한 이후, 100년간 다시 프랑스의 지배를 받았다. 이런 연유로 베트남 음식 문화는 프랑스와 중국으로부터 많은 영향 을 받았다. 지금은 일상이 되었지만, 젓가락을 사용하거나 속이 깊숙한 후라이팬에 음식을 튀겨 먹는 풍습 등은 중국으로부터, 서구식 빵이나 커피를 마시는 것이 생활화되어 있는 것은 프랑스의 영향이라 할 수 있다.

베트남은 세계 제 2위의 쌀 생산국으로 우리와 같이 쌀이 주식이다. 그러나 베트남의 쌀은 우리나라 쌀과는 달리 찰기라고는 전혀 없는 안남미(알랑미)로, 밥을 지어먹기도 하지만 쌀로 국수를 만들어 먹거나 만두피와 같이 쌈을 빚어 먹기도 한다. 밥을 먹을 때에는 보통 고기나 생선, 야채, 국 등과 같이 먹는다. 고기는 주로 돼지고기와 닭고기를 구이나 조림으로 요리를 해먹으며, 야채는 오이나 상추, 숙주나물과 라우텀(rau thom)이라 부르는 향이 독특한 야채를 생으로 많이 먹는다. 물론 칸(cahn)이라 부르는 국을 같이 곁들이기도 한다.

숟가락과 젓가락을 사용하는 나라는 우리나라와 소수 민족 중에 베트남도 속한다.

① 주식과 부식의 구별이 뚜렷하며, 주식을 쌀로 하고 있다. 우리에게는 베트남의 '퍼(쌀국수)'가 널리 소개 되었다.

② 베트남 사람들은 채소를 매우 많이 먹는다. 특히 쌀로 얇게 종이처럼 만들어 말려 놓은 라이스 페이퍼로 생채소를 싸 먹는다.

③ 베트남의 주된 양념도 장류이다. 그러나 베트남 사람들은 생선을 발효시켜

34) http://cafe.daum.net/wildflowerfood/Cdi5/13

만든 어장인 '누크맘'을 매우 중요한 양념으로 사용한다.

④ 메콩강 하류에 퍼져 있는 남부지역은 베트남 제일의 곡창지대이다. 음식이 맛은 대체적으로 단데, '양념의 주가 되는 '다레'는 앞에서 서술한 누쿠맘에 라임이나 매운 고추가루를 섞어 만든 것이다. 중국식 국수를 만들 때에 국수에 섞는 천연 소다수인 '간수이'가 들어간 노란 면이나 튀김면을 볼 수 있는 것도 남부지역이다. 프랑스, 미국, 타이 요리의 영향을 많이 받았다.

⑤ 중부지역은 그대표적인 요리로 자주 '후에'요리가 등장한다. 후에는 한때 베트남의 수도였기때문에 아직도 그 당시의 격식을 갖춘 궁중요리가 전해 내려오고 있다. 이 지역의 요리중 특징적인 것은 제육과 콩을 찐 요리인 '가너우 도우'와 봉황 모습으로 차려내는 '포옹황 카이비이', 새우튀김인 '카쿠온 치엔돈' 등이 있다.

⑥ 북부지역의 겨울은 점퍼를 입어야 할 정도로 서늘하다 못해 추운 곳이다. 남부보다는 음식이 덜 달고 덜 시면서 간이 약해 담백한 맛이 특징이다. 대표적인 요리로는 가느다란 면과 함께 채소로 싸서 먹는 '깨'에다 돼지고기, 새우, 표고 등을 섞어 튀긴 '넴쿠아베'와 게와 뱀장어를 넣고 볶은 잡채인 '멘쿠우 루웅 사오' 등이 있다.

3. 베트남의 대표음식[35]

1) 퍼(Pho)

베트남을 대표하다 시피하는 가장 일반적인 음식이다. 북부의 하노이에서 주로 애용되던 음식이지만 현재는 베트남 어디서건 쉽게 맛 볼 수 있는 음식이며, 지역마다 약간의 차이를 보인다. 아침, 점심, 저녁에 관계없이 먹을 수 있는 음식으로 라임, 고추, 숙주, 향채 등이 곁들여 나오며, 고추 소스를 입에 맞도록 적당히 넣어서 먹으면 된다. 소고기가 들어간 퍼 보(Pho Bo)와 닭고기가 들어간 퍼 가(Pho Ga)가 있으며 한 그릇에 10,000동 정도 한다. 중부 지방은 후에는 매

35) www.travelrain.com

콤한 분 보 후에(Bun Bo Hue)가 유명하며, 메콩델타의 미토 (My Tho)지역은 후 띠에우(Hu Tieu)란 국수로 유명하다.

2) 고이 꾸온(Goi Cuon)

우리가 흔히 말하는 월남쌈이다. 쌀로 만든 얇은 라이스 페이퍼(Rice Paper)에 야채와 고기를 넣어 김밥처럼 말아서 만든 간편한 음식으로 닭고기, 새우, 향채, 부추 등이 들어간다. 양념 소스인 타레 또는 간장 같은 느음막에 찍어 먹는다.

3) 짜조(Cha Gio)

고이꾸온과 비슷하지만 기름에 튀겨져 있다. 스프링 롤(Spring Roll) 이란 영어 메뉴로 익히 알려진 베트남을 대표하는 음식으로 고기, 야채, 양파, 새우, 향채 등을 넣는다. 전통적으로 중요한 가족 행사나 텟(Tet)같은 설날에 사용되던 음식으로 현재는 레스토랑에서 쉽게 찾아 볼 수 있다. 북부에선 넴 잔(Nem Ran)으로 불리며 달콤한 맛이 나는 칠리 소스인 느윽 짬(Nuoc Cham)에 찍어 먹는다.

4) 반 꾸온(Banh Cuon)

고이꾸온과 비슷하지만 물에 쪄서 맛이 더 부드럽다. 고기, 야채, 향채 등 음식 재료는 동일하며 아침에 즐겨 먹는다.

5) 반 쎄오(Banh Xeo)

베트남 팬케익으로 바삭하게 씹히는 맛이 좋다. 다진 고기, 숙주, 야채, 해산물 등 음식에 쓰이는 재료는 큰 차이가 없지만 쌀가루에 넣고 구운 음식이다.

6) 고이 응오 센(Goi Ngo Sen)

매콤, 시콤한 베트남식 샐러드로 새우, 고기, 야채, 연꽃줄기, 레몬그라스 등을 버물여 땅콩을 위에 살짝 얹는다. 향이 그다지 강하지 않으면서 독특한 베트남 음식을 맛 볼 수 있다.

7) 분(Bun)

국수처럼 생겼지만 국수보다 가는 면발로 분 로이(Bun Loi), 분 맘(Bun Mam), 분 라(Bun La), 분 뎀 짬(Bun Dem Tran)등으로 불린다. 버미셀리(Rice Vermicelli) 라고 영어로 표기되어 있으며 분과 함께 닭고기, 돼지고기 등과 함께 먹는데 고기와 분을 함께 양념에 찍어 먹는다. 베트남 음식 중 인기 있는 메뉴이다.

8) 껌(Com)

베트남도 다른 아시아 국가와 마찬가지로 쌀이 주식이다. 쌀을 뜻하는 껌 Com은 소고기, 닭고기, 새우 등과 함께 간단하게 식사를 할 수 있으며 껌 보 Com Bo -소고기 덮밥, 껌 까리 가(Com Ca Ri Ga -닭고기 카레 덥밥), 껌 땀(Com Tam -새우 덥밥), 이런 식으로 메뉴가 붙어 있다. 서민 음식점인 껌빈잔(Com Binh Dan)에서 다양한 껌 요리를 저렴하게 즐길 수 있다.

9) 반미(Banh Mi)

바게뜨 빵으로 껌과 더불어 가장 일반적이고 저렴한 음식이다. 오믈렛, 치즈, 고기 등을 넣어 샌드위치처럼 즐겨 먹는다.

10) 까페(Ca Phe)

커피가 직접 생산되는 베트남의 커피 맛은 진하면서 구수하다. 커피 한잔을 시켜도 유리컵 위에 알루미늄으로 만든 필터를 올려놓고 커피가 걸러지길 기다렸다가 커피를 마셔야하며 차가운 커피를 시키면 얼음이 든 컵을 별도로 준다. 뜨거운 커피는 까페 농(Ca Phe Nong), 차가운 커피는 까페 다(Ca Phe Da), 우유가 들어간 차가운 커피는 까페 쓰어 다(Ca Phe Sua Da)라고 주문하면 된다.

11) 비아(Bia)

베트남 맥주는 지역별로 다양한 이름으로 판매되고 있어 절대적인 우위를 차지하는 상표가 없다. 사이공 비어, 후에 비어, 다낭 비어, 하노이 비어 같은 지역 이름을 딴 맥주와 333(바바바) 맥주가 있으며 필리핀 맥주인 산 미구엘(San Miguel)과 호주 맥주인 포스터 (Foster)도 판매된다. 병맥주, 캔맥주는 물론이고 생맥주인 비아 허이(Bia Hoi) 에도 얼음을 넣어 마시는 모습이 보편적이다.

4. 베트남의 음료

열대과일이 풍부한 나라답게 저렴한 과일주스를 즐길 수 있다. 콜라를 포함한 탄산음료도 흔하게 볼 수 있으며 구아과, 리체 같은 과일 주스도 캔으로 판매한다. 음식 또는 커피에 딸려 나오는 짜다(Tra Da)는 전통차인 느윽짜(Nuoc Cha)에 어름을 넣은 것으로 보리차 맛이 난다. 사탕수수 즙인 느윽 미아(Nuoc Mia)는 거리에서 자주 볼 수 있으며, 제리와 콩을 코코넛에 담은 디저트용 음료들도 있다.

5. 베트남의 과일

망고스틴(Mangosteen), 망꿋(Mang Cut)은 겉보기에 맛있어 보이지 않지만 열대과일의 여왕으로 불릴 만큼 맛이 좋다. 밤색의 두꺼운 껍질을 까면 하얀색의 과일이 나오며 단맛이 난다. 도깨비 방망이처럼 생긴 이상한 모양을 한 두리안(Durian), 써우 리엥(Sau Rieng)은 껍질을 벗기면 노란색의 과일이 나온다. 냄새가 지독해 선뜻 먹기에 꺼려지는 과일이지만 한번 맛을 들이면 중독처럼 그 맛에 매료된다. 과일의 왕이라고 부른다. 멍게처럼 생긴 빨간색의 밤 크기의 과일인 람부탄(Rambutan), 쫌쫌(Chom Chom)도 생긴 것과는 달리 먹을 만한 과일이다. 베트남에서 불리는 과일 이름은 코코넛(Trai Dua), 짜이 즈어, 망고 짜이 쏘아이(Trai Xoai), 바나나, 꾸어이(Trai Chuoi), 파파야, 두두(Du Du), 오렌지, 깜(Cam), 수박, 즈어 하우(Dua Hau) , 파인애플, 즈어(Dua)로 영어와 다르다.

6. 식사 시 예절

① 숟가락과 젓가락을 사용하는 나라는 우리나라와 소수 민족 중에 베트남도 속한다. 베트남인들은 긴 젓가락만 사용해서 밥을 먹는데 한 끼에 보통 성인 남자가 먹는 양이 3~4그릇이다. 젓가락만 사용하다 보니 밥그릇을 들고 먹어야 하며 국물은 마시기도 한다.

② 육류나 기타 음식들은 식사 중에 자르는 것이 아니라 이미 요리 과정에서 잘려지므로 식탁에서 포크는 필요 없다. 대신 이들은 식탁에서 질그릇과 숟가락 그리고 나무 상아나 은으로 된 젓가락을 사용한다.

③ 베트남인들의 식습관은 공동생활의 특징을 잘 나타내 주고 있다. 그들은 여러 사람이 같이 먹을 수 있도록 음식을 커다란 그릇에 담아 식탁 위에 놓고 공동으로 먹는다. 밥통에서 각자 자신의 조그만 밥그릇에 밥을 퍼 담은 후 밥그릇을 입가에 갖다 대고 젓가락으로 밥을 입 안으로 밀어 넣는다.

④ 따라서 밥그릇은 항상 손바닥위에 올려놓게 된다. 젓가락은 육류 생선 또는 야채를 집어서 밥 위에 올려 놓는데도 쓰인다. 반면 숟가락은 국을 먹는 데만 쓰인다.

⑤ 밥을 다 먹으면 젓가락을 밥그릇 위에 가지런히 얹어 놓는다. 밥그릇에 아직 밥이 있을 때 젓가락을 밥에 꽂아 두는 것은 매우 불쾌하게 여긴다. 이것은 전통적으로 불교 신도들이 죽은 사람에게 바치는 공물을 상징하기 때문 이다.

⑥ 가끔 사람들에 따라 자신이 먹던 젓가락으로 음식을 집어서 상대방 밥그릇에 얹어주는 경우가 있는데 이는 상대방에 대한 친절의 표시다. 고급 음식

점에서는 음식을 주문하면 중국 식당에서처럼 하나씩 가져다준다. 베트남인들은 중국인들과 마찬가지로 식탁에 앉아서 음식을 먹는다. 식탁 위에 숟가락을 놓을 때는 반드시 엎어 놓아야 한다.

⑦ 베트남인들은 찬물을 거의 마시지 않는다. 물론 물이 좋지 않아서 그런 이유도 있지만 전통적으로 뜨거운 차를 마시는 것을 좋아한다. 때문에 집집마다 조그만 찻잔과 찻주전자가 있으며 항상 뜨거운 물에 차를 넣고 빨리 식지 않도록 잘 보관한다.

⑧ 차는 조금씩 음미하면서 마셔야지 한꺼번에 벌컥벌컥 마시는 것은 교양이 없는 것으로 간주된다. 찻잔이 비게 되면 상대방의 찻잔에 차를 채워주지만 특별한 차도는 없다. 차를 마시는 것이 일상화 되어 있기 때문이다.

⑨ 과거 베트남 사람들은 찻상을 벽에 붙여 놓고 벽을 보지 않는 3면에 각각 한 사람씩 앉아 차를 마셨다. 또한 찻주전자를 커다란 찻잔으로 대신했다. 이 큰 찻잔의 차를 세 사람의 찻잔에 따라 마셨는데 중국 사람들은 이러한 베트남인들의 차 마시는 모습을 "응우엄"이라고 불렀다.

⑩ 술을 마실 때도 이들은 커다란 항아리에서 뜬 것을 각자의 그릇에 나누어 마신다. 많은 사람이 모여서 술을 마실 때는 여덟 사람씩 무리를 짓는다. "술은 네 명 차는 세 명 그리고 아편은 두 명이 마셔라"는 속담이 이런 관습을 잘 드러내 준다.

⑪ 술을 마실 때 베트남인들은 상대방에게 술잔을 돌리는 법이 없다. 하지만 맥주나 순한 술을 즐기는 베트남인들은 상대방의 잔을 비지 않게 계속 채워주는 것을 잊지 않는다.

제3장 유 럽

제1절 프랑스

1. 프랑스 지형적·사회적 특성

공식 이름은 프랑스 공화국(French Republic/République Française)이며 수도는 파리이다. 북동쪽으로 룩셈부르크·벨기에, 북서쪽으로 영국 해협, 서쪽으로 대서양과 비스케이 만, 남쪽으로 스페인·안도라·지중해, 동쪽으로 이탈리아·스위스·독일과 맞닿아 있고, 지중해의 코르시카 섬을 포함한다.

1) 지형

프랑스의 국토는 3대 지질지역, 즉 헤르시니아 산과 들(아르덴 고원, 보주 산맥, 마시프상트랄, 아르모리캥)을 이루는 고기산맥의 잔구지역, 북부와 서부의 평야지역(파리 분지, 루아르 평야, 아키텐 분지, 알자스 평야), 남부와 남동부의 보다 높은 신기 습곡산맥지역(피레네·쥐라·알프스 산맥들과 인접한 손 평야와 론 평야 포함)으로 대별될 수 있다. 헤르시니아 산괴(山塊)들 가운데 가장 큰 마시프상트랄은 면적이 약 9만 1,000㎢이고, 퓌드상시(1,886m)에서 최고 높이를 이룬다. 저지들은 해발 300m 이하이며 전국토의 2/3를 차지한다. 마시프상트랄의 북쪽과 북서쪽에 자리잡은 파리 분지에는 센 강과 그 지류들이 흐른다. 450km 이상에 걸쳐 뻗어 있는 피레네 산맥은 프랑스와 스페인의 자연 국경을 이룬다. 스위스까지 이어지는 쥐라 산맥은 습곡된 석회암들로 이루어져 있으며, 최고봉은 프랑스에 있는 네주 산(해발 1,723m)이다. 프랑스령 알프스는 제3~4기까지 계속된 일련의 습곡작용으로 형성되었으며, 최고봉은 몽블랑으로 해발 4,807m에 달한다. 이 신기 산맥들 사이에는 남쪽으로 론 강 삼각주까지 뻗은 손 평야와 론 평야가 있다. 삼각주의 서쪽에는 랑그도크 해안평야가 단조롭게 펼쳐져 있고, 동쪽에는 프랑스령 리비에라로 국제적인 명성을 얻고 있는 휴양지대인 코트다쥐르 지역이 있다. 프랑스의 하계(河系)는 북동부에 있는 보주 대산괴(大山塊)의 남쪽 부분으로부터 남부에 있는 마시프상트랄까지 뻗어 있는 주분수계(主分水界)에 의해 결정된다. 이 분수계에서 센 강과 루아르 강을 포함하여 서쪽으로 흐르는 하천의 대부분이 발원한다.

2) 기후

프랑스는 대체로 대서양·지중해·대륙의 영향이 결합된 온대기후를 보인다. 겨울은 산지와 북동부의 알자스 지방을 제외하고는 대체로 온화하다. 북서부는 기온의 월교차가 적어 브레스트에서는 1월 평균기온이 6℃, 7월 평균기온이 16℃이다. 이곳은 습도가 매우 높지만 연강우량 900㎜로 적당한 편이며, 세찬 바람이 빈번하게 부는 것이 특징이다. 파리 분지는 해양성과 대륙성의 혼합기후를 나타낸다. 파리의 연평균기온은 11℃이고, 연평균강우량은 약 585㎜이다. 남동부의 지중해성 기후는 온난한 겨울, 강우량이 많은 봄·가을, 건조한 여름, 미스트랄이라고 하는 맹렬한 북풍을 특징으로 한다. 지중해 연안에 있는 니스는 1월 평균기온이 8℃이고, 불과 2, 3일밖에 서리가 내리지 않는다. 연평균강우량은 국토의 대부분에서 760~1,000㎜에 이르며, 산지에서는 1,500㎜ 이상, 때로는 2,000㎜에 이른다.

3) 식생

식생은 생물지리학상 전북구(全北區)와 지중해 지역으로 나뉜다. 프랑스의 대부분은 전북구 식물지리구에 속하며, 이는 다시 3개 지역으로 나뉜다. 파리 분지대부분을 포함하는 서프랑스에서는 참나무·밤나무·소나무·자작나무가 수목의 주류를 이룬다. 전북구 제2의 식물구인 동프랑스의 식생은 중유럽형에 가까워 노르웨이단풍나무·자작나무·유럽졸참나무·잎갈나무 등이 흔하다. 3번째로 고산지대의 경우 고도가 낮은 곳은 자작나무 숲으로 덮여 있고, 높이 올라갈수록 젓나무와 산소나무(Mountain Pine)가 많아진다. 수목한계선 위로는 제대로 자라지 못한 나무와 목초지가 있다. 한편 또 다른 식물구는 지중해성기후대 안에 있는데, 이곳에서는 여름에 가뭄으로 인해 구근식물은 죽고, 건생식물이 잘 자란다.

2. 프랑스 식문화

1) 프랑스 음식의 배경

(1) 프랑스 음식의 지리적 배경

프랑스는 지중해와 대서양을 접하고 있어 기후가 온화하여 농산물, 축산물, 수산물이 풍부하며 세계 5위 수준의 밀과 그 외에 보리, 귀리, 옥수수, 쌀 , 담배 등이 많이 생산된다. 특히 포도는 북부를 제외한 전 지역에서 생산되어 질적으로나 양적으로 세계 제일의 포도를 자랑한다. 프랑스는 격조 높은 테이블 문화가 특징이라 할 수 있는데 이는 금은 세공, 도자기, 섬유 예술을 크게 발전시키는 계기가 되기도 하였으며 격식을 갖춘 식사 예절 매너도 프랑스 요리를 고급 요리로 만드는데 한 몫 하였다.

(2) 프랑스 요리의 역사적 배경

① 프랑스 요리의 발달 계기

㉠ 고대 로마 요리의 영향을 받아서 전쟁과 역경과 기근이 계속된 중세에는 프랑스 요리의 원형이라고 할 만한 것은 수도원이나 승원의 피난처를 찾았다가 그 암흑시대가 사라지자 요리는 승려의 손을 떠나 그 지방 특유의 요리로 발전하게 되었다.

㉡ 이탈리아 카트린 메디치의 앙리 2세에게로의 출가로 인한 이탈리아 요리의 전수를 받아, 이탈리아의 조리사에게서 프랑스 궁중의 요리사가 배웠고, 다시 파리에 요리 학교가 생겨 많은 요리사가 양성되었다.

㉢ 미각이 발달된 프랑스인, 항상 더운 지역과 비교적 광대하고 비옥한 토지에서 생산되는 풍부한 재료와 해산물, 요리에서 없어서는 안 될 좋은 술, 경제적 여유 등의 요인. 프랑스 요리가 세계 2대 요리로 발달하는 계기가 되었다.

㉣ 프랑스 혁명 후 전문 요리사들의 생계유지수단으로 레스토랑을 운영. 이것이 발달의 계기가 되어 오늘에 이르렀다.

2) 프랑스 음식 문화

프랑스를 자칭 '예술의 나라', 요리의 나라' 라고 불리며 요리에 대해서는 세계 최고라고 자부한다. 프랑스인은 하루에 세 번의 식사를 하는데 아침식사는 영국인과 같이 크로와상이나 버터와 잼을 곁들인 프렌치 빵과 뜨거운 우유, 또는 뜨거운 쵸콜릿을 넣은 진한 커피로 간단한 아침을 먹는다. 이러한 프랑스의 아침식사를 미국에서는 컨티넨탈 조식(Contienetal Breakfast)이라 부른다.

프랑스의 국토에는 산이 거의 업는 편이다. 평야와 강 그리고 3일에 한번정도 비가 내리며 가을의 햇빛이 내려쬐는 일조량 등은 신이 내려준 축복이 아닐 수 없다. 유럽에서는 러시아 다음으로 큰 국토와 풍부한 자연조건, 많은 이웃나라의 각 각 다른 문화권을 접하고 있기 때문에 요리의 조리법이 다양하고 풍부함을 느낄 수 있다. 프랑스인의 국민성은 아시아의 일본인의 습성과 사뭇 흡사하다. 즉, 남의 문화나 요리 등을 모방하여 응용하는 프랑스인의 문화와 음식으로 더 멋있고, 훌륭하게 만든다.

프랑스의 역사를 보면 먹는 것에 대한 집착이 매우 강하고, 탐닉하는 생활태도가 기술되어 있는 것을 보아 프랑스의 조상들은 식도락가 이였을 것으로 추측된다. 프랑스인들은 가계부의 23%정도가 식음료비에 소용된다고 하는 것이 그들의 선조들이 식도락가 이었다는 것을 입증하는 것이다.

3. 식문화의 특징

1) 프랑스 음식문화의 일반적 특징

(1) 이탈리아로부터 전해진 프랑스 음식

이탈리아 메디치가의 왕녀가 프랑스인과 결혼하여 이탈리아의 요리법을 프랑스에 전해주어 이후 프랑스요리가 발달했다. 이때부터 사치가 극도에 다다른 귀족주의 문화가 의·식·주 모두에 전승되면서 프랑스 문화는 발전에 발전을 거듭하게 되었다. 그러므로 서유럽의 음식문화는 중세를 거쳐 르네상스 시기까지 음식문화의 최첨단을 걸었던 이탈리아와 그 이후에 주도권을 잡아왔던 프랑스를 중심으로 이루어졌다고 볼 수 있다.[1)]

(2) 맛과 함께 시각적 효과도 중시

프랑스인들은 음식의 시각적인 효과를 매우 중요시 하였다. 과거에는 음식의 양이 많고 여러 각지 식품을 한꺼번에 넣어 서로 잘 어우러진 음식을 선호하였으나 20세기 중엽부터 시작된 누벨 뀌진의 영향으로 시각적인 면을 부각시키기 위해 음식의 색과 모양에 신경을 쓰고, 제공하는 음식의 양도 많이 적어지게 되었다.[2)]

쉬어가기 에스코피어

죠르쥬-오귀스뜨 에스코피에(George-August Escoffier)는 부르죠아 요리를 체계화시킨 거장들이다. 변호사로서 프랑스 최고 재판소의 멤버였던 브리이아 사바렝은 '맛의 생리학'을 써서 미식에 대한 개념을 정리하였다. 에스코피에가 성악가인 넬리 멜바를 위해 만든 디저트가 바로 피치 멜바(Peche Melba)로, 전 세계의 수많은 요리사들이 아직도 자신의 디저트 메뉴에 가장 먼저 넣고 싶어 하는 레시피이다. 에스코피에는 프랑스의 명예를 떨친 공로를 인정받아 정부로부터 레지

1) 전게서, 구난숙외, p.115.
2) 전게서, 김숙희외, p.286.

용도뇌 훈장을 받았다. 이 풍성하고 부르죠아적인 요리는 영양학에 정통한 '누벨 뀌진:Nouvelle Cuisine'이 나타나기 전인 1970대까지 계속되었다.

많은 미식가들과 요리사들이 나타나 프랑스 요리사에 기여하였던 19세기를 지나, 20세기가 되면서 드디어 현대 프랑스 요리의 창시자인 오귀스트 에스코피에(Auguist Escoffier)가 나타난다. 프로방스 출신의 이 요리사는 그때까지의 프랑스 요리를 체계적으로 정리한 요리사의 위대한 인물이다. 현재 우리가 레스토랑에서 쓰고 있는 주방시스템을 창시하고, 부분화 되어있던 레스토랑의 운영을 통합·조정하여 운영하도록 시도하였다. 러시아식 서빙방식을 도입하여 현재의 음식 서브순서를 정하고, 주문지를 3장으로 만들어 주방, 웨이터, 케셔에게 각각 1장씩 가는 방식을 고안한 것도 그였다. 에스코피에는 1920년 국가로 부터 그 공로를 인정받아 레지용도뇌르 훈장을 받음으로 해서 조리사의 사회적 지위를 높이는데도 기여하였다. 1966년 그의 집은 조리예술박물관으로 지정되었으며, 오늘날까지 그의 조리법은 요리업계의 표본이 되고 있다.

(3) 소스의 다양함

프랑스요리에서 가장 어렵고 정성이 많이 들면서 음식 맛의 기본을 이루는 것이 마리네이트이다. 길게는 일주일에서 그 이상씩도 푹 끓여 만든다. 주재료는 육류나 어류·채소류이며, 여기에 향신료 등의 여러 가지 재료를 어우러지게 넣고 푹 고아낸 스톡을 기본으로 하여 만들어진다.

흰색의 수프 스톡은 생선·송아지고기·닭고기 등으로 만들며, 갈색의 수프 스톡은 쇠고기나 송아지고기 등으로 만든다. 고기뿐 아니라 고기의 뼈도 이용하고, 여기에 양파·샐러리· 당근과 부케가르니를 넣어 고아 만든다.

쉬어가기 부케가르니

여러 가지 향풀을 묶어 놓은 것으로서 요리의 향을 돋우는 재료로, 주로 월계수잎·마조람·로즈마리·타임 등을 사용한다. 수프의 종류에 따라 쓰는 향풀의 종류도 달라진다. 요즈음은 티백 형태로 이미 만들어져, 손쉽게 사용할 수 있다. 일종의 '향신료 다발'이라고 할 수 있다.

(4) 타국 문화 수용한 음식문화 발달

프랑스인들은 유럽의 다른 어떤 나라보다도 외국의 문물에 대하여 긍정적으로 받아들였다. 음식도 마찬가지로 16, 17세기의 경제적 부흥기에 많아졌던 식민지들에게서 많은 식품과 음식의 조립법을 도입하여 오늘에 이르렀다.[3)]

(5) 식품의 다양성

한국과 마찬가지로 3면이 바다와 산지로 둘러싸여 있으면서 중앙부에 넓은 평원을 가지고 있어 농업·낙농업·어업·축산업 등이 각 각 발달하여 여러 식품을 생산해 다양한 식품을 사용하고 있다.

(6) 식사 시간의 중요성

프랑스사람들은 식사시간을 매우 중요하게 생각한다. 보통 공식적인 점심 시간은 12시부터 14시까지 2시간 정도이다. 점심식사로는 직장에서 나오는 단체급식을 받아 먹는데 일반적으로 전식, 메인디쉬, 치즈, 디저트, 샐러드 등과 음료가 제공된다. 요즈음은 시간에 쫓겨 많은 사람들이 점심을 간단한 샌드위치나 일품요리 정도로 하는 식사가 많아지게 되었다.

(7) 간단한 아침식사

크루아상 한두 개와 요즈음 한국에서도 젊은 사람들에게도 인기 있는 '카페오레'로 끝내는 정도로 프랑스인의 아침식사는 간단하다.

(8) Wine, 빵, 치즈 육류가공품 등의 특산품 발달

전 세계적으로 유명한 프랑스식품은 매우 다양하며, Wine과 치즈가 대표적이다. 이유는 생산 조건 면에서 우위가 있는 것이 아니라 생산과 마케팅 분야에서 관리를 잘 하는 프랑스인의 조직성을 보여주는 단면인 것이다.

---

3) 전게서, 구난숙외, p.116.

(9) 식공간의 조화미

프랑스에서 고급요리는 조리기술이나 종류도 특별하지만 그릇의 선택이나 식탁의 조화를 이루는 Table 문화에 많은 비중을 차지하는 것도 특징이라 하겠다. 금은 세공, 도자기, 섬유예술에도 많은 발전이 이루어진 것은 프랑스의 Table문화의 전통으로 인한 결과였다고 할 수 있다.

또한 프랑스요리가 유명하다는 조건에는 요리의 맛이 있기도 하지만, 순서를 갖춘 격식있고 고풍있는 식사 예의가 한 몫을 차지하고 있다는 것이며, 오후 저녁식사초대에 나오는 메뉴 가 8-10정도의 코스가 되며, 3-4시간이 소요된다.[4)]

2) 지방 음식의 특징

(1) 일 드 프랑스(Ile de France)

일 드 프랑스는 파리의 중앙이며 파리를 둘러싸고 있는 지역을 포함하는 역사적으로 유서깊은 지역이다. 다양성을 갖는 자연경관이 이 지역의 매력이며 많은 육상교통로와 하천교통로들이 교차하는 4거리로서의 위치가 파리의 번영을 가져다 주었다.

파리는 요리백화점이라 할 수 있을 만큼 음식이 다양하다. 파리는 지역특성에 맞게 여러 도시 특산물을 가지고 특산물을 가지고 요리를 할 때가 있다. 뽀따쥬 크래시(Patage Crecy), 오말드 알라메르씨 깐 딱드오 쁠랑(Homard Al'americaine Tarte au Flan) 등이 유명하며, 파리에서 발명된 음식에는 베샤멜 소스(Bechamel Sauce), 생토노르(Saint Honore), 크림 썅틸리(Creme Chantilly) 등이 있다.

(2) 리옹(Lyon)

리옹은 옛날 로마제국의 골(Gaule) 지방(현재의 프랑스) 수도였으며, 지중해와 파리분지를 연결하는 남북간 하천교통로와 스위스·이탈리아로 통하는 육상

---

4) 박금순외, 전계서, p.165.

교통로의 교차점에 위치함으로써 그 당시부터 국제상업 도시였다.

이 지방은 일 드 프랑스와 함께 프랑스의 미식이론의 중심지로 알려져 있다. 리옹 주변에 있는 보졸레와 부르고뉴의 포도주가 유명하며, 이곳의 또 하나의 유명한 것으로 음식의 중요한 재료로 사용되는 버섯을 예로 들 수 있다. 이 버섯은 볶는다 든가 크림을 넣어 요리하는 것이 특징이다.

기존의 전통적인 프랑스 음식을 대표하는 현존하는 세계 최고의 요리사인 폴 보큐즈(Paul Boccuse)의 리용식 음식은 버터를 많이 이용하는 편이다. 우리가 생각하는 프랑스 음식의 대부분은 리용식이라고 생각해도 좋을 것 같다. 리용식은 아무래도 한국 사람들에게는 조금은 느끼한 맛을 주는 듯하다. 이것은 프랑스 음식점이 한국에서 대중적이지 못한 이유 중의 하나라고 생각된다. 또한 버섯과 돼지고기도 빼놓을 수 없으며, 소의 위막으로 아주 맛있는 요리를 만드는데 그 이름은 따블리에 드 샤푀르이며 달단소스, 베아른 소스를 끼얹어 철판에 구워 먹는다. 또한 뷔뉴라는 음식이 있는데 이는 리옹의 유명한 후식 중의 하나인 튀기 요리로 알려져 있으며, 아카시아와 야생딸기의 꽃을 넣어 만들며 머랭그 감자요리로는 리오네 감자가 유명하고 전통 요리로는 소시지가 있다.

쉬어가기 머랭그(Meringue)

설탕과 계란흰자로 만든 크림과자이다.

(3) 노르망디(Normandie)

북유럽인들이 10세기경 스칸디나비아로부터 내려와 이곳에 정착한 후 그들의 이름을 따서 명명했다. 노르망디 지방은 2개의 자연지역, 즉 파리분지의 서부와 아르모리칸 고원의 북부지역으로 구성된다. 부르타뉴와 마찬가지로 노르망디에서 인기 있는 음료수인 사과 주(酒)는 수많은 요리의 기본재료로 사용된다. 모든 증류주와 마찬가지로 칼바도스는 식사를 끝낼 때 음용하며, 르 트루 노르망디라 부르는 술이 있는데, 이는 식욕을 더욱 돋우기 위해 식사 중간에 마시는 음료이다.

(4) 알자스

오래전부터 전통적으로 곡물과 채소를 재배하는 광대한 평양, 포도가 잘 자라는 토질과 과수원, 생선이 많이 서식하는 작은 강 등의 여건들은 오늘의 알자스가 풍요한 요리의 본 고장이 되는 계기가 되었다. 알자스 전통수프는 수프 아 비에르(Soup a la biere), 고기요리는

노아제트 드 아브리엘 생 유베르(Noisettes de Havreil Saint-Hubert)등이 있다. 알자스지방의 디저트는 아주 다양하며, 그 중 쿠게로프(Kugelhopf)라는 왕관 모양의 빵(과자)은 알자스 상징물 중의 하나이다. 와인(Wine)으로는 화이트와인(White Wine)이 유명하고, 음료수는 맥주와 여러 종류의 브랜디(Brandy) 외에 Liqueur(혼성주)인 체리브랜디(Cherry Brandy)등 각종 과실주가 있다.

(5) 브르따뉴(Breta)[5)]

브류따뉴는 타 지방에 비해 자체 내의 고유한 요리법이 더 발달했다. 그리고 해산물이 풍부하여 멸치에서부터 가자미 대구, 도미, 가오리, 참치 등이 쿠르부용(Court -Bouillon)으로, 튀김으로 또는 철판에 굽거나 그라땡(Gratin) 등으로 요리된다. 갑각류 이외에도 굴, 섭조개, 대합, 성게 등이 있다. 경단고둥, 작은 새우, 게, 가리비 등은 잘 익혀서 먹는다. 연어, 곤들메기, 뱀장어, 새끼뱀장어, 송어 등외에 최근에는 바다송어도 많이 잡는데, 이것은 살이 통통하고 분홍빛을 띠고 있다. 브르따뉴의 육지는 무엇보다도 목축지라고 할 수 있다. 새끼양이 많고, 프레살레(Presale)가 유명하다. 풍부한 목초지에서 양고기와 돼지고기를 생산하며, 이것은 소시지, 순대, 파테(Pat)등을 만드는데 주로 쓰이며, 이 지방의 낭트에서는 버터와 소금으로 간한 돼지고기 요리가 있다. 과일로는 프루 가스텔(Plou Gastel)의 딸기를 빼놓을 수 없으며 이는 리큐르(Liqueur:혼성주)의 기본재료로 사용된다.

---

5) http://www.kissthecake.co.kr

쉬어가기

- 쿠르부용(court -bouillon): 포도주와 후추로 만든 소스를 친 생선요리를 말한다.
- 그라땡(gratin): 빵가루를 입혀 구운 요리이다.
- 프레살레(Presale): 해변에서 기른 양고기이다.
- 혼성주(Liqueur): 과일이나 곡류를 발효시킨 주정을 기초로 한 증류주에 정제한 설탕으로 감미를 더하고 약초류, 향료 등 초근목피의 침출물로 향미를 배합하고 착색류를 첨가하여 만든 술이다.

(6) 랑그도끄(Languedoc)

랑그도끄는 요리의 기본재료로 올리브가 사용이 되고, 과일・채소・새끼염소・암양・갑각류 등이 긴요하게 쓰인다. 또한 이 지역에는 많은 종류의 가지와 긴 호박이 많으며, 주요 생산품인 마늘에 바질리끄 삐스뚜 수프를 만드는데 바질리끄는 꿀풀과의 박하 비슷한 것으로서, 토마토샐러드, 고기, 채소를 잘게 썰어 만든 요리에 맛을 내주는 식물이다.

메스클랭(Meschlin)을 맛볼 수 있으며 이 메스클랭(Meschlin)은 다른 맛이 나는 13가지 샐러드를 혼합한 것으로, 그 중 가장 훌륭한 것은 길고 가는 잎 전나무는 전지역에서 재배되며 잣을 공급해 주고 후식으로 사용되는'피뉼라'라는 잣 크루와쌍을 만드는데 이용된다.

쉬어가기 메스클랭(Meschlin)

이탈리아에서 전해진 것으로 라틴어 Mesclare에서 온 단어이며 '혼합하다'라는 의미이다.

(7) 리옹(Lyon)

리옹은 프랑스의 제2의 도시라 할 수 있다. 두개의 강을 양 옆에 끼고 발전한 프랑스 제 2의 도시 리옹(Lyon). 마르세이유와 제 2의 도시를 두고 재미있는 경쟁을 하는 곳이기도 하다. 트라볼(Traboules)이라는 집들 사이의 작은 길들이 여행자에게 소박한 정감을 준다. 또한, 르네상스 시대의 흔적이 풍부한 구시가지와 최신의 화려한 상점들이나 명성 있는 레스토랑 및 카페가 밀집한 신시가. 프랑스 미식이론의 중심지로 여겨진다.

4. 대표음식과 와인

1) 대표음식

보통 일반인 들이 '프랑스'라고 하면 무엇이 떠오를까? 여러 가지의 답변이 나올 것이다. 그 중에서도 프랑스가 각종 화려한 음식들과 와인(Wine)유명하게 된 것은 다름이 아닌 미각이 발달된 민족, 지중해와 대서양을 접하고 있는 온화한 기후와 비옥한 토지에서 생산되는 풍부한 농산물, 축산물, 수산물, 요리에 필수적인 좋은 술과 경제적인 풍요라는 각종의 이유 때문일 것이다. 프랑스 음식에 대해 알아보면 다음과 같다.

(1) 에스카르고(Escargot:달팽이) 요리[6)]

달팽이 요리는 원래 자연산이 많았다. 그러나 세월이 흐름에 따라 수요가 많아짐에 따라 요즈음은 식용으로 키운 큰 식용 달팽이를 사용하여 만드는 경우가 많다. 달팽이 요리는 달팽이를 데쳐서 껍질 속에 넣고 마늘과 파슬리로 향을 낸 버터를 입구에 듬뿍 얹어 오븐에 구워낸 것으로 차가운 백포도주와 함께 먹으며, 고단백의 식품으로 노약자에게 좋은 식품으로 알려져 있는 요리이다. 4-6월이 제철이지만, 어느 레스토랑에서나 1년 내내 보편적인 전채요리로 나온다.

(2) 푸와그라(Foie Gras: 거위간)

푸아그라는 크리스마스와 새해 초에 프랑스에서 먹는 음식으로 세계 3대 진미

---

6) 전게서, 김숙희외, 296.

즉, 송로버섯(트리프), 철갑상어(캐비어)와 함께 사람들에게 사랑을 받는 음식 중의 하나를 차지한다. 거위를 운동시키지 않고 사육시켜 거위의 간을 불에 익혔다가 차갑게 식히는 방법으로 조리한다. 부드럽고 입에서 녹는 맛이 일품이며 다른 재료와 함께 섞어 파테나 테린으로 만들어 먹거나 그대로 구워 먹는다.

(3) 스테이크 사토브리앙(Château Briand)

샤토브리앙은 소에서 가장 고급 고기부위인 안심 중에서도 가장 부드러운 부분을 말한다. 프랑스에서는 스테이크를 구울 때 아주 살짝만 익혀서 가운데는 붉은색을 띄는 정도로 해서 부드러운 고기 맛을 그대로 즐긴다. 스테이크는 대개 매콤한 프랑스 디종지방의 겨자와 함께 먹는다. 스테이크에는 곡류나 채소를 곁들이며, 프랜치 프라이(French Fry)로 알려져 있는 감자튀김을 곧 잘 곁들여 먹는다.

(4) 와인(Wine)[7]

와인은 프랑스 각 지역에서 생산되는데 지역에 따라 맛, 색깔, 향기 등이 다르다. 크게 적포도주와 백포도주로 나눠지는데, 백포도주는 차게 해서 생선요리와, 적포도주는 상온(常溫)에서 육류요리와 함께 마신다. 그 이유는 백포도주의 산미가 생선의 맛과 조화가 잘 되고, 적포도의 탄닌이 육류의 기름기와 짙은 맛을 잘 조절해 주기 때문이다. 와인을 마실 때는 먼저 와인 잔을 눈높이까지 들어 올려 색을 확인하고 그 다음으로 잔을 흔들어 향을 맡은 후, 입 앞부분에 와인을 조금씩 넣고 천천히 공기와 함께 들이마셔 맛을 음미 하는 것이 좋다.

(5) 빵[8]

프랑스의 식탁에서 빵은 빼놓을 수 없는 음식이다. 식사를 할 때 여러음식과 함께 빵을 먹는다. 아침식사가 아니면 바게뜨와 시골빵과 같은 담백한 빵을 곁들이고, 아침식사에서는 이들 빵에 버터나 잼을 발라 먹거나 크로와쌍을 까페오레

---

7) http://www.cjfood.com/nutrizone/info_08.asp
8) 상게서.

(Cafe au lait)에 담가 먹으며, 빵 가게는 보통 새벽 2~3시부터 빵을 준비하고 프랑스의 주부들은 아침에 일어나자마자 빵가게로 가서 바게트나 크루아상을 사 오는 것이 하루의 일과의 시작이라고 할 정도로 빵은 프랑스사람들의 생활 일부가 된 셈이다. 우리에게 친숙한 바게트는 프랑스의 주식이라고 할 수 있는데, 글루텐 성분이 많은 강력분과 이스트, 소금으로 만들어진 겉은 바삭하고 속은 부드럽고 쫀득쫀득한 빵으로 바게트 1개의 중량은 250g 으로 엄격히 정해져 있다. 크로와상은 밀가루 이스트 소금으로 반죽하고 사이사이에 지방층을 형성시켜 발효시킨 일종의 페이스트리로 버터를 이용해 만든 초승달형과 마가린이나 쇼트닝으로 만든 유선형이 있다. 프랑스의 빵은 구워낸 후 8 시간 이내에 먹는 것이 가장 맛있고, 밀폐된 포장지에 넣지 않아야 한다. 그렇게 해야 빵의 바삭한 질감을 그대로 즐길 수 있다.

(6) 치즈[9)]

프랑스에는 많은 종류의 치즈가 있는데 약 400여 종 이상으로 각 각의 치이즈 종류마다 독특한 맛과 향을 지니고 있다. 지방(脂肪)의 함량이 많을수록 고소하고 부드러우며, 단백질의 함량이 많으면 빽빽한 느낌이 강하다. 프랑스의 치즈는 생치즈로서 살균이 되지 않았기 때문에 톡 쏘는 치즈 고유의 맛이 강하다. 프랑스 사람들은 식사가 끝나면 치즈를 즐긴다. 많은 양이 아니라 몇 가지 종류의 치즈를 쟁반 위에 놓고 구미에 맞추어 한 두 조각씩 뜯어 빵과 같이 먹는다. 또한 샌드위치나 혹은 샐러드에 그대로 넣어 먹거자 감자, 흰살생선, 마카로니, 콜리플라워, 양송이 버섯 등을 화이트 소스와 섞어 놓은 위에 얹어 오븐에 구워서 녹여 먹는다. 이 음식을 '그라탱'이라고 한다. 프랑스의 대표적인 치즈는 다음과 같다.

① 카망베르(Camembert)

대표적인 맛의 치즈로서 흰곰팡이를 접종시켜 숙성시킨 치즈로, 보통 10-12 ㎝, 두께 2-3㎝ 정도의 원판 형태를 띄고 있으며 치즈 표면에는 부드러운 펠트지

---

9) 전게서, 구난숙외, 156-158.

와 같은 흰곰팡이가 덮여있지만 치즈 전체를 먹을 수 있으니 모두 먹어도 상관없다. 치즈 가운데를 눌러보아 말랑말랑하면 오래되지 않은 것임을 알 수 있다.

② 로크포르(Roque Fort)

강한 냄새를 내는 치즈 중 가장 잘 알려진 것으로 양젖에 푸른 곰팡이를 접종하여 만든 것이다. 몇 몇 군데 푸른곰팡이가 피어있는 것이 보이며 톡 쏘는 맛을 가지므로 처음 치즈를 접한 사람은 먹기가 좀 힘들다.

③ 염소치즈

염소치즈는 단어의 본 뜻에서 나타나듯 염소의 젓을 원료로 만든 치즈로서 원통형이나 피라미드형이며 겉에 곰팡이 흔적이 보이기도 한다. 염소젖 냄새, 곰팡이 냄새, 밀짚 냄새가 날 수 있고 조직은 부드럽고 점착성(粘着性)이 있어 끈끈함을 느낄 수 있다.

④ 브리(Brie)

브리는 지방 함량이 많아 매우 부드러워 치이즈 중에 가장 순한 치즈 중의 하나로 알려져 있다. 대개 큰 원반의 일부를 조각낸 형태로 유통된다.

⑤ 에멘탈(emmental)

치즈의 크기가 가장 큰 것으로 유명하며 원산지는 스위스이다. 원반형으로 만들어지며 내부 조직은 조금 거칠고 건조하며 가스공이 형성되어 있다. 스위스의 '퐁뒤'에 사용된다.

쉬어가기 퐁뒤

둥근 신선로 같은 곳에 치즈를 올리고 약한 불에 올려서 녹이고 작은 식빵 조각을 찍어먹는다.

⑥ 고우다(Gauda)

순한 맛을 갖고 내부조직은 조금 거칠고 단단하며, 원산지는 네덜란드이다.

(7) 캐비어(Caviar)[10]

캐비어는 소금에 절인 철갑상어알로서 멜바토 스트나 블리니에 캐비어를 얹고, 레몬 등을 뿌려서 먹는다.

(8) 뫼니에르(Meuniere)[11]

가자미에 밀가루와 버터를 발라 구운 요리로, 살이 부드럽고 담백한 가자미를 구운 요리로 버터소스, 레몬과 함께 먹는 요리이다.

(9) 명절음식[12]

프랑스인들은 크리스마스에 흰 소시지와 프와그라, 칠면조, 양고기, 서고하 등을 먹는다. 후식으로는 '크리스마스의 장작'이라는 뜻의 뷔슈(Bûche de Noël)를 먹는다. 예수의 탄생을 기리는 주현절(Fête des Rois)에는 각 지역에 따라 약간의 차이는 있으나 보통 아몬드 크림을 넣은 갈레트(Galette)를 먹는다. 이 갈레트 안에는 작은 조형물을 넣어, 입안에 이 조형물이 나오면 주인공에게 왕관을 씌워준다.

2) 프랑스 와인(French Wine)

(1) 프랑스 와인의 개요

프랑스에는 지방마다 유명한 포도주가 생산되는데 산지에 따라 빛깔이나 맛, 향기 등이 다르고 그 종류 또한 굉장히 많다. 보르도는 세계가 인정하는 프랑스 최고의 적포도주 산지로 유명한 지망이며 부르고뉴는 보르도의 부드러운 맛에 비해 강한 맛이 나는 적포도주가 특색이라 할 수 있다. 따라서 레스토랑에서 와인을 주문할 경우에는 하우스 와인을 주문하면 별 무리가 없으며 보통 1/4L단위로 주문하면 되는데 주문 시 프로필 항목을 참고로 가격을 고려하여 선택하면 된다.

---

10) 전게서, 박금순외, 167.
11) 상게서.
12) 전게서, 구난숙외, 161.

보통 생선요리에는 백포도주가 육류 요리에는 적포도주가 어울리며 식사하는 사람의 수가 적으면 한 가지의 포도주를 끝까지 마시는 것도 좋은 방법이라 할 수 있다.

1935년 프랑스 정부는 비도덕적인 와인(Wine) 생산업자를 규제하기 위해 (Appellation d'Origine Contrilee: A.O.C법으로 약칭) 우수한 와인은 원산지 호칭을 부여함으로써 그 품질을 국가가 보증하고 있다.

① A.O.C.-아빨라시옹 도리진 꽁트롤레(Appellation d'Origine Contrilee)

원산지 통제명칭으로 포도의 품종, 와인 제조방법, 알코올 함유량, 포도나무 심는 법, 가지치기, 관할구역, 숙성조건 등을 다루고 있어 가장 좋은(최상급) 와인의 등급을 규제하는 법이다.

② V.D.Q.S.-뱅델리미떼 드깔리떼 쉬빼리에(Vin Delimitde Qualite Superieur)

우수한 품질의 와인이라는 뜻으로 A.O.C. 와인(Wine)보다는 못하지만 좋은 품질의 와인이다.

③ 뱅드빼이(Vin de Pays)

뱅드빼이 규정항목은 포도품종, 알콜 도수, 양조법 등을 규제한다. 생산지역 와인으로 1973년 정부령에서 제정되어, 프랑스 와인 품질상 제3급 와인으로 분류되며 라벨에는 산지명과 지주 보증마크가 기재되어 있어 각 지방 특유의 특성을 갖고 있다. 알콜 도수는 8.5%이상이 되어야 하며 반드시 와인협회로부터 지주(地酒)로서의 규격에 합격해야 뱅드 빼이 등급이 될 수 있는데, 불합격품은 다음에 나오는 뱅드 따블(Vin de Table)와인으로 판매한다.

④ 뱅드따블(Vin de Table)

특정한 법률에 의한 통제 없이 양조된 와인을 주류 판매자들이 임의로 구입하여 자기들의 기술에 의해 블랜딩(Blending)하여 제품화한 후 자사의 상표를 붙여 판매하는 와인으로 9.5%이상의 알콜 도수를 유지해야 하며 의무적으로 그 도수를 병에 표기해야 하며 원산지 무기명 와인이다.

(2) 프랑스 와인(France Wine) 등급과 Label 읽는 법

PRODUCT DE FRANCE 생산국가

심볼마크

와인명 CHATEAU GISCOURS

GRANDCRU CLASSE En 1855 그랑크뤼 크라세

MARGOUX 생산지

A.O.C. 원산지 통제명칭

1978 빈티지

APPELLATION MARGOUX CONTROLEE

Negocian de abraham Lafit–Rothschild

포도원소유자의 이름과 주소　　포도원에서 병입

용량　750ml MIS EX BOUTEILLES AU CHATEAU

(3) 프랑스 각 지역별 와인생산[13)]

① 보르도(Bordeaux) 지역

프랑스 제2의 도시이며, 혜택받은 자연환경에서 육성된 여러 가지 포도를 조합하여 질, 양 모든 측면에서 세계 최고의 우수한 와인을 생산하는 가장 넓은 지역이다. 보르도 지방은 남쪽에서 북으로 흐르는 가론느 강과 내륙에서 서쪽으로 흐르는 도르도뉴(Dordogne)강이 만나서 지롱드(Gironde)만을 이룬 곳으로 프랑스 와인 생산의 1/4을 차지하고 있다.

보르도는 지질과 지형의 변화가 다양하고 토질은 진흙, 자갈, 모래들이 섞인 아주 훌륭한 토질로서 포도재배지로 적당하며 보르도 지방의 와인은 장기 숙성을 요하며, 섬세한 풍미와 향기로 인하여 와인의 여왕으로 호칭 받기도 한다. 레드 와인은 선명한 홍색으로 특히 영국에서 애칭으로 끌라렛(Claret)이라고 한다.

화이트 와인은 이 지방의 전체 비율에서 약 30% 정도이고, 쏘테르네 지역의 화이트 와인은 스위트하며, 드라이한 와인도 타지방에 비하여 결코 뒤지지 않는다.

---

13) 강대훈, 주장경영실무론, 현학사, pp.91-105.

보르도 지방의 5개 지구가 유명한데, 각 지구에서는 꼬뮨(Commune)으로 불리는 여러 개의 촌이 있다. 그 지명은 메독(Medoc), 그라브(Graves), 생떼 에밀리옹(St－Emillion), 뽀메롤(Pomerol), 소테르네(Sauternes)가 있다.

보르도 지방의 와인은 크게 샤또(Chăteau)와인과 네고시앙(Negociant; Shipper Wine)와인으로 구분되는데 샤또는 포도원 소유자가 자기의 포도원에서 재배한 포도를 발효 양조하여 포도원의 이름과 주소를 기재하여 와인의 전 생산과정을 그 샤또가 보증한다는 의미이고, 네고시앙 와인은 자기의 포도원을 소유하지 않은 주상(酒商-술을 판매하는 업자)들이 아직 숙성되지 않은 와인을 여러 포도원으로부터 구입하여 자기의 독창적 기술로 블랜딩 한 후 병에 넣어 지하창고에 저장, 보관했다가 자기의 이름 또는 상사의 이름을 병의 라벨에 표기하여 출고하는 와인이다.

대표적인 네고시앙(Negociant)은 깔베(Calvet), 에쉔아우어(Eschenauer), 들로(Delor), 지네스떼(Ginestet), 바르똥 게스띠에(Barton&Guestier; B&G), 메종 시쉘(Maison Sichel), 꼬르디에(Cordier), 질베이 드 루덴느(Gilbey de Loudenne) 등이 있다.

자기 소유의 포도원을 가지고 있어 원내에서 양조한 와인을 그 곳 창고에서 병입하지 않고 시중의 창고에 운반하여 그 곳에서 숙성한 후 블랜딩하는 와인도 있다.

㉠ 메독(Medoc) 지구

메독의 지역명칭은 라틴어의 Medio Aguae(Between the Water)로서 물과 물 사이를 의미한다. 즉 지롱드 강과 대서양 사이에 메독 지역이 위치하고 있음을 뜻한다. 메독 지역은 지롱드 강 하구의 좌안 띠 모양으로 펼쳐져 있으며, 메독(Medoc)은 하류의 바 메독(Bas-Medoc)과 상류의 오 메독(Haut-Medoc)으로 분리되며 대부분의 명주가 오 메독에서 생산된다. 오 메독은 다시 28개의 동으로 나누어지는데, 이것을 꼬뮌(Commune)이라고 한다.

메독 지구의 토질은 모래와 자갈로 덮여 있고 구토, 석회암 점토가 있어 지력이 약하지만 배수가 잘되어 포도가 자라는데 매우 적합하다.

오 메독(Haut-Medoc)의 6대 와인 산지는 쌩떼 에스떼쁘(Saint-Estephe), 뽀약(Pauillac), 쌩떼 줄리앙(Saint-Julien), 마고(margaux), 물리(Moulis), 리스트락(Listrac)으로 구분할 수 있다.

· 쌩떼 에스떼쁘(Saint-Estephe) 구역

이 지역의 와인은 메독의 와인 중에서 탄닌의 함유량이 가장 많아서 향기가 강하고 섬세함은 부족하지만 뚜렷한 특성을 지닌 우아한 와인이다. 다른 지역에 비하면 토양에 점토질이 많고 토질이 약간 무겁기 때문에 와인의 색조가 약간 진하고 과실이 농축된 방향을 가진 묵직한 맛(Full Bodied)의 와인이 많이 생산된다.

초기에는 떫은맛도 강하지만 숙성 후에는 끌라렛 와인 중에서도 좋은 와인이 되며, 쌩떼 에스떼프의 유명한 와인을 나열하면 다음과 같다.

2등급 와인은 샤또 꼬 데스 뚜르넬(Ch덭eau Cos d'Estournel), 샤또 몽토로즈((Chăteau Montrose), 3등급 와인은 샤또 깔롱 쎄귀르(Chăteau Calon Segur), 4등급 샤또 라퐁 로쎄(Ch덭eau Lafon Rochet), 5등급 샤또 꼬 라보리(Chăteau Cos Labory) 등이 생산된다.

· 뽀약(Pauillac) 구역

보르도 지방에서 최고급 레드 와인을 생산하며, 뽀약을 흔히 메독의 왕이라고 한다. 이는 뽀약에 위대하고 명예로운 포도원들이 많이 존재하고 있기 때문이다. 뽀약은 메독의 5개 초특급 레드 와인 중 샤또 라피뜨 로췰드(Chăteau Lafite Rothschild), 샤또 라뚜르(Ch덭eau Latour), 샤또 무똥 로췰드(Chăteau Mouton Rothschild) 등 3개의 마을을 보유하고 있기 때문이다.

메독 지구에서 가장 큰 구역으로 감칠맛이 나고 수명이 길고 풍부한 향기와 섬세한 감촉, 아름다운 색깔로 사람들의 마음을 사로잡는 특성이 있다.

뽀약 지역의 유명 와인을 열거하면 다음과 같다.

1등급은 샤또 라뚜르(Chăteau Latour), 샤또 라피뜨 로췰드(Chăteau Lafite Rothschild), 샤또 무똥 로췰드(Chăteau Mouton Rothschild)가 생

산되고, 2등급은 샤또 삐숑 롱그빌 바롱(Chăteau Pichon-Longueville Baron), 샤또 삐숑 롱그빌 꽁뜨스 드 라랑드(Chăteau Pichon-Longueville-Comtess-de Lalande), 3등급 와인은 생산되지 않으며, 4등급 와인으로는 샤또 뒤아르 밀로 로췰드(Chăteau Duhart-Milon-Rothschild), 5등급의 와인은 샤또 뽕데 까데(Chăteau Pontet Canet), 샤또 린쉬 바쥬(Chăteau Lynch Bages), 샤또 바따이(ChăteauBatailley), 샤또 오 바따이(Chăteau Haut Batailley), 샤또 크르와제 바쥬(ChăteauCroizet-Bagesx) 등이 생산된다.

· 쌩떼 줄리앙(Saint-Julien) 구역

쌩떼 줄리앙은 오 메독의 중앙에 위치하고 있으며, 오 메독의 6개의 꼬뮌(Commune) 중에서 가장 작은 지역이다. 쌩떼 줄리앙은 강가에 위치하고 포도재배에 알맞은 자갈 섞인 밭으로 이 곳에서는 레드 와인만을 생산하며, 부드럽고 힘차며 자색을 띤 진 황색 와인이며 해가 갈수록 원숙미가 더해지는 것이 특징이다. 생떼 줄리앙에서 생산되는 유명 와인을 살펴보면 이 지역에서는 1등급 와인은 알려진 것이 없으나 2등급 와인으로 샤또 레오빌 라까즈(ChăteauLeoville Las Cases), 샤또 레오빌 쁘와쁘레(Chăteau Leoville Poyferre), 샤또 레오빌 바르똥(Chăteau Leoville Barton)과 3등급으로는 샤또 라그랑쥬(Chăteau Lagrange), 랑고아 바르똥(Chăteau Langoa-Barton)이 생산된다. 4등급 와인은 주상(酒商)인 꼬르디에(Cordier) 소유의 샤또 딸보(Chăteau Talbot)가 있다.

· 마고(Margaux) 구역

마고는 메독의 남쪽에 위치하고 있다. 마고는 뽀약(Pauillac) 못지 않은 유명한 구역으로 와인의 특징은 부드러운 감촉과 매혹적인 향기의 레드 와인은 보르도 지방에서 가장 섬세한 것으로 알려지고 있다. 메독 지역 중 가장 거친 사력 층과 엷은 토양을 갖고 있어 배수에 좋으며 마고 구역에서 생산되는 유명 와인으로는 다음과 같다.

1등급 와인은 샤또 마고(Chăteau Margaux)가 있고, 2등급 와인은 샤또 로장 쎄글라(Chăteau Rausan-Sagla), 샤또 로장 가씨에(Chăteau Rausan-Gassies), 샤또 라스꽁브(Chăteau Lascombes), 샤또 브란느 깡떼냑(Ch덭eau Barane-Cantenac), 3등급 와인으로는 샤또 팔메(Ch덭eau Palmer), 샤또보이 깡떼냑(Chăteau Boyd-Cantenac), 샤또 깡떼냑 브라운(Chăteau Cantenac-Brown), 샤또 지스꾸르(Chăteau Giscours), 샤또 디쌍(Chăteau d'ssan), 샤또 키르방(Chăteau Kirwan)이 있으며, 4등급 샤또 마르뀌-드-떼르므(Chăteau Marquis de Terme), 샤또 뿌제(Chăteau Pouget), 샤또 프리에레 리씬느(Chăteau Prieure Lichine)가 생산된다. 그리고 5등급의 와인은 샤또 도작(Chăteau Dauzac), 샤또 뒤 떼르트르(Chăteau Du Tertre) 등이 생산된다.

· 물리(Moulis) 구역

물리는 보르도로부터 지롱드 강을 따라 직선으로 뻗어진 도로의 서쪽 내륙에 위치하여 마고(Margaux)와 쌩떼 줄리앙(Saint-Julien) 사이에 위치하고 있으며, 내륙 가까이 있는 마을로 토양이 모래 토질로 향기가 높고 부드러운 와인이 만들어진다. 물리는 등급이 매겨진 포도원은 없고 메독 와인의 장점을 갖춘 와인을 만들어 내고 있다. 물리에서 생산되는 유명 와인은 샤또 샤스 스플렌(Chăteau Chasse Spleen), 샤또 모카이유(Chăteau Maucaillau), 샤또 물리(Chăteau Moulis) 등이 대표적이다.

· 리스트락(Listrac) 구역

물리(Moulis)의 이웃에 있는 마을로 최고 등급(Top Class)은 못되지만 샤또 클라크(Chăteau Clarke), 샤또 칸테그릭(Chăteau Cantegric) 같은 상당히 매력적인 레드 와인을 생산하고 있다.

㉡ 그라브(Graves) 지구

그라브 지역은 보르도 시 남쪽에 위치한 가론느(Garonne)강 내륙으로 자갈과 모래의 경사지를 그라브(Graves)라 칭한다. 그라브의 의미는 자갈이란 뜻으로 레드 와인과 화이트 와인을 생산하고 있는 지역이며, 북부지방에서는 레드 와인(Red Wine), 남부지방에서는 화이트 와인(White Wine)이 생산된다.

레드 와인의 특징은 색깔도 짙고 세련된 향기이고 화이트 와인은 드라이(Dry)한 맛과 남쪽으로 가면서 미듐 드라이(Medium Dry)한데, 드라이(Dry)한 타입이 좋은 것이 많다. 주요 상품명 샤또 오 브리옹(Chăteau Haut Brion), 샤또 라미숑 오 브리옹(Ch덭eau La Mission Haut Brion), 샤또 라뚜 오 브리옹(Chăteau La Tour Haut Brion), 샤또 페랑드(Chăteau Ferrande) 등과 같은 명주가 생산된다.

그라브 지구에서 생산되는 유명 와인은 특등급으로는 샤또 라미숑 오 브리옹(Chăteau La Mission Haut Brion), 샤또 라뚜 오 브리옹(Chăteau La Tour Haut Brion), 샤또 페랑드(Chăteau Ferrande), 빠쁘 끌레망(Chăteau Pape Clement), 샤또 스미스 오 라피뜨(Chăteau Smith-Haut-Lafite), 1등급은 샤또 오 브리옹(Chăteau Haut Brion)이 있다.

ⓒ 쏘떼르네(Sauternes) 지구와 바작(Barsac)

쏘테르네와 바작은 프랑스 최고의 화이트 와인 생산지로 이 지역은 스위트(sweet)한 맛을 내는 와인으로 세계에서 최고로 순한 맛의 화이트 와인이며 이곳 와인과 비교할 만한 와인이 없을 정도이다.

이 지역에서 생산되는 와인은 독특한 자연적인 과정을 거쳐서 만들어진다. 이는 보트뤼티스 씨네레아(Botrytis Cinerea) 곰팡이 기후인데, 이 곰팡이는 익은 포도에 생겨서 껍질을 뚫고 침투하여 뜨거운 태양이 수분을 증발시키고 포도즙을 농축시켜 꿀 같은 향이 나는 스위트 와인을 만들 수 있게 한다. 이 지역에서 와인으로 사용되는 포도 품종은 쎄밀뇽(Semillion)종과 소비뇽(Sauvignon)종인데 포도가 완전히 익을 때 수확을 하기 때문에 포도의 당분이 높고 향기가 높은 와인이 되며 포도를 수확할 때 8~9번 정선(精選)하기 때문에 늦은 9월에 시작해서 12월말까지 노블 로트(Noble Rot)가 생긴 포도 알만을 골라서 따는 것이 특징이다.

노블 노트가 생긴 포도 알만을 골라서 와인을 담그면 아무리 넓은 면적이라도 적은 양의 와인밖에 낼 수 없게 되며, 스위트 와인(Sweet Wine)이 되는 것이다. 샤또급 쏘테르네 와인(Sauternes Wine)은 장수하는 특징이 있으며 다른 화이트 와인과 달라서 10년 세월이 흘러서 훌륭한 와인으로 꽃피며 특히 40~50년 묵은 와인은 시간이 갈수록 향취와 향미가 좋아지면서 차츰 브라운 칼라로 변하면서 단맛도 서서히 감소한다.

쏘테르네 지구에서 생산되는 유명 와인으로는 특등급 와인은 샤또 디껨(Chăteau d'quem)이 있으며, 1등급 와인으로는 라뚜르 블랑쉬 봄(La Tour-Blanche Bommes), 라포리 빼이라게이 봄(Lafaurie-Peyraguey), 끌로 오 빼이라게이 봄(Clos Haut Peyraguey), 라인느 비뇨 봄(Rayne Vigneau Bommes), 쉬디로 프레냑(Suduiraut Preignac), 꾸떼 바작(Coutet Barsac), 끌리망 바작(Climens Barsac), 귀로 쏘테르네(Guiraud Sauternes), 씨갈라 라보 봄(Sigalas Rabaud Bommes), 라보 프로미 봄(Rabaud-Promis Bommes), 리오쌕 쏘테르네(Rieussec Sauternes) 등이 있다. 또한 2등급으로는 디쉬 쏘테르네(d'rche Sauternes), 필로 쏘테르네(Filhot Sauternes), 부로스떼(Broustet), 바작(Barsac) 등이 있다.

㉣ 쌩떼 에밀리옹(Saint-Emillion) 지구

쌩떼 에밀리옹은 레드 와인산지이며 힘찬 남성적 와인의 성격으로 맛이 강하고 색이 진하다. 보르도의 레드 와인 중에서 섬세하고 부드러운 촉감의 와인으로 보르도 중에서 가장 맛이 깊고 진한 와인이 이 지역에서 생산되어 보르도의 부르고뉴라고 한다. 토질은 석회암질 토양으로 포도 품종은 메를로(Merlot)종이 주종이다. 쌩떼 에밀리옹 지구에서 생산되는 유명상표의 와인은 다음과 같다.

1등급은 샤또 슈발 블랑(Chăteau Cheval Blance), 샤또 오존(Chăteau Ausone), 샤또 보세쥬느(Chăteau Beausejour), 샤또 카농(Chăteau Canon)과 같은 명주가 생산되고, 2등급 와인으로는 보세쥬느 베콩(Beausejour-Becot), 보세쥬느(Beausejour) 등이 생산되고 있다.

㉤ 뽀메롤(Pomerol)지구

1923년 쌩떼 에밀리옹(Saint-Emillion) 지구에서 독립한 작은 구역으로 보르도에서 25마일 동쪽으로 도르도뉴강을 끼고 위치하고 있는 세계에서 가장 구석진 곳이라 할 수 있다. 뽀메롤(Pomerol)은 특별히 어느 마을의 이름을 사용하지 않으며 집집마다 가족과 함께 와인을 생산하고 있다. 동쪽으로 쌩떼 에밀리옹(Saint-Emillion)으로 토질은 모래흙과 자갈의 토질로 진흙땅이 대부분이며, 뽀메롤에서 생산되는 와인은 비교적 가벼운 맛을 낸다.

② 부르고뉴(Bourgogne) 지방

원래의 이름은 부르고뉴(Bourgogne)가 정식명칭이나 영어로 지금은 버건디(Burgundy)로 통용되고 있다. 부르고뉴는 보르도와 쌍벽을 이루는 세계적인 와인 생산지로 부르고뉴(Bourgogne)라는 이름은 기원전 5세기경 부르군드 족이 세운 부르군드 왕국의 이름에서 유래한다.

양적으로는 보르도의 절반정도이며, 그 중에서도 2/3정도를 보졸레이 지구의 영 와인이 점유하지만 질적으로 뛰어난 와인을 다수 생상하고 있다. 부르고뉴는 여러 종류의 포도품종을 사용하지 않고 소수의 포도품종으로 와인을 만든다. 그렇기 때문에 와인이 개성이 강하고 맛이 중후하며, 보르도 와인이 와인의 여왕으로 호칭된다면 부르고뉴 와인은 와인의 제왕으로 불리듯이 제왕의 광채가 번뜩인다. 부르고뉴의 주요 포도품종은 삐노 느와(Pinot Noir), 가메(Gamay)종으로 레드 와인을 만들고, 화이트 와인은 샤도네(Chardonnay), 알리고떼(Aligote)종으로 만드는데 화이트 와인이 부르고뉴에서는 특히 유명하다.

프랑스의 수도 파리가 머리라고 한다면 부르고뉴는 배에 해당하고 부르고뉴는 크게 5대의 와인 생산 지역으로 분류되며, 5대 와인 생산지역을 살펴보면 샤블리(Chablis), 꼬도르(Cotes D'or), 꼬뜨 샬로네즈(Cotes Chalonnaise), 마꼬네(Maconnals), 보졸레이(Beaujolois)의 5개 지역으로 나눈다.

쉬어가기 꼬도르(Cotes D'or)

이 지역은 꼬뜨 뉴(Cote De Nuits)와 꼬뜨 본(Cote De Beaune)을 합친 지역으로 분리하여 설명하면 부르고뉴는 6대 와인 산지가 된다.

㉠ 샤블리(Chablis) 지구

샤블리는 용느마을의 거리이름에서 유래하였으며, 부르고뉴 황금의 문으로 칭송된다. 부르고뉴에서 최북단에 위치한 지역으로 계곡마다 갈대밭이 강을 낀 작은 지역으로서 세계적으로 드라이 와인(Dry White Wine)하면 샤블리(Chablis)를 연상할 만큼 유명한 지역이지만 밭의 면적은 작은 편이다(4,700에이커).

포도 품종은 샤블리 무똥네(Chablis Moutonne)종으로 토질은 백악질이며 햇빛을 충분히 모두 받을 수 있는 좋은 지리적 조건이다.

A.O.C법은 샤블리 와인을 4등급으로 구분하여 판매하도록 규정하는데, 특급 그랑 끄루 샤블리(Grand Crus Chablis), 1급 쁘리미어(Premier Crus), 2급 샤블리(Chablis), 쁘띠 샤블리(Petit Chablis)로 분류된다. 그 중에 그랑 끄루 샤블리(Grand Crus Chablis)는 강하고 신맛이 약간 나며 거칠지 않고 섬세하며 미네랄이 풍부하고 아주 부드러운 와인으로 10년쯤 묵히면 골든색이 매우 아름답게 된다. 쁘띠 샤블리(Petit Chablis)는 변두리 밭에서 생산되는 와인으로 값이 싼 와인이지만 좋은 와인이다.

샤블리 지구에서 생산되는 유명 와인은 몇 가지 되지 않는데, 쥬브리 샴발땡(Gevery Chambertin), 쌩떼 조지(Saint Georges)가 있다.

㉡ 꼬도르(Cotes D'or) 지구

이 지역은 부르고뉴에서 제일 큰 와인 생산지역으로 알려져 있으며, 부르고뉴 중부에 위치하여 디종(Dijon)에서 상뜨니(Santeny)까지 길게 포도밭이 연결되어 있다. 꼬뜨뉴와 꼬드본을 합친 지역을 말한다.

· 꼬드 뉴(Cote De Nuits)

부르고뉴 지방의 심장부에 해당하며, 레드 와인이 더 유명하다. 꼬드 뉴의 의미는 황금의 언덕이라는 뜻으로 이 지역에서는 저장하기 좋은 와인을 생산하며 와인이 영 와인일 때는 거칠지만 저장 성숙되면 부드러워져 질 좋은 와인이 된다.

꼬드 뉴의 주요 와인 모쏠트(Meursault), 몽트라쎄(Montrachet), 꼬동 샤르마뉴(Corton Charlemagne) 등 이 3가지 와인은 샤블리, 뿌이 퓌세와 더불어 부르고뉴 화이트 와인의 성가를 높이는 위대한 와인이다. 꼬드 뉴 지구의 유명 와인을 살펴보면 다음과 같다. 쥬브리 샴발땡(Gevery Chambertin), 모레이 쌩떼더니(Morey St-Denis), 플라제-에슈제오(Flagey-Echezeaux), 부조(Vougeot), 보슨 로밍스(Vosne Romance), 뉘쌩떼 죠르쥬(Nuits St-Georges) 등이 있다.

· 꼬드 본(Cote De Beaune)

꼬도르(Cote D'or)의 남쪽에 위치하여 꼬드 뉴가 레드 와인으로 유명하다면 이 지역은 화이트 와인이 더 유명하고 녹색을 띤 황금색으로 유연한 풍미의 부드러운 와인이다.

이 지역의 화이트 와인은 충분한 감칠맛과 풍부한 부케(Bouquet)를 겸비하여 드라이 화이트 와인 중에서는 세계 최고의 평판을 얻고 있다. 꼬드 본 지구에서 생산되는 유명상표 와인을 열거하면 다음과 같다.

레드 와인은 코통(Conton), 포마(Pommard)가 있으며, 화이트 와인은 모쌀트(Meursault), 몽투라쎄(Montrachet) 등이 유명하다.

ⓒ 꼬뜨 샬로네즈(Cotes Chalonnaise)

이 지역은 코드본과 마꼬네 사이에 위치하여 한 때는 부르고뉴 지역에서 잊혀졌던 지역이다. 꼬드 샬로네즈는 레드 와인용으로 삐노 느와(Pinot Noir)가 주 품종이고, 화이트 와인은 삐노 느와(Pinot Noir), 샤도네(Chardonnay), 알리고떼(Aligote)가 주 품종이다.

ⓔ 마꼬네(Maconnais)

마꼬네 지형은 이회암질이며, 화이트 와인을 생산하는 남부는 점토 석회질 토양이다. 또한 과일 풍미의 방향을 지닌 화이트 와인 생산지나 레드 와인과 로제 와인(Rose Wine)도 생산된다.

이 지역에서 제일 유명한 것은 뿌이 퓌쎄(Pouilly Fuisse)인데, 드라이 와인으로 일반적으로 숙성을 거치지 않고 마시나, 10년 이상의 보관 기간을 거쳐도 향기를 잃지 않는 와인으로 알려져 있다.

마꼬네에는 유명한 와인 마을이 있는데, 첫째 뿌이 퓌쎄(Pouilly Fuisse)의 5개 마을인 퓌쎄(Fuisse), 뿌이(Pouilly), 솔리트레(Solutre), 베르자송(Vergission), 샨트레(Chaintre), 둘째 맥콩(Macon)을 중심으로 한 맥콩지구 전체에 A.C는 5개가 있다. 우선 단순한 맥콩(Macon), 알콜도수가 약간 높은 맥콩 수페르에르(Macon Superieur), 그 위에 마을 이름이 붙은 맥콩(Macon)이 있다. 그리고 마을 이름 맥콩에 준하는 맥콩 빌자쥬(Macon Village)가 있다.

셋째는 센 브럼(Sain Veran)을 중심으로 한 마을로 보졸레이 지구 경계에 접하는 8개 마을에서 생산되는 화이트 와인을 칭한다.

ⓓ 보졸레이(Beaujolais)

부르고뉴의 최남단으로 토질은 화강암이며, 보졸레이는 크게 남북으로 지역이 나누어지는데, 고품질의 와인은 북부에 다수가 있다.

포도의 품종은 주로 가메(Gamay)를 사용하며, 와인 생산량도 많고 와인은 신선한 과일 향 밝은 색조 경쾌한 풍미의 와인을 생산한다. 프르티(Fruity)하고 영 와인(Young Wine)이 세계적으로 유명하다.

영 와인은 단명이기 때문에 일부를 제외하고는 수확한 이듬해에 모두 소모한다. 또한 수확한 당해 연도의 11월 3번째 목요일부터 누보 와인이 출하된다. 보졸레이 누보는 전체 보졸레이의 절반 이상을 차지하고 있다.

보졸레이의 유명 와인으로 1등급 와인은 보졸레이에 9개 지역에서 생산되는 끄르 보졸레이(Crus Beaujolais), 쌩떼 아무르(Saint Amour), 쥴리에나(Julienas), 믈랭아 방 슈나(Moulin a Vent Chenas), 슈나(Chenas), 프레리(Flerie), 쉬루블(Chiroubles), 모르공(Morgon), 꼬뜨 드 블루이(C섉e de Brouilly), 블루이(Brouilly)와 2등급 와인은 보졸레이 빌라쥬(Beaujolais Villages), 3등급 와인은 보졸레이 쉬페리에(Beaujolais Superieur), 4등급 와인은 보졸레이(Beaujolais)이다.

③ 꼬뜨 뒤 론(Cote du Rhone) 지방

꼬뜨뒤론의 토질은 화강암으로 부르고뉴 남쪽에 위치하여 비엔느(Vienne)에서 아비뇽까지(Avignon)까지 론(Rhone) 강을 따라서 이어지는 포도밭이다.

약 200km의 길이로 길게 북에서 남으로 포도밭이 있으며 기후와 토질이 남부는 평지가 많은 지역적 특성과 북부는 낮은 구릉지대의 특성을 지니고 있어서 조금씩 다르기 때문에 재배되는 포도품종도 13가지나 된다.

이것을 조합해서 각기 다른 타입의 레드, 로제, 화이트 와인을 생산한다. 화이트 와인은 북부에서 많이 생산되고 남부에서는 소량생산 되는데, 가볍고 알콜 도수가 높지 않다.

레드 와인은 탄닌 물질이 풍부하고 태양의 자손이라고 부른다. 와인의 색깔이 짙으며, 알콜 도수가 기후와 풍토, 포도의 품종에 의해서 다른 와인보다 좀 높다.

이 중에서 유명한 와인은 레드 와인의 경우 북부에서는 시라종을 주원료로 하여 농후한 색과 풍부한 맛을 자랑하는 꼬드로띠에와 에레미타쥬가 있고 남부에서는 그레나체종을 중심으로 하여 여러가지 품종을 혼합하여 만든 강건한 느낌의 샤또 느프두파프가 있다. 남부의 따벨 지구는 로제 와인으로 유명한데 드라이하면서도 조화로운 풍미와 감칠맛이 있어서 프랑스 가정의 테이블에 자주 등장하는 와인으로 알려져 있다.

④ 알사스(Alsace) 지방

이 지역은 프랑스이면서 와인은 독일의 성격을 지녔다고 할 수 있다. 알사스 지방은 독일과 접경지역으로 프랑스와 독일간에 서로 영토를 차지했었기 때문에 독일식 언어를 사용하기도 하지만 와인은 독일인과는 정서적으로 다르다. 이곳 알사스는 여러 가지 독특한 요리(음식)가 있는데 이 지역에서 생산되는 와인이 아주 조화가 잘 된다.

와인의 이름은 마을이나 포도밭의 이름을 사용하지 않고 포도품종의 이름을 사용하므로 A.O.C와인은 아펠라숑 알사스 꽁트롤레(Appellation Alsace Contr솟값)로 단일화 되어있다.

독일와인은 당도를 중요시 하지만 이곳 알사스 와인은 부케(Bouquet)와 알콜 농도를 중요시 하는 것이 특징이다.

포도품종은 리슬링(Riesling), 질바너(Sylvaner), 트라미너(Traminer), 게바츠트라미너(Gewazrtaminer), 뮈스까데(Muscadet) 등을 사용한다.

알사스의 유명와인은 리슬링 드 리쿠비르(Riesling de Riquewihr), 게뷔르츠 프라미네트 드 리쿠비르(Gewrztraminar de Riquewihr), 질바너 휴겔(Sylvaner Hugel), 뮈스까데(Muscadet) 등이 생산된다.

⑤ 르와르(Val de Loire) 지방

뮈스까데 종은 부르고뉴 지방의 무룡종을 이식한 것으로 신선한 와인을 즐길 수 있는 와인으로 화이트 와인 보졸레이라고 불리며, 2~3년 내에 모두 마시는 것이 좋다.

르와르느 다양한 토양과 기후를 가진 르와르 강의 제방을 따라서 4개의 주요 와인산지가 형성되어 있다. 르와르 지방은 페이낭트(Pays Nantais)지구, 앙주와 소뫼르 지구(Anjou&Saumur), 뚜렌(Touraine) 지구와 중앙 포도재배지역(Central Vineyards)으로 분류된다.

르와르 와인 중에서 최고의 와인은 뿌이 퓌메(Pouilly Fume)로 마꼬네의 뿌이 퓌세(Pouilly Fuisse)와 혼동하는 경우가 있는데, 뿌이 퓌메는 소비뇽 블랑(Sauvignon Blanc)종 포도로 만들고 뿌이 퓌세는 샤도네종으로 만든다.

㉠ 페이낭트(Pays Nantais) 지구

뮈스까데(Muscadet)종으로 만들어지는 쓴맛, 화이트 와인 산지로 포도품종이 와인명이 되었다.

뮈스까데종은 부르고뉴 지방의 무룡종을 이식한 것인데 낭트(Nantais)지구로 오자 뛰어난 와인을 낳게 되었다. 뮈스까데 종은 신선한(Fresh) 점을 즐길 수 있는 와인으로 화이트 와인(White Wine) 보졸레이라고 불리며 2~3년 내에 모두 마시는 것이 좋다.

㉡ 앙주와 소뮈르(Anjou&Saumur) 지구

앙주(Anjou) 지구는 까베르네 소비뇽종으로부터 제조된 약간의 스위트한 로제 와인이 유명하며, 소뮈르 지구(Saumur)는 병내 2차 발효에 의하여 발포성 와인을 주로 만든다. 그리고 양질의 화이트 와인도 생산하며, 쏘테르네(Sauternes) 타입의 스위트 타입이다.

㉢ 뚜렌(Touraine) 지구

뚜렌(Touraine) 지구는 이 지역에서 가장 오래된 포도산지로 그 역사는 로마 시대까지 거슬러 올라간다.

㉣ 중앙 포도재배지역(Central Vineyards)

중앙 프랑스 지역에서는 주로 화이트 와인이 생산되는데, 그 중에서 소비뇽 블랑종을 주원료로 만든 쌍세르(Sancerre)와 뿌이 퓌메 (Pouilly Fume)는 향기가 뛰어난 드라이 와인이다. 이 뿌이 퓌메는 루이 16세의 왕비인 마리 앙뜨와네뜨가 가장 즐겨 마셨다고 하여 유명하다.

⑥ 꼬뜨 드 프로방스(Cote de Provence) 지방

프로방스 지방은 프랑스 재배지역 중에서 가장 오래된 역사를 차지하고 있다. 그 기원은 지중해 연안에 자리 잡았던 최초의 그리스 식민지 시대이다.

프로방스 지방의 와인은 햇빛을 많이 받게 하기 위해서 포도알이 영글 때 포도나무 잎을 쳐준다.

프로방스의 유명 와인 산지 꼬뜨 드 프로방스(Cote de Provence), 빨레드(Palette), 까씨스(Cassic), 방돌(Bandol), 꼬또 댁 상 프로방스(Coteaux d'Aix en Provence), 레 보-드 프로방스(Les Baux-de Provence) 등이 있다.

5. 식사예절 및 식 습관[14)]

1) 초대한 측의 예의

① 프랑스에서는 식탁을 거실이나 따로 마련된 식당에 놓는다. 부엌에 있는 가족끼리 식사하는 식탁에서는 손님을 접대하지 않는다.

② 식탁에는 반드시 식탁보를 깔끔하게 깐다.

③ 식기는 접시를 중심으로 왼쪽에 포크, 오른쪽에는 칼, 앞쪽에는 찻숟가락을 놓는다. 그 앞쪽에는 잔들을 놓는데, 일반적으로 물잔이 가장 크고, 화이트와인 글라스(White Wine Glass), 레드와인 글라스(Red Wine Glass)의 순서이다. 그러나 와인(Wine)종류에 따라 와인 글라스(Wine Glass)가 물잔 보다도 큰 경우도 있다.

2) 초대를 받은 측의 예의

① 초대를 받는다는 것은 초대자의 호감을 표현하는 것인 만큼 특별한 이유가 없으면 거절할 필요가 없다. 더 중요한 것은 한번 수락을 했으면 절대로 취소해서는 안 된다.

② 초대되지 않은 동반자를 데리고 가는 일은 큰 실례이니 주의해야 한다.

③ 초대자가 명시하지 않은 한 아이들은 초대되지 않았다고 생각하는 것이 옳다. 유아의 경우는 데리고 갈 수 있으나 미리 우유를 충분히 먹여 식사시간에 너무 신경을 쓰지 않도록 하는 것이 중요하다.

④ 초대 장소에 정해진 시간보다 일찍 가지 않는데 이것은 주인이 손님 맞을 준비를 하는데 방해하지 않기 위한 배려이다.

⑤ 초대받은 모임의 성격에 걸 맞는 의상을 해야한다.

⑥ 초대자에게 감사의 표시를 꽃이나, 와인(Wine), 화초 등의 가벼운 선물을

---

14) 전게서, 구난숙외, pp.163-166.

하고 선물은 호스티스(Hostess:안주인)에게 드린다. 미리 이야기 된 것이 아니면 음식물은 피하는 것이 좋고 과자나 케이크도 중복되지 않도록 신경을 써야한다.

3) 식사 전 예의

① 손님들이 모이면 주인은 아페리티프(Apéritif)를 권한다. 준비된 술의 종류를 주인이 말해주므로 원하는 술을 골라 받아 마신다. 두 번째 잔은 다른 것으로 마셔도 되지만 더 이상은 마시지 않는 것이 좋다. 안주도 주인이 권하게 되면 드는 것이 좋다.

쉬어가기 아페리티프(Apéritif)

서양식으로 식사할 때에, 식욕을 증진하기 위하여 식사 전에 마시는 술로 셰리(Sherry) 등의 포도주나 각종 칵테일을 말한다.

② 프랑스사람들의 식사 시간은 전반적으로 길다. 와인을 마시면서 이야기를 많이 하며 먹기 때문에 다른 집에 초대되었을 때는 이야기에 동참하여 분위기를 맞추어 주어야 한다. 그러나 입에 음식을 넣고 이야기하는 것은 좋지 않으니 삼가해야 한다.

4) 식사 시 예의

① 아페리티프(Apéritif)를 마시고 난 후 주인은 식탁에 앉기를 권한다. 주인이 개인의 취향, 화술 등을 고려하여 전체가 대화에 참여하도록 자리 배치를 한다. 사람이 많을 경우 이름표가 미리 놓여져 있기도 한다. 자리 배치는 상석인 남자 주인의 오른편에 주빈이나 최연장자가 앉고, 남녀가 번갈아 앉으며, 한 가족이 연이어 나란히 앉지 않는다. 자리 배치를 받으면, 바로 앉지 말고, 주인과 주빈이 앉은 후에 앉도록 한다. 앉을 때는 식탁을 향해

서 섰을 때 의자의 왼쪽에 식탁과 너무 멀리 떨어지지 말고, 의자 등받이에 기대지 않는다.

② 의자에 앉아 식사를 하기 전에는 손은 자연스럽게 식탁 위에 놓거나 무릎 위에 올려놓는다.

③ 냅킨(Napkin)은 요리가 나오기 시작할 대 펴는데ㅐ, 이등분 해서 접은 후 접히니 끝ㄴ단이 밖을 향하게 좋고 입을 닦을 때는 냅킨(Napkin)의 안쪽을 사용한다. 냅킨(Napkin)은 식사 후 커피를 마실
때까지 무릎에 두며, 다 사용한 후에는 접시 왼쪽에 가볍게 접어둔다.

④ 호스티스(Hostess:안주인)이 식사를 시작하면 손님이 시작하고 모든 사람이 끝날 때까지 식사를 한다.

⑤ 포크와 나이프는 요리가 나올 때마다 바깥쪽부터 좌우 한 개씩을 사용하는데, 한번 사용한 것은 접시 위에 가지런히 올려 놓는다. 사용 중인 포크는 아래를 향하게 하고 나이프는 칼날 부분이 아래로 향하게 하여 여덟자(八)로 결쳐놓고, 식사가 끝나면 포크는 위를 향하게 하고 나이프의 칼날을 안쪽으로 향하게 해서 접시 중앙의 오른편에 나란히 놓는다.

⑥ 샐러드는 기호에 따라 드레싱을 적당히 얹어 한입에 들어갈 정도로 떠서 먹는다. 샐러드를 나이프로 잘라서 먹지는 않는다.

⑦ 수프는 왼손으로 수프 접시를 잡고 스푼을 자기 앞쪽에서 반대쪽으로 향하게 해서 소리나지 않게 떠서 먹는다. 이것은 매우 어려운 기술로서 프랑스인들은 수프 스푼을 가볍게 치아로 물다시피 하면서 수프를 입에 흘려 넣는다고 한다. 수프가 조금 남으면 접시 앞쪽을 들어서 살짝 기울인 다음 떠서 먹는다.

⑧ 빵은 샐러드나 수프 등과 함께 먹기 시작하는데 손으로 알맞은 크기로 떼어서 먹는다. 또한 고기나 생선요리를 먹는 중간 중간에도 먹는다.

⑨ 생선요리는 뒤집어 먹지 않는다. 윗면의 살을 먹은 다음 뼈를 발라내고 나머지 부분을 먹는다. 곁들인 레몬은 포크로 고정한 후 나이프의 넓은 면으로 살짝 눌러 즙을 낸다.

⑩ 와인(Wine)은 식사와 함께 마시는데, 화이트와인(White wine)은 생선요리에, 레드와인(Red Wine)은 고기요리에 제공된다. 화이트와인(White wine)처럼 차갑게 마시는 경우에는 잔의 받침대 부분을 잡는다. 목을 감싸듯이 잡으면 체온으로 인해 술의 온도가 변해서 와인(Wine)의 본래의 맛을 잃게 된다.

⑪ 후식이 제공되기 전에 핑거보울(Finger Bowl)가 나오는 경우는 손가락을 서너 개 물에 담갔다가 냅킨(Napkin)으로 닦은 후, 후식으로 제공되는 과일이나 케이크를 먹는다. 핑거보울(Finger Bowl) 양손을 넣지 않는다.

쉬어가기 **핑거보울(Finger Bowel)**

디저트 후에 물을 담아 내놓는 손가락 씻는 그릇으로 재질은 주로 스테인리스강(鋼)이나 은(銀), 또는 은도금한 놋쇠 등의 금속이다. 서양요리의 정찬(正餐)에서 마지막에 나오는 과일을 먹고 난 뒤에 손가락 끝을 이 사발에 담가 조용히 씻는다. 이 물에는 극소량의 향료를 떨구어 향기를 내거나 작은 꽃을 한 송이, 또는 얇게 썬 레몬 조각을 하나 띄우는 것이 특징이다.

제2절 이태리(Italy)

1. 지형적 · 사회적 특성

1) 개요[15]

이탈리아는 유럽 문명의 요람지로서 옛 부터 그리스, 로마 등의 발자취 가 어우러졌던 곳 이다. 면적이 약 30만㎢이고, 인구는 약 5천 7백여만으로 이탈리아의 각 부분마다 독특한 문화와 역사를 자랑하고 고유의 전통과 풍습을 가지고 있

15) http://www.startour.pe.kr/

다. 특히, 반도 전체가 하나의 거대한 박물관이라 할 만큼 풍부한 관광 자원을 소유하고 있다. 이탈리아는 로마제국이 북부 유럽의 게르만족에게 멸망된 후 여러 곳에서 왕국이 세워졌는데, 그 예로 베니스 왕국, 나폴리 왕국, 시실리 왕국, 제노아 왕국, 밀라노 왕국 등이다.

1798년 나폴레옹에게 반도의 전체를 점령당하고 모든 왕국은 멸망되고 말았다. 1815년에 나폴레옹이 전쟁에서 패하자 연합군 대표들이 비엔나의 쉔브른 궁에 모여 회담을 연후 오스트리아의 지배를 받게 되었다. 그러나 각 지역에서 독립 전쟁을 일으킨 결과, 남부 이탈리아의 가리발디 장군에 의하여 이탈리아 반도는 통일을 이루었다. 이때가 1870년 이다.

1921년부터 파시스트(FASCIST) 무솔리니에 의하여 결국 2차 대전을 도발시키고, 1943년 패망 후 오늘에 이르게 되었다.

미국, 일본, 독일, 프랑스에 이은 세계 우위의 경제 대국이며, 중소기업의 지역별 특징을 따라 발달된 것이 특징이며, 주요 발달 업종은 자동차, 조선, 화학무기 산업이다.

또한 가죽 제품을 포함한 패션, 의류 산업이 발달돼 있다. 수도는 로마이나, 경제적인 수도는 밀라노라 할 정도로 모든 금융, 정보, 교통이 집중돼 있다. 교육제도는 초등학교 5년, 중학교 3년까지 의무 교육이며, 고등학교 5년, 대학교 4-6년의 학제를 채택하여 상급학교 진학 시 국가에서 주관하는 시험을 통과해야 진학이 가능하다. 정치 형태는 상하양원의 내각 책임제를 채택하며, 임기는 5년으로 되어있다. 상원 의원은 315명, 약간의 평생의원, 그리고 하원의원 630명으로 구성되며, 대통령은 7년 단임으로서 상징적인 국가의 수반이나, 수상임명권, 국회해산권의 권한을 갖으며 정치적인 위기상황에서 중재 역할을 한다.

2) 위치와 면적

이탈리아는 긴 장화 모양으로 생긴 반도국가로 지중해 중앙부에 위치하고 있으며 3면이 지중해에 둘러 싸여 동쪽 해안선 아드리아 해부터 남쪽 이오니아 해 서쪽으로는 티레니아 해 리구리아 해로 둘러싸여 총 연장 길이 약 8,700 ㎞의 넓은 바다를 즐길 수 있고 남북의 길이는 약 1,300km로 최북단은 북위 47°5′30″이며 남단은 북위 35°29′24″의 위치하고 있으며 북쪽은 알프스를 경계로 프랑스, 오스트리아, 유고슬라비아, 스위스와 국경을 이루고 있다. 이런 지형적인 면에서 이탈리아는 가장 유럽적인 자연과 문화를 지닌 곳이다. 이외에도 이탈리아 내에 바티칸 시국과 산 마리노 공화국이라는 두 나라가 위치하고 있다.

총 면적은 30만 1,262㎢이며 국토의 83%가 대륙과 반도, 17%가 섬으로 되어 있다. 산지는 약 35% 정도를 차지하고 국토의 42%는 구릉지대, 나머지 23%는 평지로 구성되어 있다. 산지와 구릉이 많은 나라로 넓이가 55,000 ㎢에 이르는 포 평원과 그밖에 1,900㎢의 캄파니아 평야를 비롯한 소규모의 평야가 흩어져 있다.

3) 인구와 인종

이태리의 인구는 56,98만명(1995년 기준), 인구증가율은 거의 정지 상태이며, 이탈리아인은 고대의 지리적, 역사적 환경의 영향을 받아 여러 민족이 섞여 있어 한마디로 이탈리아 인을 확실히 규정 지어 말할 수는 없지만 굳이 표현하면 라틴계에 가깝다. 게르만족과 비교해 보면 대체로 키가 작고 까만 머리색과 눈을 가지고 있다. 선조는 인도와 유럽의 인종이라 할 수 있으며 전체적으로 볼 때 스위스에 가까운 북부 이탈리아 인은 키가 크고 냉정하며 근면한 반면 남부 이탈리아인 키가 작고 정열적인 면이 강하게 나타난다. 그러나 단지 이것만으로 구분할 수 없는 것은 남부 시칠리아 섬 부근 출신자들은 노르만계의 영향을 받아 큰 키에 금발 머리를 한 주민도 많으므로 남과 북을 확실히 구분하는 것은 무리가 있다. 역사적인 사실을 두고 보더라도 라틴계 사람 중에는 유럽인으로 진출해 혼혈이 되는 경우가 많았으므로 생김새에 차이가 있을 수 있는 것이다.

4) 자연과 기후

이탈리아의 기후는 고온 건조 저온 다습한 지중해성 기후가 지배적이다. 로마의 연평균 기후는 섭씨 15.3도이며 연 교차가 섭씨 18.1도, 연 강수량은 880

mm이다. 북부는 대륙성 기후에 가까우며 연평균 기온 섭씨 13도이고 연 강수량은 1,000mm가 넘고 곡창지대를 이루지만 중 남부와 섬은 해양성 기후를 보이고 있어 올리브와 감귤 재배에 적합하다. 또한 북부는 알프스 산맥이 방패 역할을 해 한파를 막아주고 있으며 중 남부 지역은 지중해에 접해 있기 때문에 전체적인 기후는 온난 한편이며 시칠리아 섬은 아프리카 바람의 영향을 받고 사르데냐 섬은 대서양의 영향을 많이 받는다. 중·남부 지중해성 기후의 특징으로는 겨울에는 비가 많고 여름에는 비가 거의 내리지 안치만 겨울날씨가 온화해 겨울철에도 요양지로 인기를 얻고 있다. 이탈리아는 또한 손 꼽히는 화산국이다. 세계 3대 미 항인 나폴리에 있는 베수비우스 화산(1,277 m)은 전후 80 회의 폭발도 했고 시칠리아의 에트나 화산(3,279 m), 계속 연기를 뿜어내고 있는 스트롬볼리 화산(925 m)등이 대표적이다.

2. 이태리 식문화의 특징

1) 음식의 개요[16)]

음식문화차원에서 유럽의 나라들 중에서 오랫동안 수많은 자치도시들과 지역국가로 분열되어 있었던 이탈리아는 바로 이 같은 복잡한 역사적 현실과 자연환경 때문에 다양한 음식문화를 꽃 피울 수 있었다. 이태리는 선진문화지역들에게 공통적으로 찾아 볼 수 있는 뜨거운 음식들을 중심으로 육류와 빵으로 대표되는 동물성과 식물성 재료들의 이상적인 결합에 기초한 음식문화의 전통을 가지고 있다. 또한 이태리의 음식문화는 역사적인 영향 이외에도 반도로서의 지리적 특성과 지중해성 기후의 혜택 그리고 기독교의 보다 직접적인 지배를 통해 성숙되었다.

한반도와 같은 형태의 남북으로 길게 뻗은 장화 모양의 이태리는 1861년 국가통일을 이루어 질 때까지 국토가 여러 왕국과 왕령으로 나뉘어 있었던 까닭에 지방색이 강하여 음식도 "이태리요리는 없고 향토요리뿐 이다"라는 말이 생길 만큼

16) 전게서, 김숙희외, p.329.

각기 그 지방마다 특색이 뚜렷하다. 북쪽은 버터와 쌀로 만든 요리가 발달되었고, 남쪽 지방은 올리브유와 파스타를 이용한 요리가 많다. 또한 국경이 각각 프랑스·스위스·오스트리아·유고슬라비아 접해 있기에 각 나라의 요리 영향 또한 무시할 수 없는 것이다.

2) 음식의 특징

(1) 일반적 특징17)

① 고대 그리스와 로마시대

육류와 생선류의 음식은 귀족만이 먹을 수 있었고, 곡물류와 식물성 식품은 서민층의 음식이었다. 가장 대표적인 곡물로는 대맥이나 스페루토 보리가 있었고, 일반인들은 곡물들을 물과 섞어 끓인 폴렌다(Polenta)죽이었다. 그런 반면에 빵은 도시의 발전과 함께 공동으로 제조하여 판매하게 되었다.

② 11세기

와인(Wine)이 올리브유와 빵은 고대 중심의 문화를 대신하여 새로운 종교 사회의 음식문화를 주도하게 되었고, 로마 카톨릭으로서의 개종을 통해 기독교의 음식문화를 대표하는 상징으로 정착하게 되었다. 또한 농업혁명은 고기와 밀, 그 밖의 다른 곡물들의 생산이 증가하여 수요자와 공급자의 역할이 구분되었다. 13세기에는 새로운 폭식경향을 동반하고 새로운 유제품과 음료들이 만들어졌으며, 향료에 대한 관심이 높아져 다양한 요리법과 향료의 사용이 보편화되었다. 14-15세기에는 유럽의 다른 지역보다 이태리 중북부 지역의 도시문화가 발달하였다. 큰 화덕을 이용하여 대량으로 요리하여 판매하는 '요리사 전문 음식점'이 등장했고 전문 음식점은 지배계층과 시민층간의 음식문화가 상호 교차되는 동기와 공간이 되었다. 또 기독교의 발전으로 육식문화가 성행하였으나 육식의 금지 또는 자제기간의 설정으로 탈육식문화의 현상을 가져오는 계기가 되었다. 이 때 후추는 종교적인 육식금지일에 고기를 대신하면서도 조화와 대립이라는 이중적

---

17) 전게서, 박금순외, pp.137-139.

이니 대체음식으로 자리 잡게 되었다.

③ 르네상스 시대

㉠ 차별성의 음식문화

지배계층의 식생활 유형과 소시민 계층에 대해서 차별화하기 시작했다. 즉 음식을 어떻게 먹을 것인가가 더 중요하였고, 사람의 품위에 어울리는 식사의 형태를 중요시했다.

㉡ 식이요법의 음식문화

특정 계층의 합리화로 인하여 음식 분야에 영향을 주었으며 당시의 어린이들의 식이요법은 중요시 되어 엄격한 통제의 대상이 되었다.

㉢ 입맛의 변화

꿩과 같은 새 요리에 대한 수요가 증대했고, 사슴과 멧돼지고기의 공급은 수요에 미치지 못해 귀족들로부터 사랑을 받았다. 반면에 식물성 재료는 양파와 무가 주(主)가 되었으며 이는 농부들의 식료품으로 소비되었다.

㉣ 식사 시간의 중요성

식탁은 하나 집단의 단합장소로서뿐 아니라 분리와 소외의 장소로도 활용되었다.

㉤ 기호 음식의 변화

기존의 와인(Wine)과 맥주 이외에도 새로운 커피, 홍차, 초콜릿으로 확대되었다.

④ 근대~현대

음식의 보존과 운반을 통해서 지역적인 음식 문화와 영토간의 역사적인 한계를 극복했다. 음식문화의 발달로 피자를 파는 음식점이 증가했고, 즉시 먹을 수 있는 패스트푸드 형태의 음식문화가 등장했다. 일반인들은 파스타, 스파게티, 피자의 선호가 지속적이었다.

(2) 지역별 특징[18)]

① 북동부 지역

알프스 산맥과 바다가 면해 있어 자연적인 혜택이 풍부한 지방이다. 버터 · 햄 · 치즈 등으로 만든 다양한 메뉴가 있고, 리조또 등 쌀로 만든 요리가 발달되어 있고 버터를 이용한 크림 소스가 많이 사용된다.

㉠ 베네토 지방

베네치아를 중심으로 하는 포강 유역으로 바다와 육지의 산물이 조화를 이루고 있어, 어패류 요리가 유명하며, 와인(Wine)산지로도 유명하다. 베테토 지방의 전통 요리들은 특별한 요리이다. 가르다 호수와 베네치아 석호에서 나는 신선한 생선과 해산물로 만드는 것이 특징이다. 이 지방의 요리들은 델 그라파와 트레비소의 라디끼오에서 생산되는 야채와 내륙 지방에서 나오는 고기류와 치즈로 요리를 한다. 베네토는 두 얼굴을 가진 지역이다. 즉 한편은 백운암 산맥, 가르다 호수, 완만한 에우가네안 언덕 등 놀랄만한 아름다운 풍경과 경치 등 자연에 둘러싸여 있고, 동쪽으로는 슬로베니아와 국경을 마주하고 있으며, 북쪽으로는 카르닉 언덕, 로마시대의 도시인 아퀴레이아, 그리고 트리에스테를 포함하고 있다. 요리에는 콩과 쌀을 주로 이용한다.

북동부 지방에서는 파스타(Pasta)를 많이 먹지만 더 보편화된 요리는 폴렌타(Polenta)라는 음식이다. 또한 리조또(Rissoto)도 여러 형태로 만들어서 먹는다. 이 지방의 음식들은 달고 시큼하며 향이 많이 나고 절인 요리들을 즐겨 먹는다.

㉡ 롬바르디아 지방

밀라노를 중심으로 하는 지방으로, 이 지역은 스위스와의 국경선에 있는 알프스 산맥에서부터 낭만적인 코모 호수와 마조레 호수를 지나 포강이 흐르는 광활한 평야에 이르기 까지 폭넓게 걸쳐있다. 축산과 농업이 주생활 방식이다. 그로 인하여 이 지방은 시간을 줄이기 위해 파스타가 발달하였다. 밀라노는 리조토와 비프 커틀릿이 유명하다.

---

18) http://blog.naver.com/csi1199?Redirect.

㉢ 리그리아

항구도시 제노비아가 있는 지방으로 해안가의 좁고 길다란 지역으로, 포도밭으로 덮여있는 산맥의 발치에 자리 잡고 있다. 온화한 기후로 울창한 정원들은 다채로운 색의 식물이 가득 하다. 리그리아는 쌀과 버터는 적게 사용하며, 해산물을 주로 사용한다. 바질과 올리브유의 산지이고 해산물이 풍부한 지방이다.

㉣ 피엔몬테지방

이 지역은 야채요리와 고기와 밥이 어울러진 음식과 버섯요리가 유명하다. 토리노를 중심으로 하는 프랑스 국경의 산간지방으로 알려져 있다.

대표음식으로는 다음과 같은 음식이 있다.

- 라디치오 알라 그릴리아(Radiccio alla grilia): 약간 쓴맛이 나는 트레비소산 빨간 꽃상추 잎을 뜨거운 불 위에서 살짝 구워 만든 음식이다.
- 피오리 디 주치니(Piori di jucini): 절의 음식이며 서양 호박에 생선무스로 속을 채워 얇은 밀가루 반죽에 싸서 튀긴 것이다.
- 스파게티 알레 봉골레(Spaghetti alle vongole): 해안가에서 주로 맛볼 수 있는, 매운 후추 소스에 신선한 조개를 넣어 만든 스파게티이다.
- 사르데 인 사오르(Sarde in saor): 전통적인 베네치아 음식으로, 구운 정어리에 달콤하고 신소스를 곁들여 먹는다.
- 리조토 알레 세피에(Risotto Alle Sepie): 오징어 먹물을 이용해 쌀을 검게 물들인 전통 적인 리조토이다.
- 페가타 알라 베네치아나: 베네치아의 전통요리로써 밑에 양파를 깔고 송아지의 간을 올려놓고 약하게 익힌 것이다.
- 브로도 디 페스체(Brodo di Pesce): 생선 스프로 이 스프는 대게 여러 가지 생선을 섞어 만들며, 샤프란으로 향을 내기도한다
- 카르파치오(Carpacio): 날 쇠고기를 기름을 살짝 입혀 살짝 구운 것으로, 냉이 잎과 파머산 치즈 조각과 함께 나온다.
- 주파 디 코제(Zuppa di Cozze): 고전적인 방식의 홍합 요리로, 백포도주와

마늘 그리고 파슬리로 만든 소스가 곁들여진다.

- 티라미수(Tiramisu): 이탈리아에서 가장 유명한 디저트다. 커피로 만든 스폰지 케이크와 마스카르포네 치즈를 섞어 만든다 .

② 북서부

알프스 산맥에서 보이는 북서부지방의 요리는 풍족하고 맛이 좋다. 또한 이 지방에서는 버터가 기름만큼이나 많이 사용되는 것이 특징이다.

이 북서부지방은 이탈리아에서 쌀 재배의 중심지이다. 그래서 이지방의 요리에는 리조토(Rissoto)가 거의 모든 메뉴에 포함되어 있다. 특산물로는 트러플(알바지방), 치즈(고르곤졸라, 파르마, 그라나빠다노), 견과류 등이 특산물이다.

이태리의 북서부는 세 부분의 매우 다른 지질학적 특성으로 구성되어 있다.

이탈리아의 다른 지역과 다르게, 이곳은 버터가 기름만큼 이나 많이 사용된다. 모든 레스토랑에서 제공되는 브레드스틱, 즉 그리시니는 토리노에서 비롯됐다.

베네치아의 요리는 이탈리아 북동부의 맨 가장자리에 위치해있는. 깨끗하고 조용한 전원의 도시이기도하다. 특히 포도주가 많이 생산된다. 북동부 에서가장 훌륭한 포도주는 프리 올리산이다. 그중에서 푸이아티, 치오페토, 예르만 등이 유명하다. 적포도주는 바르돌리노와 발폴리첼라 근처에서 생산된다.

대표음식은 다음과 같다.

- 양파와 허브 포카치아(Cipolla e Focacia): 올리브 기름을 넣은 반죽으로 만든다. 그냥, 혹은 올리브 토마토를 곁들여 굽는다.
- 브레사올라: 날 쇠고기를 얇게 저며 구운 것으로, 올리브기름 레몬즙과 함께 전채 요리로 나온다.
- 카추코: 리그리아 음식으로 생선과 해산물을 섞어 만든 스튜요리이다.
- 오소부코(Ossobuco): 골수가 든 송아지 정강이 뼈를 토마토와 포도주소스에 담가 내오는 요리다. 밀라노에서 가장 즐겨먹는 귀족풍의 고급요리이다.
- 파자노 타르 투파토: 흰 트러플과 돼지고기 기름으로 속을 채운 꿩요리로 유명하다.
- 바냐카우다: 마늘, 올리브유, 버터 그리고 트러플로 향을 낸 멸치 국물이다.

이것은 뜨거운 상태로 나오지만, 대개 불 위에 올려서 제공 된다. 얇게 썬 생야채를 이 국물에 담갔다 꺼내먹는다.

- 리조토 알라 밀라네세(Risotto alla milanese): 쌀, 백포도주, 양파, 샤프란, 그리고 파마산치즈로 만든 밀라노의 전통 요리로 영양과 맛이 좋다.
- 트레네테 알 페스토(Pesto): 제노바의 특별요리로써 바실리코, 마늘, 잣과, 기름, 파마산치즈로 만든 요리이다

③ 중부

토스카나, 룸브리아, 레 마르케등의 음식들은 간소하면서 영양가가 높으며, 맛이 진하고 감칠맛이 강한 소스를 사용하는 요리가 유명하다. 향이 첨가된 이 지방의 요리들은 올리브기름, 토마토, 햄, 살라미 등을 많이 사용한다.

㉠ 에밀리아

로마냐 지방의 전통요리는 크림, 고기, 파마산 치즈 같은 재료를 사용해서 요리를 한다. 중부 지방의 생선과 해산물 요리를 해안가 레스토랑에서 맛볼 수 있다.

이탈리아 중부 지역은 경치가 아름답고, 문화적 역사적으로 볼거리가 많은 도시들이 있기 때문에, 관광객들에게 환영 받는다. 에밀리아-로마냐는 중부 이탈리아의 핵심 지역이며, 추운 알프스 산맥 북쪽 지역과 뜨거운 지중해 남쪽 지역 사이의 분기점인 포 계곡의 언덕과 평원을 통하는 넓은 회랑 지대이다. 이탈리아에서 가장 번영한 지역 중의 하나이다.

㉡ 피렌체

이 지역은 15세기의 예술과 문화를 각성 시켜주는 르네상스 시대의 거대하고 아름다운 유적지라 할 수 있다. 단테, 페트라르치 그리고 마키아벨리, 와 같은 작가들은 문화적 유산에 기여했으며, 보티첼리, 미켈란젤로, 그리고 도나텔로와 같은 미술가들의 그림과 조각들은 이 도시를 세계에서 가장 훌륭한 예술적 도시 가운데 하나로 변화 시켰다.

㉢ 토스카나

토스카나는 예술, 역사, 그리고 주위를 환기시키는 풍경으로 이름나 있으며 과

거와 현재가 잘 조화되어 있는 구역이다. 세계에서 가장 유명한 와인 키안티도 이곳 생산품이다. 주로 생선요리가 유명하며 정식 코스 요리도 발달하였다.

㉣ 움브리아

움브리아는 토스카나 지방의 후광에 가려 "온순한 여동생"이라는 별칭까지 얻었던 움브리아는 최근 토스카나의 그늘에서 벗어나 각광받고 있다. 조용하고 목가적인 전원 지역과 높은 산림 지대로 구성되어 있으며, 이 아름다운 지역은 "이탈리아의 푸른 심장부"라는 별명도 있다. 움브리아의 오크 나무숲, 얼음처럼 맑은 시내, 그리고 비옥한 토지는 다양하고 맛있는 음식들을 산출해낸다. 송어, 트러플, 올리브기름은 세계적이며 카스텔루치오의 렌즈콩, 노르치아의 보존 처리된 고기, 그리고 톡 쏘는 맛의 마운틴 치즈 등이 유명하다.

레 마르케는 아드리아해와 아펜니노 산맥 사이의 외딴구석에 자리 잡고 있는 오래된 마을, 언덕지역, 그리고 긴 해변으로 이루어진 매혹적인 전원도시이다. 트러플과 맛있는 치즈, 부드러운 햄과 살라미, 올리브 아스콜라네 등이 유명하다. 맛이 산뜻한 백포도주 베르디키오는 이 지역에서 가장유명하며 다음과 같은 대표 음식이 있다.

- 판차넬라: 신선한 여름 샐러드로 즙이 많은 토마토, 양파, 마늘, 빵을 넣고 바실리코로 장식한다.
- 바칼라: 간단하고 향기로운 음식으로 소금에 절인 대구와 마늘로 만든다.
- 스파게티 알 라구(Spaghetti al Ragu): 볼로냐 전통의 음식으로 이 파스타는 푸짐한 소고기와 토마토를 끼얹어 먹는다. 카넬로니 속을 채운 파스타로써 속이 뚫린 커다란 파스타에 고기나 치즈, 시금치로 속을 채운 후 토마토 소스나 치즈 소스를 입혀 굽는다.
- 토르타 디 리소(Torta di Riso): 전통적인 토스카나 지방의 디저트로, 과일소스와 제철과일이 곁들여지는 쌀로 만든 케익이다.
- 칸투치: 단맛이 나는 비스킷으로 전통적으로 후식용 포도주인 빈산토와 함께 먹는다.

④ 남부

풍경만큼이나 다양한 요리가 있는 지방이다.

그 중심지인 나폴리 하면 피자가 대표적이고 얇은 피자를 즐겨 먹는다.

시칠리아의 요리는 소박하다고 할 수 있으며 파스타(Pasta)가 유명하다. 파스타(Pasta)가 유명한 이유는 사람들의 생활이 빈곤하기 때문이다. 파스타(Pasta)는 전역에서 즐기는 음식이지만 풀리아의 손으로 만든 오레키에테는 그 지역만의 음식이다. 해산물, 올리브, 오일, 백포도주 등으로 만들면서 녹색 야채와 커다란 토마토가 곁들여져 영양도 만점인 것이 특징이다.

㉠ 시칠리아지방

이 지방은 지중해의 한복판에 위치해 있으며 유럽과 아프리카의 일부이지만 어느 쪽에도 속해 있지 않은 시칠리아는 고대 문명 세계가 살아 숨 쉬는 곳이다. 이곳에 왔다 간 정복자들은 풍부하고 다양한 문화적 유산을 이곳에 남겨놓았다. 그 유산들은 시칠리아 고유의 언어, 풍습, 요리, 예술, 그리고 가장유명하고 다양한 이 섬의 건축에 이르기까지 거의 모든 분야에서 빠르게 융합되는 결과를 낳았다.

㉡ 나폴리

나폴리에서는 와퍼처럼 얇은 피자를 즐겨먹으며, 시칠리아의 음식은 소박하다. 해산물, 그린 올리브오일, 백포도주 등으로 더욱 풍미를 돋구고, 여기에 신선한 녹색야채와 커다란 토마토가 곁들여져 영양도 만점이다. 대표음식은 다음과 같다.

- 올리오(Olio): 폴리아에서 재배된다. 이탈리아에서 최고의 상품이다.
- 피자 나폴리타나(Pizza Napolitana): 토마토, 마늘, 배즐 그리고 앤초비로 토핑을 한 간단하고 얇은 피자다.
- 시칠리안 카사타 (Sicilian): 리코타치즈, 설탕에 절인 과일, 파스타치오, 설탕 그리고 초콜릿으로 만든 아이스크림이다.
- 노우가트: 달콤한 사르디니아의 전통음식으로 땅콩 또는 향이 나는 초콜릿

으로 쉽게 만든다.

- 페스케 스파다: 황새치를 레몬 오레가노와 함께 굽거나 튀긴 음식 이다. 캄파냐, 풀리아, 시칠리아에서 즐겨먹는다.

⑤ 로마

전통음식인 쿠치나 로마네스카는 언제나 로마외곽의 농촌에서 재배된 여러 종류의 제철 농산물로 만든다. 가을엔 버섯, 봄에는 아티쵸크가 여러 가지 요리법으로 제공되며, 여름철에는 매운 루게타(겨자과의 식물)와 푸타렐레(꽃상추)를 포함해서 신선한 샐러드용 잎들을 섞어 만든 요리인 미스티칸차가 먹을 만하다. 로마의 전통 음식들은 대부분 양파, 마늘, 로즈마리, 살비아 그리고 월계수잎으로 맛을 낸다. 대표음식은 다음과 같다.

- 수풀리 디 리소: 모차렐라로 속을 채워서 튀긴쌀 크로켓으로, 전형적인 로마인들의 맛있는 간식거리다.
- 필레티 디 바칼라: 잘 튀겨진 대구 살코기로 본래 유대인들의 특별식 이었으나 지금은 로마 요리가 되었다.
- 뇨끼 알라 로마나 (Gnocchi alla Romagna): 작은 감자나 거친 밀가루로 만든 음식으로, 토마토 소스나 버터와 같이 먹는다.
- 리조토 알라 로마나 (Risotto alla Romagna): 간 소스, 소의 내장 그리고 시칠리산 포도주인 마르살라로 만든 쌀 요리이다.
- 코다 알라 바치나라: 쇠꼬리를 살짝 튀긴 후 푹 끓여 만든 로마의 전통음식이다.

3. 이태리의 대표 음식

1) 빵

프랑스에는 바게트가 있다면 이태리를 대표하는 빵으로는 짠맛의 주식용 빵으로 '비엔나 조제타'가 있으며 간식용으로는 '파네토네'가 있다. 파네토네의의 '파네'는 빵을 말하며 '토네'는 달다는 뜻으로 이것은 로마, 밀라노, 나폴리 등 대도시의 빵집 점두나 슈퍼마켓의 자동판매기에 진열되어 있다고 한다. 파네토네는 구워낸 그대로 팔리는 경우가 많으며 때로는 분당을 윗 표면에 뿌려서 마무리 하는 것도 있다. 파네토네반죽을 만들려면 원래는 사와종을 사용해왔는데 지금은 단시간의 예비발효를 거쳐 생지반죽을 하는 방법과 묵은 발효생지를 소량가하여 반죽하는 방법이 있다.

2) 피자(Pizza)[19)]

원래 피자는 그리스에서 유래되었다고 한다. 그리스의 동그랗고 납작한 빵인 '삐따'라는 단어에 어원을 두고 있다. 그리스인들이 구워 먹던 '삐따'를 보고 이태리인들이 그 위에 여러 가지 토핑을 하여 먹던 것이 오늘날의 피자가 된 것이다. 피자는 밀가루에 달걀을 넣고 반죽하여 여러 가지 재료를 얹어 오븐에 구운 것으로 토핑은 요리하고 남은 것이면 되는데 고기류, 토마토, 햄, 소시지, 어류, 새우, 피망, 치즈, 게 등이 많이 사용된다.

피자 맛의 3요소는 보통 크러스트가 바삭거려야 좋으며, 크러스트의 맛을 유지하기 위해 토핑류에 물기를 제거해야 한다. 마지막으로 소스는 피자의 맛을 내는 양념으로 주원료는 토마토이며, 9세기 초에 영국인이 인도의 벵갈 지방 토착민들의 소스 제조비법을 배워서 보완한 것이 오늘날의 소스가 된 것이다.

피자를 반죽에 따른 것으로 구분하면 다음과 같다.

① 팬피자: 팬을 이용하여 굽고, 반죽(크러스트)이 두꺼워 식사대용으로 적합하다.

② 씬피자: 팬피자와 반대로 반죽이 얇은 것이 특징이다.

③ 스크린피자: 스크린이라는 기구를 사용하여 피자를 굽고, 씬피자와 비슷하나 이태리 피자의 정통이라고 할 수 있다.

---

19) 전게서, 박금순외, 140.

쉬어가기 **피자의 종류**

이탈리아에서 파는 피자의 종류는 다음과 같다.

- Pizza Margherita (마르게리타) - 피자판위에 토마토소스와 모짜렐라(물소젖으로 만든 우유빛 치즈)만을 올리고 향신료인 바질을 뿌려서 만든 피자이다. 이 피자는 옛날 마르케리타 여왕이 연 피자 경진대회에서 일등을 했기 때문에 이런 이름이 붙여졌다고 한다. 제일 간단하고 싸지만 맛이 제일 깔끔하다.
- Pizza con funghi (꼰 푼기) - con은 ~와 라는 의미이며, 푼기는 버섯이라는 뜻이다. 주로 양송이버섯을 말한다.
- Pizza con peperoni (꼰 페페로니) - 피망 (페페로니)을 얹은 피자이다.
- Pizza capricciosa (카프리치오자) - 조개류를 얹은 피자를 말한다.
- Pizza pescatore (페스카토레) - 페스카토레는 어부란 뜻으로 각종 해산물을 얹은 피자이다.
- Pizza napolitana (나폴리타나) - 나폴리식 피자. 토마토와 모짜렐라, 앤초비(소금에 절인 작은 생선)를 올린다.
- Pizza marinara (마리나라) - 이 피자 위에는 토마토 소스와 향신료인 오레가노 등을 얹는다.
- Pizza quattro stagione (꽈뜨로 스타지오네) - 4계절의 피자라는 뜻으로 피자를 4부분으로 나누어 각각의 부분에 서로 다른 재료들을 올린다. '프로슈토'라고 불리는 햄이나 시금치 등등을 올린다.
- Carzone (카르쪼네) - 피자판을 반으로 접어 그 안에 모짜렐라와 토마토 소스, 생햄, 등을 넣은 것이다.

3) 파스타(Pasta)

파스타(Pasta)는 이탈리아에서는 스파게티, 마카로니를 비롯하여 라비올리 등 밀가루와 물로 반죽하여 만든 모든 것을 지칭하며 350여 가지의 종류가 있다.

파스타는 국수와 소스를 섞어 먹는 것인데, 파스타의 면 종류로는 보통 우리가 잘 아는 통통한 일자형 국수인 스파게티, 납작해서 우리나라 국수 같은 페투치니, 수제비 밀듯이 넓적하게 네모로 자른 라자냐, 만두처럼 소를 넣어 빚은 라비올리 등이 있습니다.

대표적인 파스타 소스로는 쇠고기와 토마토를 이용해서 만든 볼로냐 소스, 베이컨과 생크림을 이용하여 만든 화이트소스인 카르보나라 소스, 조개와 마늘, 와인을 주재료로 쓰는 봉골레 소스, 토마토와 피망 등의 야채를 주로 쓰는 나폴리식 소스, 홍합, 오징어, 새우, 조개, 패주 등의 해산물을 듬뿍 사용하는 해물 소스 등이 있다.

파스타는 우리가 먹는 밀가루와는 조금 다른 듀럼밀(Durum Wheat)이라고 하는 노란빛깔의 밀을 빻아서 만든 세몰리나(Semolina)를 사용해서 만드는데 물은 넣지 않고 계란으로만 농도를 맞추어 반죽하는 게 특징이다. 세몰리나(Semolina)는 겉으로 보기에는 옥수수가루와 매우 비슷하게 생겼는데 점성이 거의 없어서 빵틀에 뿌려 반죽을 올려놓거나 피자 삽 위에 솔솔 뿌려 토핑된 피자 도우를 얹는 용도로도 안성맞춤이다. 이렇게 하면 피자 삽에 반죽이 달라붙지 않아 피자 화덕 안으로 안전하게 도우를 집어 넣을 수 있다.

파스타는 다른 밀가루음식과는 달리 살이 잘 찌지 않는 음식이다. 파스타의 재료가 되는 세몰리나라는 밀가루가 거칠어 몸속에서 천천히 소화되기 때문이라고 한다. 물론 버터나 치즈, 생크림 등 열량이 높은 재료를 듬뿍 넣어서 파스타 소스를 만든다면 예외가 되겠지만 올리브 오일이나 토마토, 바질 등을 사용한 소스라면 살찔 염려 없이 마음껏 즐겨도 무방하다.

4) 리조토(Risotto)[20]

리조토(Risotto)는 이태리사람들이 자랑하는 쌀 요리로 농업이 발달한 북부 이태리아에서는 밀과 쌀이 대량으로 생산되므로 한국에서는 잘 알려지지 않았지만 쌀을 주재료로 하는 요리가 꽤 있다. 대개 기름에 쌀과 채소 등을 넣어 볶다가 와인(Wine)으로 향을 내고 닭육수를 넣어 익히는데 많은 재료들이 어우러진 맛을 내므로 보기보다는 깊은 맛이 있다. 조리 할 때 주의해야 할 점은 서구인들은

---

20) 전게서, 구난숙외, 131.

한국에서와 마찬가지로 찰진 쌀밥은 그다지 좋아하지 않으므로 꼬들꼬들할 정도의 밥을 익혀야 한다는 것에 주의해야 한다.

이태리인들이 메인디쉬(Main Dish)로 먹는 요리 중에 밀라노식 커틀릿을 들 수 있다. 한국에서는 송아지의 도축이 법으로 금지되어 있으나 이태리를 비롯한 서양에서는 송아지 고기가 연하고 담백하므로 고급 식재료로 많은 사람들에게 사랑받는다. 밀라노식 커틀릿은 이 송아지 고기에 계란과 빵가루를 입혀 지져낸 음식으로 유명하다.

5) 치즈(Cheese)

이탈리아는 지방마다 그 지형이나 기후가 매우 다르다. 포강 유역의 풍부한 목초는 소를 기르기에 적당해 양이나 염소젖 대신 우유가 치즈의 원료로 사용되었다. 포강 유역을 제외한 지역은 목초지가 적어 대부분 양젖을 이용해 치즈를 만들었는데, 양젖으로 만드는 치즈를 통틀어 페코리노(pecorino)라고 부른다. 이탈리아에서 가장 오래된 기록을 가진 치즈가 바로 페코리노 로마노(Pecorino Romano)이다. 또한 물소에게 적합한 남부의 늪지대에서는 물소젖을 이용해 모짜렐라(Mozarella)를 만들었다. 이탈리아에는 400가지 정도의 치즈가 있으며, 그 중 일부는 원산지 보증 등급인 DOC(Denominazione d'Origine Controllata-데노미나지오네 디 오리지네 콘트롤라타)등급에 의한 법적인 보호를 받고 있다. 이탈리아 치즈는 프랑스 치즈에 비해 세계적인 명성은 덜하지만, 그 품질이나 다양성, 풍부한 맛과 향은 결코 프랑스에 뒤지지 않는다. 프랑스에서는 치즈가 식사코스 중 하나의 코스를 차지하고 있는 반면, 이탈리아에서는 치즈가 요리에 다양하게 사용된다. 이탈리아의 치즈는 요리에도 훌륭하지만, 테이블 치즈로도 전혀 손색이 없다.

이태리의 유명한 치즈(Cheese)의 종류를 알아보면 다음과 같다.

(1) 폰티나(Fontina)

- 원산지: 이탈리아 발레 다오스따(Valle d'Aosta)

- 원료유: 젖소 유
- 모 양: 지름 30-45cm, 높이 7-10cm, 무게 8-18kg의 원반형
- 지방함유율: 45%
- 숙성기간: 4개월
- 어울리는 와인: 네비오로(Nebbiolo - R), 바르바레스코(Barbaresco - R)
- 용 도: 테이블 치즈, 그릴, 퐁듀

13세기 경 부터 이탈리아에서 만들어졌으며, 이탈리아 북부 발레 다오스타(Valle d'Aosta)지방에서 기원한 우유로 만든 치즈이다. 폰티나는 살균이나 탈지과정 등을 거치지 않은 원유 그대로 제조하여 숙성시킨 후에도 다른 치즈들에 비해 살아있는 유산균 수가 많다. 90일 이상 숙성 과정을 거친다.

- 생김새

외피는 단단하고 짙은 금갈 색이며, 껍질 안쪽으로는 작은 구멍들이 나 있는 엷은 금빛의 속이 있다. 밀도가 높으나 부드러우며 약간 늘어나는 성질이 있다. 껍질은 2mm정도로 얇은 편인데 숙성기간이 길수록 껍질색깔이 밝은 갈색에서 짙은 갈색으로 변한다.

- 맛과 향

폰티나는 부드러우면서도 독특한 맛을 가지고 있는 것이 특색으로 질감은 부드럽고 치즈 특유의 엷은 향이 난다. 뒷맛은 약간 씁쓸하다. 60도 정도에서 녹는데 파스타, 리조또, 뇨끼, 폴렌타, 육류, 야채요리등과 두루 잘 어울리나 홍합이나 오징어 등 해산물과는 그 맛이 잘 어울리지 않는다.

(2) 고르곤졸라(Gorgonzola)

- 원산지: 이탈리아 피에몬테(Piemonte), 롬바르디아(Lombardia)
- 원료유: 젖소 유
- 모 양: 지름 25-30cm, 높이 16-20cm, 무게 6-13kg의 원통형
- 지방함유율: 48%
- 숙성기간: 2-3개월
- 어울리는 와인: 바로로(Barolo - R), 돌체토(Dolcetto - R),

사우터르네스(Sauternes - W)

- 용 도: 테이블 치즈, 드레싱, 샐러드, 파스타, 뇨끼

고르곤졸라는 이태리의 유명한 블루치즈이다. 고르곤졸라의 이름은 이탈리아 밀라노 근처에 있는 마을 이름에서 유래되었다. 10세기 후반부터 만들어졌으며 두터운 곰팡이 맥이 있는 것으로도 유명한데 페니오일룸 글라우오움(Penioillum Glauoum)이라는 곰팡이를 방사하여 만든다. 고르곤졸라는 다음 두 가지 종류로 나뉜다.

① 돌체(dolce): 60일 정도의 숙성기간을 거치며 부드럽고 크림형태의 질감을 가지고 있다. 독특하고 묘한 풍미가 특징이다. 강한 고르곤졸라에 비해 요리에 더 많이 사용되며, 마스카르포네치즈나 견과류와 함께 케익을 만드는 데에 사용되기도 한다.

② 피칸테(piccante): 약 90일에서 100일정도 숙성시키며 더 강하고 톡 쏘는 향미를 가지고 있고 질감은 더 건조하고 잘 부서지는 편이다. 보통 식후에 약간의 꿀과 함께 먹는다.

- 생김새

외피는 붉은 기가 도는 옅은 아이보리색이며 딱딱하고 단단하다. 안은 하얗거나 약간 미색인데, 부드럽고 버터 같으며 오래 숙성시킬수록 단단해진다. 또한 푸른 곰팡이의 맥이 뻗어 있어 대리석 같은 모양이다. 오래되면 푸석푸석하게 부서진다.

- 맛과 향

자극적이고 톡 쏘는 매운 맛이 난다. 고르곤졸라의 푸른 무늬는 치즈 속의 푸른 곰팡이가 발육되면서 생기는 것으로 씹었을 때 톡 쏘는 짭짤한 맛과 특유의 자극적인 매운맛이 느껴진다. 고르곤졸라는 파스타나 뇨끼, 리조또에 넣어 먹으면 맛있고 폴렌타와도 잘 어울린다. 강한 맛의 고르곤졸라는 그린샐러드에 넣으면 색다른 맛을 더해준다.

(3) 그라나 파다노(Grana Padano)

- 생산지: 이탈리아 피아누라 파다노(Pianura Padano)

- 원료유: 젖소유
- 모 양: 지름 35-45cm, 높이18-25cm, 무게 24-40kg의 드럼 형
- 지방함유율: 32%
- 숙성기간: 1년-2년
- 어울리는 와인: 비노 노비레 디 몬테플치노(Vino Nobile di Montepulcino - R), 람브르스코(Lambrusco - R)
- 용 도: 테이블 치즈, 소스, 가루용

기원 후 1000년 경 이탈리아의 티치노(Ticino)와 아다(Adda)강 사이의 넓은 초원이 유목 업에 사용되면서 많은 양의 우유가 생산되었는데 과잉의 우유를 보전할 목적으로 만들어 진 것이 그라나 파다노 치즈이다. 우유지방을 부분적으로 제거하고 표면에 뜨는 크림을 제거한 우유로 만들며, 8개월에서 24개월 정도의 숙성기간을 거친다. 치즈의 알갱이 같은 질감 때문에 그라나라는 이름이 생겼다.(Grana는 이태리어로 낟알갱이라는 뜻) 납작한 원통모양으로 만들어지며 한 덩어리에 약 35kg정도 된다.

- 생김새

외피는 갈색이며 표면이 매끈하며 딱딱하고 두껍다. 외피에 다이아몬드 모양의 그라나 파다노 마크가 찍혀 있다. 내부는 연한 미색이며 알갱이로 되어 있고 구멍은 없다. 칼로 쉽게 쪼개지는 특징이 있다.

- 맛과 향

독특하고 진한 향과 풍미를 지니고 있는 그라나 파다노는 파르마지노와 매우 흡사하다. 식사 후에 후식처럼 그냥 먹어도 좋고 가루를 내어 파스타나 그라탕 위에 뿌려도 좋다.

(4) 마스카르포네(Mascarpone)

- 원산지: 이탈리아 롬바디아(Lombardia)
- 원료유: 젖소유의 크림
- 모 양: 250g 또는 500g 단위로 용기에 담겨져 있다.
- 지방함유율: 60%

- 어울리는 와인: 아스티 스프망테(Asti Spumante -샴페인)
- 용 도: 디저트, 제과용, 파스타

유명한 이탈리아의 디저트인 티라미수를 만들 때 빠져서는 안될 재료인 마스카르포네는 우유 지방으로 만든 크림조직의 치즈이다. 부드럽고 신선한 아이보리색의 이 크림치즈는 이탈리아 북부 롬바르디아(Lombardia) 지방에서 만들어졌다. 우유로부터 크림을 분리시켜 만들기 때문에 지방 함유량이 매우 높다.

- 생김새

아이보리색으로 부드러운 버터 같은 형태이다. 매우 부드럽지만 입자의 밀도가 아주 높아 형태가 그대로 지속된다. 보통 용기에 넣어 판매된다.

- 맛과 향

아주 농도가 진한 크림 맛이며 약간 달고 버터 맛이 난다. 또한 부드러우면서도 약간의 신맛이 가미되어 있다. 치즈의 짠 맛이나 치즈 특유의 냄새는 없다. 보통 디저트를 만드는데 많이 사용된다.

(5) 모짜렐라(Mozzarella)

- 원산지: 이탈리아 캄파니아(Campania), 라찌오(Lazio)
- 원료유: 물소 젖, 젖소 유
- 모 양: 작은 공 모양, 눈사람 모양, 실타래 모양 등
- 지방함유율: 45%
- 어울리는 와인: 캘리포니아 샤르도네(Chardonnay - W), 가브리(Chabris - W), 아르네이스(Arneis - W)
- 용 도: 샐러드, 피자, 그릴

남부 이탈리아가 원산지인 모짜렐라 치즈는 원래 물소의 젖으로 만들었으나 요즈음은 거의 우유로 만들어지고 있다. 숙성과정 없이 모양이 만들어지면 즉시 판매된다. 이탈리아의 나폴리 지방에서 시작된 파자에 넣은 치즈가 모짜렐라이며 요즈음도 피자에 주로 모짜렐라 치즈를 많이 사용하기 때문에 흔히 '피자 치즈'로 많이 알려져 있다. 커드를 훼이와 섞어 부드럽고 유연한 굳기가 될 때까지 늘이고 반죽하여 모짜렐라 특유의 늘어나는 질감을 얻는다. 그리고 공이나 타원

형 모양으로 조형한 후 수분을 유지할 수 있도록 물에 넣어 저장한다.

- 생김새

액체가 들어있는 봉지에 담겨져 판매되는데 주로 주먹만한 둥근 공모양이다. 크림빛이 도는 흰색이나 옅은 상아색이며 부드럽고 물렁물렁하지만, 탱글탱글하게 탄력이 있고 약간 쫄깃쫄깃하며 말랑말랑하다. 실 조직으로 늘어나는 성질이 있고 수분함량이 높아서 자르면 하얀 물이 배어 나온다.

- 맛과 향

조금은 밋밋한 맛이나 부드럽고 매우 순하며 신선한 젖 냄새가 난다. 치즈 특유의 냄새가 없어 다른 치즈들에 비하면 단순한 맛이지만 그 자체로 본다면 우유의 응축된 맛을 느낄 수 있으며, 고소한 맛이 난다. 신맛이나 짠맛, 치즈 특유의 냄새가 없이 담백하다. 먹기 전에 1시간 이상 상온에 내 놓아야 부드러운 질감과 특유의 향을 즐길 수 있다.

(6) 르미자노 레자노(Parmigiano Reggiano)

- 원산지: 이탈리아 파르마(Parma)
- 원료유: 젖소유
- 모 양: 지름35-45cm, 높이 18-24cm, 무게 24kg 이상의 드럼 형
- 지방함유율: 28-32%
- 숙성기간: 1-4년
- 어울리는 와인: Chianti Classico(R), 비안코(Bianco - R), 바바레스코(Barbaresco - R)
- 용 도: 테이블 치즈, 가루용

보통 파마산 치즈라고 불리는 이탈리아의 가장 유명한 치즈. 이탈리아의 파르마라는 지방에서 만들어지는 치즈로 지방 이름에서 치즈의 이름이 유래되었다. 지구상에서 가장 보편적으로 즐겨 먹는 치즈 중의 하나로 고급스럽고 독특한 향을 지녔으며 파마산 가루치즈의 원재료이다. 4월에서 11월까지만 생산되며 습한 환경에서 2년 정도 숙성시킨다. 부분적으로 지방을 제거한 우유로 만들기 때문에 지방함량이 낮은 편이다.

- 생김새

갈색을 띤 황금빛의 질기고 매끄러운 껍질과 쉽게 부서지는 과립구조인 황금빛 내부로 이루어져 있다. 외피에는 파르미자노 레자노의 마크와 생산연월 등이 찍혀있다. 내부조직은 아주 단단하며 작은 알갱이로 이루어져 있고 결은 촘촘하지만 잘 깨지는 특징이 있다.

- 맛과 향

알맞게 숙성되면 풍부하고 강렬한 향을 가지게 되며, 최소한 2년 이상 숙성시키기 때문에 깊은 감칠맛과 단맛이 있다. 약한 짠맛이 나며 쪼개어 그대로 먹거나 파스타나 리조또 위에 뿌려 먹는다.

(7) 페코리노 로마노(Pecorino Romano)

- 원산지: 이탈리아 로마(Roma)
- 원료유: 양유
- 모 양: 지름 25-30cm, 높이 20cm, 무게 20-35kg의 원통형
- 지방함유율: 48%
- 숙성기간: 4-12개월
- 어울리는 와인: 카오르(Cahors - R), 샤토네프 뒤 파프 (Châteauneuf-du-Pape - R)
- 용 도: 테이블 치즈, 가루용

이탈리아에서 가장 오래된 치즈인 페코리노 로마노는 페코리노 치즈 중 하나인데 페코리노는 양젖으로 만드는 치즈를 총칭하는 이태리어이다. 이탈리아 중, 남부에서는 각 지역마다 다양한 페코리노 치즈를 만들고 있는데, 그중 로마에서 만들어지는 것이 바로 페코리노 로마노이다.

- 생김새

단단한 껍질 속에 크림같이 하얀 거칠거칠한 질감의 작은 알갱이 입자가 들어있다. 그라나나 파르미자노와 비슷한 질감이며 쉽게 쪼개지고 가루로 만들기도 쉽다.

- 맛과 향

강하고 자극적인 맛으로 매우 짠 편이지만 독특한 단 맛과 진한 호두향이 난다.

(8) 프로볼로네(Provolone)

- 원산지: 이탈리아 롬바르디아(Lombardia), 에밀리아-로마냐(Emilia Romagna)
- 원료유: 젖소 유
- 모 양: 원통 모양, 메론 모양, 소시지 모양 등
- 지방함유율: 45%
- 숙성기간: 1-12개월
- 어울리는 와인: 끼안띠 끌라시꼬(Chianti Classico - R)
- 용 도: 테이블 치즈, 그릴

이탈리아에서 생산되는 우유 치즈로 우유를 응고시킨 커드에 가열한 훼이를 섞어 반연질이 될 때까지 반죽한 후에 이것을 여러 가지 모양으로 만든다. 종류에는 순하면서 은은한 향의 돌체와 더 오래 숙성시켜 자극적인 맛이 나는 피칸테 등 2가지가 있다. 프로볼로네는 또한 담백하면서 독특한 향과 맛을 내기 위해 훈제처리를 하기도 한다.

- 생김새

기름기가 많은 갈색 껍질을 갖고 있는 프로볼로네는 끈에 매달아 숙성시키기 때문에 껍질에 끈 자국이 남겨져 있다. 크림빛이 도는 노란색을 띠고 있는 치즈 속은 매끄러우면서 말랑말랑하며 접착력이 있어 부서지지 않고 쉽게 잘린다.

- 맛과 향

자극성이 있으며 쏘는 맛으로 향이 강하다. 결이 있는 조직을 가지고 있으며 훈제 처리한 프로볼로네는 스모크향이 난다.

(9) 리코타(Ricotta)

- 원산지: 이탈리아 전역
- 원료유: 젖소유, 젖소유와 양유의 혼합유
- 모 양: 보통 500g 정도로 용기에 담겨있다.
- 지방함유율: 10%

- 어울리는 와인: 샴페인, 가비(Gavi - W), 말바시아(Malvasia - W)
- 용 도: 디저트용, 요리용

리코타는 엄격히 따지자면 치즈라고 보다는 치즈제조 과정의 부산물이라 할 수 있다. 왜냐하면 커드로 만드는 것이 아니라 치즈를 제조할 때 커드를 제거하고 남은 훼이를 다시 가열하여 남아있는 커드를 모아 만드는 것이기 때문이다. ('리코타'는 이탈리아어로 다시 가열한다는 뜻) 리코타의 기원은 매우 오래되었으며, 이탈리아에서는 거의 모든 지방에서 리코타 치즈를 만들고 있어 그 종류가 매우 다양하다.

- 생김새

색은 아주 하얗고 크림 형태이며 조직은 마스카르포네 보다는 거친 느낌이 난다. 조금 단단한 순두부 같은 느낌을 주며 단단하지 않기 때문에 보통 용기에 넣어 판매된다.

- 맛과 향

질감이 부드럽고 약간 단맛이 난다. 짠맛이나 신맛, 치즈 특유의 쏘는 맛은 없다. 디저트를 만들 때 많이 사용되며, 시금치 등과 섞어 요리에서 많이 사용된다.

(10) 스카모르짜(Scamorza)

- 원산지: 이탈리아 깜빠니아(Campania), 아브루쪼(Abruzzo), 몰리제(Molise)
- 원료유: 젖소 유, 젖소유와 양젖의 혼합유
- 모 양: 무게 300-700g 의 눈사람 모양이나 둥근 모양
- 지방함유율: 38%
- 숙성기간: 15일
- 어울리는 와인 :트레비아노 디 로마냐(Trebbiano di Romagna-W), 게비어츠트라미너(Gewürtztraminer - W)
- 용 도: 테이블 치즈, 요리용

스카모르짜라는 말은 남부 이탈리아어로 '목이 잘린'이란 뜻인데, 이 말은 끈이 달린 주머니에 치즈가 묶여 있었던 것에서 붙여졌다. 왼쪽 사진은 스카모르짜 비앙카(Scamorza bianca)로 훈제시키지 않은 일반 스카모르짜이며, 오른쪽 사진

은 스카모르짜 아푸미카타(Scamorza affumicata)로 훈제시킨 것이다. 훈제시킨 것은 겉 표면이 기름기진 갈색을 띠고 있다.

- 생김새

주로 작은 공모양으로 판매되는 스카모르짜는 모짜렐라와 비슷하지만 더 건조하고 단단하다. 훈제시킨 것은 겉 표면이 갈색을 띠고 있고 기름기가 있다.

- 맛과 향

질감은 모짜렐라처럼 말랑말랑하지만 조금 더 단단하다. 부드럽고 약간 짠맛이 난다. 훈제한 스카모르짜는 훈제특유의 스모크 향과 맛이 난다.

(11) 레지오(Taleggio)

- 원산지: 이탈리아롬바르디아(Lombardia)
- 원료유: 젖소 유
- 모 양: 너비18-25cm, 높이 5-7cm, 무게 1.7-2.2kg 의 벽돌 모양
- 지방함유율: 48%
- 숙성기간: 6-10주
- 어울리는 와인: 끼안티 클라시코(Chianti Classico - R)
- 용 도: 테이블 치즈, 그릴

탈레지오라는 이름은 1918년에 사전에 처음 등장하였는데, '발 탈레지오(Val Taleggio)'라는 이름으로 소개되었다. 원산지가 탈레지오였기 때문이다. 하지만 이미 10세기 경 부터 만들어졌던 오래된 치즈이다. 외피는 얇고 부드러우며 연한 갈색을 띠고 있고, 탈레지오의 마크인 네잎 클로버 모양이 커다랗게 찍혀 있다. 내부는 연한 미색이며, 숙성이 외피에서 안쪽으로 진행되기 때문에 껍질 쪽에 가까울수록 더 말랑말랑하며 향도 더 진하다. 상온에 두면 흘러내릴 정도로 부드러운 탈레지오는 사과나 배를 곁들여 먹으면 맛있고, 이태리 요리에도 많이 사용된다.

4. 이태리 정찬코스[21)]

□ 이태리 full course(정찬)

1) 아뻬르 띠보(Apertivo; 식전음식, 식전주)

결혼식과 같은 큰 행사 때 주로 먹는 요리이며, 전채 요리 전에 나온다. 스탠딩형식으로 서서 와인(식전주)과 함께 먹는 것이다. 음식에는 브르스케따(Bruschetta), 올리베 알 아스콜라레(Olive al Ascolare), 포카챠(Focaccia) 등이 있다. 와인은 스파클링 와인이나 스프만테(Spumante)등을 마신다.

2) 안티빠스토(Antipasto: 에피타이져, 전채요리)

프레도(Antipasti Predo: 냉전채) 연어요리나 지중해식 참치요리, 아스티식 고기 회를 즐겨먹는다. 칼도는(Antipasti Caldo: 온전채) 더운 전채요리를 말한다.

3) 쁘리모 (Primo- 첫 번째 요리)

쁘리모(Primo-piatto 단수)는 첫 번째 요리라는 뜻의 의미로, 첫 번째 코스를 말한다. 전채요리 다음에 먹는 전채요리로서 밀가루를 이용한 요리를 주로 먹는다. 예를 들어 스파게티나 피지를 먹으며, 저녁식사에는 주로 주빠(수프)를 먹는다. 상세하게 설명하면 다음과 같다.

(1) 면류(Pasta)

건면(Paste Secche:마른 파스타 종류)과 생면(Paste Fresche:후레쉬 면종류)있다. 지역에 따라 낮에는 착색 파스타나 소가든 파스타를 먹으며, 저녁에는 수프종류를 먹는다.

---

21) http://blog.naver.com/csi1199/50001620881

(2) 뇨끼(Gnocchei)

떡이라는 뜻의 의미로, 감자나 치즈를 이용해 반죽을 떼어 삶아 먹는 한국의 수제비형태의 요리이며, 버터와 육수 등에 볶아 치즈를 곁들여 먹는다.

(3) 리조또(Risotto)

쌀을 이용한 음식으로 야채, 버섯, 고기, 생선을 이용해 볶아 먹는 요리로서 완전히 퍼질 정도로 호화시키는 것이 아니라, 쌀을 입에서 씹을 수 있는 정도의 느낌을 가질 수 있어야 한다.

(4) 피자(Pizza)

밀가루반죽 위헤 토마토 소스와 야채, 해산물, 치즈 등을 얹어 구워내는 빵형태의 요리로 1인당 1개의 피자를 먹는다. 그러기 위해서는 토핑을 작게하고 재료의ㅣ 수가 3-4가지 정도만 넣고 만든다. 특히 후레쉬 모차렐라 치즈를 이용하기 때문에 수분이 많고 얇으며 바삭한 것이 아주 맛있다.

(5) 주빠(Zuppa: 국물이 거의 없는 상태의 수프)

미네스트라(Mimestra: 맑은 수프)와 미네스트로네(Minestrone:찌개처럼 국물이 적은 형태의 수프)가 있다. 서야익 수프로 한국인에게 잘 알려진 미네스토룽 수프이다. 걸쭉한 것과 맑은 것으로 2가지 종류가 있는데, 걸쭉한 것은 주로 파스타를 많이 넣어 끓인 수프이다.

4) 쎄콘도 (Secondo- 주요리, 두 번째 요리)

생선이나 고기(송아지), 양고기, 야생고기(멧돼지, 꿩, 산비둘기, 토끼 등등), 조류 등을 두 번째 요리로 먹는다. 돼지고기와 닭요리는 주로 집에서 해 먹으며 주 요리는 익힌 야채나 생야채를 곁들여서 먹는다.

5) 뽀로마지오(Fromaggio-치즈)

치즈 여러 가지 치즈를 다양하게 먹는 이탈리아인들은 기호나 취향에 맞게 치즈를 즐긴다. 경질치즈에 속하는 파머산 치즈나 그라나 빠다노를 밀가루 반죽을 입혀 튀겨 먹기도 한다.

6) 데세르트(Dessert-디저트)

아이스크림이나 과일 등 다양한 종류가 있는데, 가장 유명한 디저트는 '티라미수'로 알려져 있으며 현지에서도 티라미수가 가장 많다. 귀족적인 사람들은 주로 아이스크림(젤라또)위에 생과일을 얹어 먹기도 한다.

7) 빠스티체리아(Pasticcheria- 단과자)

주로 만들어서 먹거나, 구입하여 입맛에 맞게 요리를 해서 먹는 종류의 단과자이다. 이탈리아의 제과판매점에서 다양한 상품들이 입맛을 충족시켜 주기 때문에 지금은 거의 구입해서 먹는 사람이 많다.

8) 리귀오레(Liguore-식 후주)

식사 후 독하게 먹는 식후주로 그라빠(Grapa)나 레몬 맛이 강한 독한 술 레몬첼로 등을 주로 먹는다. 도수는 40도나 된다.

9) 카페(Caffet Espresso-카페, 에스프레소)

이탈리아인들은 식 후주뿐만 아니라 커피도 독하게 먹는 편이다. 아주 강한 향과 맛을 즐기는 커피가 바로 에스프레소(ESPRESSO)이다. 소주잔정도 크기의 잔에 1/2정도만 뽑아 먹는데 맛과 향이 무척 강하고 진하다.

5. 향신료: 허브와 스파이스

'푸른 풀'이라는 뜻을 갖고 있는 라틴어의 '허바(Herba)'에서 비롯된 허브(Herb, 향신채)는 고대에는 향과 약초만을 일컫는 단어였지만 현대에 와서는 약, 요리, 향료, 살균, 살충 등에 사용되는 식물 전부를 의미하게 되었다. 산이나 물가 어느 곳이든 뿌리를 내리고 잘 자라는 허브를 보통 서양 식물로 생각하는 경우가 많으나, 이는 우리에게 허브라는 이름으로 알려지기 시작한 식물들이 로즈마리, 세이지, 타임, 민트, 오레가노 등 서양의 허브들이었기 때문이다. 하지만 우리 음식의 대표적인 양념인 마늘, 파, 고추, 그리고 민간요법에 두루 쓰이는 쑥, 익모초, 결명자 등도 넓은 의미에서 모두 허브에 속한다.

스파이스(Spice, 향신료)는 향신채의 뿌리, 껍질, 잎, 과일 및 종자를 건조시킨 모든 식물성 재료를 말한다. 스파이스에는 방향성과 자극성이 뛰어난 후추, 계피, 넛멕 등이 있으며 이러한 스파이스들은 독특한 맛과 향, 색으로 음식에 풍미를 내는 데 사용된다. 고추, 겨자, 고추냉이, 산초 등이나 샤프란, 파프리카 같은 방향성 착색제도 스파이스에 속하며 자극성이 다소 순하지만 요리에 자주 쓰이는 월계수, 타임, 민트, 세이지, 로즈마리, 바질, 오레가노 같은 것도 스파이스에 속한다.

요리에 허브를 사용하면 요리의 나쁜 냄새를 없애는 동시에 허브 특유의 상큼한 향을 더해준다. 동시에 허브가 지닌 다양한 맛이 음식의 맛에 변화를 줄 수 있고 샤프란 같은 것은 독특한 색소 성분으로 음식을 더욱 먹음직스런 색으로 만들어 준다. 그러나 요리에 허브를 이용할 때는 무엇보다도 적절한 양을 사용하는 것이 가장 중요하다. 허브를 너무 많이 넣으면 오히려 음식의 맛이 저하되므로 적당한 양을 사용하는 것이 허브의 역할을 100% 살리는 비결이다.

또한 허브를 이용하여 허브 오일이나 허브 식초를 만들어두면 여러 가지 요리에 손쉽게 사용할 수 있고 독특한 향을 즐길 수 있다. 허브 오일이나 식초는 어느 것으로나 만들 수 있는데 허브 오일을 만들려고 하면 올리브 오일에 허브가 푹 잠기도록 하여 일주일쯤 두었다가 허브를 건져내면 된다. 허브 오일은 맛이 색달라 구이를 할 때 이용하거나 샐러드 드레싱으로 사용하면 음식의 향을 풍부하게 해준다. 허브 식초 만드는 요령은 허브 오일과 같은데 과일 식초에 허브를 담가 향이 우러나게 하면 된다. 이렇게 만든 허브 식초는 샐러드 드레싱으로 사용하면 좋다. 허브 오일이나 식초를 만들 때는 한 가지 허브만 넣어 그 자체의 맛을 살릴 수도 있지만 고추나 마늘, 통후추 등을 섞거나 허브끼리 섞어서 만들 수도 있다. 평상시 요리를 할 때 허브 오일이나 식초를 사용하면 맛과 향이 좀 더 깊어진 것을 느낄 수 있을 것이다.

▪ 계피(Cinnamon, Cannella)

계피는 상쾌한 청량감과 향기, 달콤한 맛이 특징이며 보통 음료나 아이스크림, 디저트 등을 만드는데 사용된다. 분말로 만들지 않은 상태의 계피는 스튜나 찜 등을 요리할 때 넣어 향을 가미시킨다. 맵거나 짠 음식과도 그 맛이 잘 어울린다.

▪ 넛멕(Nutmeg, Noce Moscata)

달고 자극적인 향과 쌉쌀한 맛이 있다. 육가공품, 생선 요리, 빵, 과자 등을 만들 때 주로 사용하고 이태리 요리에서는 대표적인 소스인 베샤멜라 소스를 만들 때 없어서는 안될 향신료이다. 열대상록수의 복숭아 비슷한 열매의 씨를 사용하는데, 알맹이로 된 넛멕은 갈아서 사용한다.

▪ 두송자(Juniper, Ginepro)

두송자는 이탈리아, 체코슬로바키아, 루마니아에서 자라는 삼나무과에 속하는 관목 상록수로, 완두콩 크기 만한 열매를 향신료로 사용한다. 고기나 생선을 양념에 재울 때 주로 사용한다.

▪ 딜(Dill,Aneto)

딜은 기후만 적당하면 어디서든지 잘 자라는 양미나리과의 한 종류로 순한 맛이 난다. 씨나 가지를 사용할 수 있으며, 생선요리와 야채요리의 향신료로 사용된다.

▪ 로즈마리(Rosemary, Rosmarino)

상큼하고 강렬한 향기를 풍기는 로즈마리는 민트과의 다년생 허브이다. 바늘같이 생긴 뾰족한 잎으로, 상쾌한 향을 지녔지만 맛은 약간 맵고 쓴 편이다. 육류요리에 많이 쓰이며 이탈리아 요리에는 없어서는 안 될 정도로 많이 사용된다. 육류나 생선, 감자요리 등과도 잘 어울려 한줄기를 곁들이는 것만으로도 향미가 풍부해진다. 잎은 장시간 조리해도 향이 없어지지 않으므로 스튜, 스프, 소시지 등의 향료로 이용되며 우스터소스의 향을 내는 주성분의 하나이다.

▪ 마늘(Garlic, Aglio)

구군이 성장한 것으로 6~12쪽의 조각으로 갈라져 있고 각 조각에는 껍질이 있으며 톡 쏘는 매운 맛과 짙은 향을 가지고 있다. 껍질이 하얀색인 마늘이 있고, 껍질이 붉은색인 것도 있다. 건조시키거나 가루로 만들어 사용하기도 하고 즉석에서 다지거나 으깨서 사용하기도 한다. 동서양 요리에 다양하게 사용되며 특히 이태리 요리에 있어서도 없어서는 안 될 향신료이다.

▪ 마조람(Marjoram, Maggiorana)

오레가노와 비슷한 종류로 더 섬세하고 우아한 맛을 지니고 있다. 잎과 줄기를 함께 잘라서 샐러드, 콩 요리, 생선 요리, 수프 등에 넣어 맛을 낸다. 마조람의 깊은 맛을 살리기 위해서는 요리가 다 되었을 즈음에 넣어야 하며 대개 신선한 것보다 가루를 많이 쓴다.

▪ 머스터드(Mustard, Senape)

겨자의 매운 맛은 가수 분해에 의하여 생기는 것으로, 따뜻한 물에 녹이면 효소 활성이 강해져 매운 맛도 증가한다. 씨는 그대로 소시지, 피클, 인도 요리에 사용되고, 조미된 것은 샌드위치, 샐러드, 스테이크 등에 사용된다. 향이 장기간 보존되기 어렵다는 것이 단점이다.

▪ 민트(Mint, Menta)

민트는 페퍼민트, 스피아민트, 애플민트 등 종류가 다양하다. 민트의 향은 기분을 상쾌하게 만들고 식욕을 돋워주기 때문에 오래 전부터 유럽에서는 민트 소스를 고기 요리의 필수적인 향신료로 사용해 왔다. 톡 쏘는 향미를 갖는 페퍼민트는 차로 마시면 좋고, 달콤하고 상쾌한 향을 내는 스피아민트는 양고기와 잘 어울리며 샐러드에 소스로 활용하면 과일의 맛을 한층 돋워준다. 애플민트는 고기, 생선, 달걀요리에 많이 쓰인다. 멘트 혹은 망토라고도 한다.

▪ **바질(Basil, Basilico)**

토마토를 이용한 요리에 빠질 수 없는 향신료 바질은 엷은 신맛을 내며 달콤하면서도 강한 향기를 갖고 있는 일년생 허브이다. 특히 토마토가 들어간 요리에 빠지지 않는 향신료로 닭고기, 생선 요리, 파스타 등에 많이 사용한다. 건조한 바질은 신선한 것에 비해 풍미나 향이 다소 떨어지지만 가루로 만들어 쓰면 향이 증대된다. 신선한 바질을 사용할 때에는 너무 큰 잎은 향기가 강하기 때문에 어린 잎을 사용하는 게 좋다. 또한 페스토(pesto)소스를 만드는 주재료이다.

▪ **생강(Ginger,Zenzero)**

생강빵을 만드는데 필수적인 재료로 갈대와 비슷한 잎을 가진 초본이며 그 뿌리를 사용하는데, 매운 맛과 향을 가지고 있다. 생선요리에 사용하기도 한다.

▪ **샤프란(Saffron, Zafferano)**

실고추와 생김새가 흡사한 사프란은 음식에 노란 물을 들이는 식용 색소로 주로 쌀 요리의 향신료로 사용된다. 꽃의 수술을 따서 말린 것으로 향이 독특하다. 또 버터와 치즈, 비스킷 등에서 독특한 냄새와 색깔을 낼 때 쓰인다. 이태리요리에서는 리조토 밀라네제 등 쌀요리에 많이 사용된다.

▪ **세이지(Sage, Salvia)**

약간 쓴 맛과 떫은 맛이 나는 세이지는 향이 강해 요리에 많이 사용되는데 건조시킨 것이 더 진한 향을 낸다. 주로 육류 요리나 내장류의 냄새를 없애주며 고기의 맛을 좋게 한다. 또한 고기를 먹은 뒤에도 느끼한 맛이 남지 않게 하고 소화를 촉진시키므로 많이 사용한다. 주로 닭, 양, 돼지 등의 요리나 치즈, 소시지 등에 사용하며 이탈리아 요리나 독일 요리에 많이 쓰인다.

▪ 아니스(Anise, Anice)

파슬리과 식물의 씨앗이다. 아니스는 양조산업의 천연재료나 제과원료로 많이 사용되며 오븐에 굽는 요리에 잘 어울린다.

▪ 오레가노(Oregano, Origano)

우리가 자주 먹는 피자의 독특한 맛을 내게 하는 오레가노는 민트과의 다년생 허브 중 하나로 강한 박하 같은 톡 쏘는 향기와 매운 맛과 약간의 쓴 맛이 특징이다. 생으로 이용하는 것보다는 건조시켜 사용하는 것이 향이 더 좋으며, 이태리 요리에서는 빼놓을 수 없는 중요한 향신료이다. 오레가노는 파스타나 피자 등에 넣는 토마토 소스와 치즈, 생선, 육류 등의 요리와 궁합이 잘 맞는다.

▪ 월계수잎(Bay leaf, Alloro)

스프, 스튜, 고기, 야채 요리 등에 광범위하게 사용되는 월계수 잎은 필수적일 만큼 널리 쓰이는 향신료이다. 식욕을 증진시킬 뿐 아니라 풍미를 더하며 방부력도 뛰어나 소스, 소시지, 피클, 스프 등의 부향제로도 쓰이고 생선, 육류, 조개류 등의 요리에 많이 이용된다. 말린 잎과 생잎 모두 사용한다.

▪ 정향(Clove, Chiodi di Garofano)

향신료 중 꽃봉오리를 사용하는 유일한 품종이다. 정향은 육류의 누린내와 생선의 비린내 등을 없애 주는 강한 향미와 달콤함을 지니고 있다. 이 달콤한 향미는 푸딩, 과일 펀치, 케익, 차, 술 등의 향미료로도 사용된다. 향이 매우 강하기 때문에 지나치게 많이 사용하지 않도록 주의한다.

▪ 차이브(Chive, Erba Cipollina)

유럽, 미국 등에 널리 퍼져 있는 정원초로 부추와 같은 속이며, 아주 가는 실파와 흡사하게 생겼다. 잎은 순한 향을 가지고 있는데 잎을 다져서 장식용으로 사용하기도 하고, 계란요리나 치즈요리에 넣으면 맛이 잘 어울린다.

▪ 커민(Cumin, Cumino)

커민은 캐러웨이와 유사한 식물의 향기 있는 씨앗이다. 약간 씁쓸하고 달콤하면서도 다소 자극적인 향료로 이탈리아, 멕시코 요리에 많이 사용된다. 북부 이탈리아에서는 주로 빵에 첨가하거나 감자요리에 향을 내기위해 넣기도 한다. 또 사우어크라우트(소금에 절여 발효시킨 양배추)의 향신료로 사용되기도 한다.

▪ 케이퍼(Caper, Capperi)

지중해, 스페인, 이탈리아 등이 원산지이며 그대로 사용하는 것보다 식초에 저장해 둔 것을 주로 사용하는데 소금에 절여 저장하기도 한다. 주로 샐러드나 소스, 파스타에 넣어 먹으며 참치 요리에도 잘 어울린다.

▪ 코리엔더(Coriander, Coriandolo)

고수풀이라고 부르며 미나리과에 속하는 60cm 정도 길이로 자라는 풀이다. 소시지류를 만들 때 향신료로 쓰이며 제과나 양조의 향신료로도 사용된다.

▪ 타라곤(Tarragon, Estragone)

유럽이 원산지인 다년생 정원초로 잎이 길고 얇다. 말릴 경우 향이 줄어들기 때문에 신선한 상태로 쓰는 것이 가장 좋다. 식초나 오일에 담아 허브식초나 오일을 만들기도 한다. 어떤 종류의 음식과도 그 향이 잘 어울린다.

▪ 타임(Thyme, Timo)

일명 '사향초'라고 하며 향료 및 약용 식물로 오랜 역사를 지녔으며 톡 쏘는 듯한 자극성 짙은 풍미로 요리에 깊은 맛을 더해준다. 생선요리나 육류 요리의 비린내 제거에 좋은 타임의 향은 채소, 육류, 어패류 등 어느 것에나 잘 어울린다. 건조시키면 향이 더욱 짙어지고 열을 가해도 향은 변하지 않는다. 또한 타임차는 옛날부터 약효가 뛰어나 불면증에 시달리는 사람들이 음료로 먹으면 효과가 있는 것으로 알려져 있다. 방부, 살균력을 지니고 있기 때문에 햄, 소시지, 케첩, 피클 등 저장 식품의 보존제로도 쓰이며 스튜, 수프, 토마토 소스 등 오랜 시간 조리하는 요리에 주로 쓰인다.

▪ 파슬리(Parsley, Prezzemolo)

잎을 잘게 다져 샐러드, 파스타, 고기 소스 등에 뿌려 사용한다. 냄새를 맡은 때는 향이 강하지 않으나 먹을 때 맛과 향을 발하는 파슬리는 서양요리에 빠져서는 안되는 필수 양념이며 음식의 장식용으로도 사용된다. 왼쪽 사진은 보통 우리나라에서 사용되고 있는 파슬리이고, 오른쪽 사진은 이탈리안 파슬리로 잎이 넓고 모양이 다르다. 프레제몰로라고 부르며 거의 모든 이태리 요리에 두루 쓰이는 필수적인 향신료이다

- **팔각**(Star Anise, Anice Stellato)

중국 요리할 때 많이 사용되는 향신료로 중국 목련 나무의 씨와 그 씨방이다. 돼지고기와 오리고기의 누린내를 없애주며 찜이나 조림요리에도 사용된다. 이태리요리에서는 돌체를 만드는데 주로 사용되며 장식용으로도 많이 사용된다.

- **펜넬** (Fennel, Finocchio)

구근과 줄기, 잎 부분은 야채로 이용되며 갈색의 씨앗은 향신료로 이용된다. 아니스(Anise)와 맛이 비슷하나 사이즈가 좀 더 크고 이탈리안 소시지나 토마토 소스등에 사용되며 특히 돼지고기와 그 맛이 잘 어울린다.

- **후추**(Pepper, Pepe)

매운 맛을 내주는 향신료의 대표격으로 검정 후추가 흰 후추보다 매운 맛이 강하다. 고기나 생선의 누린내, 비린내를 없애주며 미각을 자극해 식욕 증진의 효과도 있다. 후춧가루보다 갈지 않은 통후추가 더 매운 맛이 난다. 흰 후추는 생선요리나 하얀 색의 요리를 할 때 넣으면 지저분해 보이지 않아 유용하게 쓸 수 있다.

6. 이태리 와인(Italian Wine)[22]

이탈리아 와인 생산량은 연간 6천 6백만 헥타리터로 세계 1위이나 거의가 국내 소비이고 약 4백만 헥타리터만 해외로 수출한다.

포도재배에 종사하는 인구가 약 126만 명(7.6%)으로 약 30%정도가 스스로

22) 전게서, 강대훈, pp.64-67 재정리.

와인을 양조하지만 프랑스와 같은 높은 지명도를 가진 와인 생산자는 그다지 많지 않다.

그래서 이탈리아 정부에서는 와인의 지명도를 높이기 위하여 1963년 주법을 개정하였는데, 프랑스의 A.O.C와 같은 D.O.C(Denominazione di Origine Controllata: 데노미나지오네 디 오리지네 콘트롤라타) 법령을 이탈리아 협회에서 공인함으로써 정부에서 법으로 제정하고 있다.

그래서 법에 등록된 와인 생산자를 보호하고 수출을 권장하기로 하여 와인가격을 조정하고 오랜 전통을 지닌 수준급 와인으로 분리하고 있는 것이다.

이탈리아의 와인은 대부분 조잡하여 우량품은 없으나 프랑스 와인의 2급에 해당하는 우량품으로 생산하고 있다.

1) 와인의 등급

이탈리아 와인 법규인 D.O.C에 의한 와인 등급은 현재 5등급으로 분류되며 다음과 같다.

(1) D.O.C.G(Denominazione di Origine Controllata Garantita: 데노미나지오네 디 오리지네 콘트롤라타 가란티타)

이탈리아에서 생산되는 와인 중 최상의 등급으로서 최고 품질지역에서 만든 와인을 테스트한 것에만 붙여진다. D.O.C.G와인이 되기 위해서는 병입되고 봉인 될 때까지 와인의 전 생산과정을 정부가 규제하고 품질을 보증하는 와인이다.

(2) D.O.C(Denominazione di Origine Controllata: 데노미나지오네 디 오리지네 콘트롤라타)

원산지 통제표시 와인으로 품질을 결정하는 위원회에 의하여 특정 포도품종, 와인제조 방법, 제한된 수확량, 숙성기간 등이 갖추어진 와인에 붙여진다. 특정 포도품종, 전통적인 와인 제조방법, 제한된 수확, 적절한 숙성기간, 타당성 있는 기록 등이 갖추어져야 한다.

(3) 비노 티피코(Vino Tipico)

D.O.C의 엄격한 통제를 받는 것은 아니지만 그들 지역을 나타내는 것이 공식적으로 인정된 원산지가 정해지고 증명된 새로운 와인의 범주라고 할 수 있다.

(4) 비노 다 타보라 콘 인디 카지오네 게오그라피카 (Vino da Tavola Con Indicazione Geografica)

포도품종이 명시되어 있는 와인은 그 품종의 원산지도 명시해야 되며, 지리적 유래가 명시되었으나 특별히 정해진 규칙은 없는 것이 특색이다.

(5) 비노 다 타볼라(Vino da Tavola)

가장 기본적이고 통제되지 않는 와인이다.

2) 주요생산지역

이탈리아에는 많은 명산지가 있으며 여기에서 유명한 와인을 140가지 이상 생산하고 있다. 이탈리아는 양질의 포도재배에 적합한 이상적인 지중해성 기후와 풍부한 수분을 함유한 토양을 갖고 있어서 와인 생산에 최적지라 할 수 있다. 그래서 이탈리아는 남북으로 긴 국토 전역에서 와인을 생산하여 전 국토가 포도원이라 해도 과언이 아닐만큼 포도를 재배하고 있다. 옛날에는 남부에 유명한 와인 산지가 밀집해 있었지만 현재에는 생산량 면에서 남부가 많지만 지명도 면에서 뛰어난 와인은 북부에 많다.

이탈리아 와인의 주요 산지를 분리하면 삐에몬떼(Piemonte), 베네또(Veneto), 에밀리아 로마냐(Emilia Romagna), 토스카나(Toscana) 등이 있으며 다음과 같다.

(1) 피에몬떼(Piemonte) 지역

삐에몬떼는 이탈리아 최고의 와인 산지로 북서부에 위치한 알렉산드리아(Alessandria), 아스띠(Asti), 쿠네오(Cuneo)가 대표적인 지역이다. 이탈리아 3대 레드 와인 지역은 삐에몬떼, 끼안띠, 베네토가 있고, 그 중 가장 훌륭한 이탈리아 레드 와인 지역은 삐에몬떼이다. 삐에몬떼(Piemonte)는 알프스산의 문턱이라는 뜻으로 삐에몬떼 지역은 이탈리아 북서쪽에 위치하고 있어서 겨울은 춥고 여름은 더우며 가을은 길어서 포도가 충분히 영글 수 있다. 이것은 알프스산의 영향을 받아 여름은 뜨겁고 가을은 안개가 끼는 기후 조건을 지녔다. 그래서 이탈리아 최북단 알프스산 기슭에 토리노(Torino)시를 중심으로 한 지역으로서 양과 질이 이탈리아 제일의 산지이다.

삐에몬떼의 와인은 쓰고 단맛이 나는 버머스(Vermouth)와인과 수프만떼 와인(Spumante Wine)이 생산되는데, 세계적으로 유명하다.

유명한 와인으로서는 바롤로(Barolo), 돌쎄또(Dolcetto), 그리롤리노(Grinolino)가 있는데 지방명과 포도명을 와인 명칭으로 사용한 와인들이며, 와인은 강하고 진하고 독특하며, 숙성이 잘 되어 있는 것으로 유명하다.

쉬어가기 슈프만떼 와인

이탈리아에서 생산되는 발포성 와인(Sparkling Wine)이다.

① 바롤로(Barolo)

바롤로(Barolo)는 알콜 도수 12~15%의 강한 와인으로 3년을 저장해도 찌꺼기가 위로 뜨므로 병을 세워서 저장한다. 최소한 3년간을 오크통에서 숙성시키며 병 속에서 3년간 더 숙성시킨다. 바르바레스코보다 포도의 풍미가 있으며 더 짙은 중후한 맛을 낸다. 알콜 도수가 12%에 도달하지 못하면 바롤로 이름을 사용할 수 없는 것이 특징이다.

② 바르바레스코(Barbaresco)

타나로(Tanaro)강으로부터 가을의 서리에 의해 영향을 받으며 바롤로와 유사한 와인이지만 전체적으로 볼 때 더 가볍고 섬세한 와인이다. 바롤로나 바르바레스코는 로스트(Roast)된 음식과 잘 어울린다.

③ 화이트 와인(White Wine)

무스카토(Moscato) 포도로 만들어지는 무스카토 다아스티(Moscato dasti)와 아스티 수프만떼 와인(Spumante Wine)이 생산되는데, 이것은 스파클링 와인으로 맛은 가볍고 스위트한 것으로 유명하다. 또한 드라이 화이트 와인인 가비 와인(Gavi Wine)은 이탈리아의 유명한 와인 중의 하나로 이탈리아의 화이트 버건디(White Burgundy)라고 일컬어진다.

(2) 베네토(Veneto) 지역

베네토는 삐에몬테, 끼안띠 다음으로 훌륭한 이탈리아 레드 와인 생산지역이다. 이곳은 다른 주요 와인 생산지인 에밀리아 로마냐, 뿔리아, 시실리아와 생산량으로 경쟁하고 있다.

① 소아베(Soave)

가장 인기있는 화이트 와인 중의 하나이며 뚜렷한 맛이 없고 싱싱하며, 균형있고, 섬세함이 돋보이는 와인이며, 엷은 짚색이 특징이다. 소아베는 생선요리에 아주 잘 어울린다.

② 바르돌리노(Bardolino)

베네토에서 생산되는 대표적인 레드 와인으로 부드럽고 상쾌하다.

③ 발포리첼라(Valpolicella)

레드 와인으로 가벼운 느낌을 주면서 마시기 쉬운 특징을 가지고 있다.

(3) 에밀리아 로마냐(Emilia - Romagna) 지역

에밀리아 로마냐 지역에서 가장 많이 재배되는 포도품종은 3가지가 있으며 즉, 람부르스코(Lambrusco), 트레비아노(Trebbiano), 알바나(Albana)이다. 이 지역의 주요 생산 와인은 람부르스코 디 소르바라(Lambrusco di Sorvara), 람부르스코 글라스파로사 디 카스테베트로(Lambrusco Grasparossa di Castelvetro), 람부르스코 살라미노 디 산타 크로세

(Lambrusco Salamino di Santa Croce)로 알콜 함유량이 10.5~11%로 낮은 편이며, 신선하고 마시기 쉬우며 맛이 상쾌한 와인이다.

(4) 토스카나(Toscana) 지역

토스카나는 르네상스의 발상지인 플로렌스를 끼고 있어서 건축물, 자연풍광, 농업의 역사가 깊고 심오하다. 특히 이 지역은 음식과 와인으로 유명한 끼안띠(Chianti)가 있는데, 이탈리아 중부는 토스카나(Toscana) 지역과 끼안띠(Chianti) 와인을 연상할 만큼 널리 알려진 곳인데 토스카나는 곧 끼안띠 지역이다.

1963년 DOC법규가 끼안띠 와인을 정의하였을때 백포도 함량이 30%까지는 인정되었으며, 전통적인 끼안띠는 발효가 끝난 후 건포도로 만든 발효되지 않은 와인을 첨가함으로써 색다른 방법으로 와인에 활력을 불어 넣는다. 이 결과 와인은 포도 수확해의 포도의 신선함이 신비스럽게 와인에 풍기게 된다.

리저바(Riserva) 끼안띠는 병입되기 전 오크통에서 3년간 숙성시킨다. 이 와인은 짚으로 싸지 않은 보르도 타입의 병에 병입되어 구분된다. 끼안띠 포도품종은 산지오베제(Sangiovese), 말바시아(Malvasia), 카나이올오(Canaiolo), 트레비아노(Trebbiano)이며 개인 포도원에서 병입되는 끼안띠는 리카솔리, 안띠노리, 프레스코발디, 베기오마죠 등이 있다.

토스카나에는 3가지 D.O.C.G 와인을 자랑하고 있는데, 강한 레드 와인인 비노 노빌레디 몬테풀챠노(Vino Noblredi Montepulciano)는 이탈리아 와인 중에서 처음 D.O.C 와인이었으며, 그 뒤를 이어 부루넬로 디 몬탈치노(Brunello di Montalcino)와 끼안띠이며, 이는 레드 와인과 화이트 와인을 혼합하여 만드는 레드 와인으로 보통 품질의 끼안띠와 최고급의 끼안띠 클라시크가 있다.

전통적인 끼안띠 와인은 발효가 끝난 후 미량의 발효되지 않은 포도 액을 첨가하여 색다른 방법으로 와인에 활력을 넣음으로써 포도의 신선함이 와인에 스며들게 하는 비일반적인 방법으로 제조된다. 토질은 자갈과 모래의 언덕으로 포도와 올리브가 풍성하게 자라고 있다.

끼안띠 지역의 1/3에 해당하는 포도밭을 끼안띠 클라시코(Chianti Classco)

라고 이름하며 최상급 와인이 생산되는 밭으로 되어 있으므로 끼안띠 와인 중에 최상급으로 알려져 있다.

아주 좋은 끼안띠 와인(Chianti Wine)은 오크통에 오래 묵혔다가 병에 담으며 와인 병은 땅딸막한 특수한 모양으로 보릿짚으로 병의 밑 부분을 감싸 놓은 것이 다른 와인병과 특이한 점이다.

7. 식사 시 예절 및 습관[23)]

유럽인들의 음식문화는 서로가 서로에게 영향을 주어왔으므로 비슷한 점이 많다. 이태리사람들의 식사예절을 보면 다음과 같다.

① 요리의 전반적인 것은 나이프와 포크를사용하여 먹게 된다. 그러나 감자튀김이나 뼈를 빼지 않은 고기, 빵 등은 손으로 먹기 때문에 손의 청결에 주의해야한다.

② 식사 하는 도중에 식탁에서 손을 식탁 밑으로 내리지 않는 이유 중의 하나가 아마도 청결한 손을 유지하고 있다는 것을 보여주기 위함일 것이다. 그렇다고 해서 팔꿈치를 식탁에 대고 있는 것도 실례이니 주의해야한다.

③ 여러 사람이 공동으로 해서 큰 접시에 함께 담겨져 나오는 음식으로 각 각의 사람들에게 돌아가면서 덜어먹게 된다. 이때 맛있는 부위나 살코기 등 좋은 부위를 찾느라고 뒤적 뒤적거리며 서빙을 하는 것은 예의에 어긋난다.

④ 이태리사람들의 식탁에는 기본적으로 소금과 기름이 놓여 있다. 필요할 때는 본인이 직접 가서 가져다 먹는 것이 예의 있는 행동이다. 옆 사람에게 달라고 하여 건네받는 것은 예의에 어긋난다.

⑤ 샐러드는 반드시 각자의 접시에 덜어서 소스를 첨가하여 먹는다. 각자의 소스에 대한 취향을 존중해 주기 때문이다. 소스가 따로 나오지 않는 경우에는 식탁 위에 놓여 있는 올리브 오일과 소금, 후추, 식초 등을 자신의 입맛에 맞게 넣어 먹는다.

---

23) 전게서, 구난숙외, p.134.; 김윤태외, p.270.; 김숙희외, pp.341-342.

⑥ 식탁이나 식탁을 떠나서도 트림을 하는 것은 예의에 크게 어긋난다. 그러나 코를 푸는 것은 그다지 수치스럽게 느끼지 않음은 한국과 다르다.

⑦ 지방별로 고기요리에 대한 양념이나 조리법이 약간 다르기 때문에 웨이터에게 자세히 질문하면서 주문하는 것이 좋다.

⑧ 이태리인들이 떠들고 왁자지껄하지만 식당에서 종업원을 큰소리로 부르는 것은 삼가는 것이 좋다.

⑨ 종업원이 음식을 가져오면 먼저 드리고 싶은 어른이 있으면 그쪽으로 먼저 줄 수 있도록 표시하면 된다. 일단 이태리 종업원은 여자나 가까이 있는 사람에게 먼저 접시를 놓기도 하고 때론 접시를 소리 나게'툭툭'놓는 경우도 있으나, 당황하지 않아도 된다.

⑩ 와인이나 물을 마시기 전에는 입속의 것을 모두 삼키고 냅킨으로 입술을 한 번 닦은 후 이를 마셔야지 그렇지 않으면 잔에 음식물이 묻어 있어 상대가 보기에 별로 좋지 않다.

⑪ 음식물을 씹어 먹을 때 절대 소리를 내지 말아야한다. 아무리 큰 음식이 입속에 들어갈지라도 이와 음식물을 씹고 있는 입속의 모습이 보이는 것, 또는 쩝쩝 소리를 내는 것은 실례이다.

⑫ 식당에 들어서서 종업원이 테이블로 안내할 때까지 조용히 입구에 서서 기다려야 한다.

⑬ 타인을 식사에 초대한 경우, 계산서는 손님이 보지 않도록 해야 한다.

⑭ 메뉴 외에 타 간행물 등을 보는 것은 지양해야 한다.

쉬어가기 파스타(Pasta)와 스파게티(Spaghetti)

파스타와 스파게티를 혼동하는 경우가 흔히들 있다. 밀가루를 이용해서 만들어진 국수나 만두 같은 것을 물에 끓여 만든 음식을 모두 파스타라고 한다. 스파게티는 수많은 파스타 중 하나로서 중국음식점 자장면 면발과 비슷한 두께인 파스타 국수의 이름이다. 스파게티면이 파스타 요리에 가장 보편적으로 사용되기 때문에 국수처럼 생긴 파스타를 통상적으로 스파게티라고 부르게 된 것 같다.

쉬어가기 이태리인들의 식생활 모습

1. 아침식사 - 코라지오네(Colazione)

대부분 진한 에스프레소 커피 한 잔 정도로 마신다. 가령 먹게 되면 간단하게 크로와상이나 브리오슈 같은 빵 한 조각을 먹는 정도이다.

2. 스푼티노(Spuntino)

오전 11시를 전후해서 아이들은 학교에서 간식으로 가져간 빵을 먹고 직장인들도 바(Bar)에 가서 간단하게 빵과 커피를 마신다.

3. 점식식사 - 프란조(Pranzo)

시에스타가 있어서 대부분의 상점을 오후 1시 무렵부터 4시 경까지 문을 닫는다. 이 때문에 집에 가서 느긋하게 정찬으로 점심을 즐기는 경우가 많은데 요즘 직장인들은 회사 근처에서 간단히 먹기도 한다.

4. 메렌다(Merenda)

오후 4시경에 다시 오후업무가 시작되고 나서 5시 무렵 거리 피자집에서 피자를 먹거나 집에서 구운 케익과 커피를 마신다.

5. 저녁식사 -체나(Cena)

오후 일과는 대개 7시 반경 끝나게 되므로 저녁 식사는 보통 8시 반 전후로 해서 갖게 된다. 이태리인들은 모든 가족이 다 함께 식사하는 것을 매우 중요하게 생각한다. 주로 저녁 식사 때 온 가족이 모여 정찬을 즐기는 경우가 많다.

제3절 독 일

1. 지형적 · 사회적 특성

1) 개요

독일의 공식명칭은 독일연방공화국(Federal Republic of Germany/ Bundesrepublik Deutschland)로 유럽 중북부에 있는 주요 국가로 공식 수도는 베를린이다. 알프스 산맥 외곽 능선으로부터 북쪽으로 독일중앙고원의 여러 지역과 북독일 평야 등 유럽 대륙의 주요 자연경계선을 가로지르며 펼쳐져 있다. 북쪽으로 발트 해 · 덴마크 · 북해, 서쪽으로 네덜란드 · 벨기에 · 룩셈부르크 · 프랑스, 남쪽으로 스위스 · 오스트리아, 동쪽으로 체크 · 폴란드와 접경한다. 면적 357,021㎢이며, 82,604,000(2003 추계)정도의 인구가 된다.

2) 자연환경

독일 킬의 엘베 강 어귀부터 발트 해에 이르는 국가로 남북 최대 거리는 북위 47~55°사이의 약 850km이고, 독일 중심부를 가로지르는 동서 최대 거리는 동경 6~15°사이의 약 640km이다. 동 · 서로 접한 이웃 국가들처럼 북쪽에서 남쪽으로 갈수록 고도가 높아지는 지형학적 특징을 보인다. 지리학적으로 북독일 평야 · 독일중앙고원 · 남부산악지방 등 3지역으로 구분된다.

독일의 북쪽 1/3 정도를 차지하는 북독일평야는 북쪽 해안에서 시작해 오레 산맥까지 펼쳐져 있다. 이 지역은 슐레스비히홀슈타인 · 브레멘 · 함부르크 · 메클렌부르크포어포메른 주 이외에도 베를린 · 작센안할트 · 브란덴부르크 · 니더작센 주의 대부분과 노르트라인베스트팔렌 주의 서북부로 이루어졌다. 대체로 빙하시대 동안 빙하가 녹으면서 형성된 이 지역은 거대하게 뻗어 있는 해안 평야로부터 완만하게 기복이 진 구릉지대, 수림지, 호수 습지, 황무지 등으로 이어지는 지형적 변화를 보이고 있다. 이 지역의 평균고도는 해발 100m가 채 되지 않는다.

북부지역은 농업(특히 곡물 재배)·낙농·가축사육에 매우 적절하다. 또한 이전에는 철이 많았으나 현재는 석탄이 풍부하게 매장되어 있다. 이와 같은 조건들은 이곳의 많은 강·운하와 함께 이 지역의 부를 이루는 데 기여했다. 엘베 강과 베저 강이 내륙 해항인 함부르크와 브레멘을 통과하여 흐르며, 유럽 최대의 내륙 수로인 라인 강은 인구가 밀집되고 고도로 공업화된 루르 지방에서 바다로 나가는 통로가 된다.

흔히 독일중앙고원으로 알려진 독일의 1/3에 해당하는 중부지역은 삼림이 우거진 산마루의 저지대, 강 유역, 고원 등으로 이루어진 복합적 지형을 보인다. 이 지역은 헤센·라인란트팔츠·자를란트·튀링겐·작센 주의 전부 또는 대부분과 노르트라인베스트팔렌·니더작센·작센안할트·브란덴부르크 주의 남쪽 부분들에 이른다. 독일의 가장 중앙에 위치하면서 번창한 공업지대인 헤센 남부의 라인-마인 지역 일부와 인구가 희박한 오지의 일부도 이곳에 포함된다. 이 지역에서는 목재가 중요한 자원이며, 비교적 최근의 지질연대에 발생한 화산활동으로 만들어진 구역은 중요한 광물 공급원이다. 이 지역 안의 골짜기에서는 곡물이 재배되고, 기후조건이 허락하는 곳에서는 포도주용 포도가 재배된다. 그 밖의 구역에서는 풍부한 수력전기가 공급되고, 수상·철도·도로 교통이 편리해 광산업·제조업·가공업 등이 이루어지고 있다.

독일의 나머지 1/3에 해당하는 남쪽의 남부산악지방은 사실상 쥐라 산계의 동북 연장부다. 마인 강에 의해 독일중앙고원으로부터 분리된 이 지역은 바덴뷔르템베르크 주와 바이에른 주의 대부분을 점한다. 마인 강과 네카어 강 유역으로 둘러싸인 부분은 낮은 구릉, 대지, 골짜기 등으로 이루어졌다. 이곳은 풍부한 농업지대이며, 또한 비교적 고립되어 있어 잘 보존된 옛 도시들이 많다. 남부산악지방의 대부분은 쥐라 산맥 최북단의 2개 지맥으로 형성되어 있다. 서쪽 지맥은 그곳을 덮고 있는 거대한 전나무들이 거무스름하게 보여 슈바르츠발트(검은 숲)로 흔히 알려져 있다. 동쪽 지맥은 슈바벤쥐라 산맥과 더 북쪽의 프랑켄쥐라 산맥으로 이루어져 있는데, 이곳의 일부에서는 울퉁불퉁한 바위투성이의 지질층이 뚜렷이 나타난다. 남부산악지방의 가장 동쪽 부분에는 보헤미아 숲과 슈바르츠발트 삼림지대가 있으며, 독일의 남쪽 국경에는 아름다운 경관으로 유명한 바이에른알프스 산맥이 있다. 바이에른알프스에는 독일에서 가장 높은 추크슈피체봉(2,962m)이 있다.

3) 토양

경작이 가능한 토지에서는 대부분 농작물을 재배하지만, 매우 비옥한 땅은 비교적 적다. 대규모의 곡물 생산이 부적절한 땅은 방목지로 이용되고 있다. 토양은 대부분 모래와 롬으로 이루어져 있으며 남부와 서부 일부지역은 황토, 최북단과 최남단은 점토와 습지로 덮여 있다.

4) 기후

위도 상 상당히 북쪽에 위치하고 영토의 대부분이 대서양에 있는 따뜻한 멕시코 만류의 영향을 받기에는 멀리 떨어져 있지만, 대체로 온대기후의 혜택을 입고 있다. 혹독한 추위가 장기간 계속되는 경우는 드물며 강우량이 풍부하여 농작물 재배에 이상적인 조건을 갖추었다. 그러나 서유럽 전역이 대체로 그런 것처럼 독일의 기후도 멕시코 만류에서 발생해 서쪽으로 흐르는 따뜻한 해양성기후가 유럽 동북부로부터 이동해오는 매우 찬 기단과 충돌할 때 갑작스런 날씨 변화를 보인다. 북해와 발트 해를 향한 해안선 때문에 해양성기후의 영향을 많이 받는다.

독일 서북부와 저지대는 주로 습하며 알맞은 온도를 갖춘 대기의 영향을 받는데, 이 대기는 편서풍을 타고 북해로부터 내륙쪽으로 옮겨간다. 전체적으로 볼 때 이 대기는 적당히 따뜻한 여름과 온난한 겨울 날씨를 누릴 수 있게 하지만 높은 습도, 긴 장마철, 서늘한 계절에 안개가 끼는 등의 나쁜 점도 동반한다. 유라시아 내륙을 향해 평야가 펼쳐지는 동쪽으로 갈수록 강수량은 감소하고, 가장 따뜻한 달과 가장 추운 달의 평균 기온차가 커진다. 중부와 서남부 지역의 구릉지대에서는 대륙성기후 때문에 한서의 차이가 보다 뚜렷해지고, 동남부 고원 및 대지 구역에서는 그 차이가 더 심하다. 산맥에서는 비가 많고 서늘한 기후를 보이며, 서쪽을 향한 비탈에서는 해양성 대기의 영향으로 비가 많이 내린다. 연평균 강수량은 지역에 따라 다르다. 북독일평원에서는 510~710㎜, 독일중앙고원에서는 710~1,505㎜, 알프스 산악지역에서는 1,989㎜가 넘는다. 가장 추운 달인 1월의 평균기온은 북부 저지대에서는 −3~1℃로 변화하며, 고원지역에서는 고도에 따라 −6℃까지 떨어진다. 7월 평균기온은 16~19℃에 이르며 깊숙한 강 골짜기에서는 기온이 약간 더 상승한다.

5) 식생

사과·배·복숭아·버찌·서양자두·살구·마르벨르 등의 과실수와 호두나무·밤나무·개암나무가 널리 분포한다. 그러나 포도나무처럼 이 나무들도 서부와 서남부 지역에서 가장 무성하게 자란다. 딸기, 블루베리, 검은나무딸기, 넌출월귤, 알이 잘고 씨가 없는 건포도가 모든 지역의 삼림과 초원에 풍부하다.

비옥한 지역에서는 주로 밀·보리·옥수수·사탕무 등을 재배하고, 북독일평야와 독일중앙고원의 척박한 토양에서는 전통적으로 호밀·귀리·감자, 그리고 사료용 비트를 재배한다. 농업 기술의 발전은 농작물의 지역별 분포 양상을 바꾸어놓았다. 예전에는 독일중앙고원 북부 가장자리의 황토 지대처럼 비옥한 토양에서만 경작되었던 사탕무를 지금은 다른 곳에서도 얼마든지 찾아볼 수 있다는 것이 그 한 예이다. 화학 비료가 보급되면서 기계 경작에 적합하다는 이유로 모래가 많은 토양이 성가를 크게 높였다. 예컨대, 북독일평야에서 감자 대신 사료용 옥수수가 널리 재배되고 있다. 지역적 측면에서 경지는 일반적으로 옥수수 등의 곡물 재배지와 영구 목초지로 대별되는데, 둘 다 가축 사육의 기반이 된다.

낙농업은 과거에는 기후가 온화한 북부 해안 저지대와 알프스 산기슭에 집중되어 있었지만 지금은 소규모 농장이 주류를 이루는 전 지역에서 행해지고 있다. 가축 사육은 추운 겨울 때문에 보통 축사를 이용한다. 동독에서는 사료를 구하기가 쉽고 도시 시장에 인접한 경지에 위치한 대규모 농장들에서 우유를 집중적으로 생산했다. 닭, 돼지, 식육용 송아지 등의 사육은 동·서독을 막론하고 경지와 분리되면서 갈수록 대단위 사육장 중심으로 이루어지고 있다.

농산물 특산지 가운데 빼놓을 수 없는 것은 서독 지역의 도시 근교 농업이다. 이곳에서는 과일 · 야채 · 화훼 등이 생산된다. 따뜻한 서남부 저지는 담배와 종자 수수 재배에 알맞고, 함부르크 남쪽의 엘베 습지와 베를린 남쪽의 슈프레발트 습지처럼 야채를 재배하기에도 좋다. 독일 남부는 풍부한 과일 생산지이다. 그 밖의 주요 농산물 특산지로는 함부르크 남쪽 엘베 강변의 '알테스란트', 포츠담 근처 하벨 호 지역과 할레 지역 등이 있다. 드레스덴 근처의 엘베 강 골짜기 언덕 경사면에서도 포도주용 포도가 일부 생산되지만 포도원은 주로 서부, 특히 라인 · 모젤 · 마인 · 네카어 강의 골짜기와 그 근처에 있다.

2. 독일 식문화의 특징

1) 음식의 개요[24)]

독일은 지방자치국가다. 이러한 특성은 음식에도 마찬가지로 나타나 있다. 각 지방마다 먹는 법이 다르고, 즐기는 음식도 같지 않다. 그들이 가장 즐기는 음식은 바로 소시지와 맥주이다. 그러나 이 음식도 지방마다 조금씩 혹은 많은 차이를 보이고 있다.

동부지역은 파프리카(서양고추)와 캐러웨이 등의 강한 향신료를 많이 사용하며, 바닷가에 면한 북부지역은 스칸디나비아 반도의 영향으로 청어 와 같은 생선을 많이 먹는다. 그리고 라인 강 유역의 서부 지역은 와인이 많이 나며, 다른 지방처럼 양념이 강하지 않은 것이 특징이고, 남부지역은 소시지와 맥주, 감자를 이용한 요리가 다른 지역에 비해 많아 우리가 일반적으로 생각하는 독일요리에 가장 가깝다고 할 수 있다.

2) 독일 음식의 역사

독일 음식의 역사적 변천은 지역적 차이에 의해 다양하게 나타난다. 로마의 역사가 타키투스는 그 당시 로마에 온 게르만족 조상들의 음식을 일컬어 단순하고

---

24) http://blog.daum.net/ hdn/blank article.html

빈약한 음식이라 했는데 그 당시 게르만인들은 오트밀과 거친 빵, 치즈, 사냥한 짐승들을 먹었다고 한다. 그러나 게르만족이 로마에 정착한 후 식생활은 크게 변화했다. 기독교를 받아들이며 예술 일상생활 식생활 등에 큰 변화가 일어났는데 로마의 영향으로 금은제품의 용기를 사용했으며 식기가 매우 화려해졌다고 한다.

중세에 이르러서는 독특한 음식을 먹기 시작했는데, 고기를 꼬챙이에 끼워 굽고 양념한 소시지, 훈연한 육류, 염장한 어류, 꿀 케이크 등을 만들어 먹었다. 안식일에는 생선으로 식사를 하고 음료는 역시 맥주, 사과 술, 우유 등을, 부자는 와인을 마셨다. 그리고 이때부터 수도원의 수사나 수녀들은 알콜 음료를 만들어 마시기 시작했다고 한다.

르네상스 시대에 들어와서는 식품이 더욱 다양해졌고 생선이나 소 조육류는 특별히 사육을 해 생산량이 증가하게 되었다. 주방의 기구들도 다양해졌으며 식탁의 그릇이나 기구가 화려해졌고 음식에 대한 새로운 관습도 많아졌을 뿐 아니라 요리책도 많이 출간되었다고 한다. 1700년대에 들어와서는 새로운 형태의 식생활 형식이 정해졌고 비로소 프랑스의 영향에서 벗어나게 되었다. 작은 잔에서 큰 머그 음료 잔으로 바뀌었고 부드러운 케이크 대신 굴이 들어간 단단한 케이크를 먹었다. 경제적으로 넉넉하지 못한 일반 가정에서는 집에서 만든 맥주와 단단한 빵 베이컨 콩과 덤풀링 등으로 배를 채웠다.

독일의 유명한 속담에 "사람은 빵만 먹고 살 수 없다. 반드시 소시지와 햄이 있어야 한다"라는 말이 있다. 이 독일속담이 우스갯소리처럼 들릴 수도 있지만 이 말만큼 독일의 음식문화를 잘 함축한 것도 없다. 독일 사람들에게 소시지와 햄은 빼놓을 수 없는 가장 기본적이고 중요한 음식이다. 마치 우리의 김치처럼 말이다. 대부분의 독일가정 식탁에 하루도 빠지지 않고 오른다.

3) 음식의 특징

(1) 독일인의 특징에 따른 음식문화[25]

보통사람들이 독일인하면 제일먼저 떠올리는 것이 실용성과 검소함이라고 할

25) 상게서.

수 있다. 독일의 음식문화도 그것을 그대로 반영하여, 한 가지 재료를 남김없이 조리에 사용하며, 필요 없는 장식은 거의 없고, 메인 요리접시 따로, 샐러드접시 따로, 샐러드 접시 따로, 이렇게나오는 것이 아니라 그 날 식사로 나오는 모든 요리를 각자 큰 접시 하나에 담아서 남김없이 깨끗하게 비운다. 양념이 강하고 양도 엄청나게 많은 편이다. 물론 이것은 점심식사의 경우만을 말한다.

오랜 기간 동안 독일 음식은 검소하고 엄격한 것으로 여겨져 왔기 때문에, 처세술을 갖는 그러한 음식들은 항상 그 자체 이상이었으며, 그러한 점을 인정하는 이들이라면 언제나 음식을 맛있게 먹을 수 있었다. 더욱 불행했던 이들은 가장 빈약한 재료 즉, 북부지방의 맛있는 양배추를 가지고 놀랄만한 성과를 거두었다.

독일에서 가장 선호하는 채소는 양배추인데, 그 자체가 전 세계에 걸쳐 독일에 부여된 경멸적인 이름이었다. 모든 종류의 양배추는 비타민 C, 미네랄, 밸러스트 등이 풍부하며, 칼로리도 낮다. 맛 좋고 경제적인 양배추는 군인들에게 오랫동안 전형적인 음식으로 여겨져 왔다. 하얀 양배추는 선도적인 역할을 담당하고 있으며, 싸우어크러트(Sauerkraut)에 주요 재료로 사용되고 있다.

독일 북부지방의 주름이 많은 그린 양배추는 거의 컬트음식(Cult-Dish)과 같다. 몇 일 밤 동안의 가벼운 서리는 양배추의 맛을 풍부하게 해준다. 서리는 양배추의 녹말성분을 당분으로 바꾸어 주면서 이를 연하게 만든다.

(2) 식생활의 일반적 특징[26)]

① 감자와 소시지는 독일인의 주식.

감자와 소시지 그리고 맥주는 독일인의 즐기는 음식이다. 감자는 19세기에 들어 독일 인구 수가 급격히 늘어나면서 식량부족이 우려되었던 시기에 독일인들의 건강을 지켜 주었던 작물이다. 재배기간이 짧은 편이고 영양가 또한 높아 감자의 도입은 독일역사상 큰 사건으로 기억되고 있다. 이후로 독일인들은 식량의 생산에 박차를 가하고 고기의 소비량이 급증하게 되었으며 설탕, 밀가루의 소비가 늘어나면서 건강의 위협을 느끼게까지 되었다. 이러한 이유로 인하여 다시 채식주

26) 전게서, 김숙희외, pp.322-323.; 구난숙외, pp.167-168.

의자들이 늘어났다.

② 음식 습관에 환경을 중요하게 생각

독일인들의 철저한 환경의식은 먹는 음식에까지도 적용되어 감자와 빵, 소시지를 주로 하나 식사이지만, 되도록 한 접시에 담아서 남기지 않고 먹는 습관을 강조하게 되었다. 채식주의자들이 늘어나는 것도 역시 육식보다는 채식을 할 때 환경보존이 더 잘된다고 생각하기 때문이다.

③ 맥주 소비량 전 세계 최고의 나라 독일

독일은 전 세계에서 맥주 소비량이 최고인 나라로 알려져 있다. 독일에서는 어디를 가든지 음식점에는 맥주와 소시지를 먹는 사람들을 심심치 않게 볼 수 있다. 프랑스에서 '카페'와 마찬가지로 독일에서는 '비어가르텐'이라고 하는 맥주를 마시며 서로와 서로의 마음을 터놓는 대화의 광장으로 잘 알려져 있다. 일반적으로 맥주라고하면 독일에서는 '필스너(Pilsner, Pils)'라고 한다. 이러한 맥주는 독일에서 주로 소비되는 맥주로서 북부지역에서 생산되는 제품이 유명하다.

독일인들은 맥주를 음료수처럼 마신다. 어린이를 위해 알코올을 뺀 맥주도 있다고 하니 가이 맥주의 본 고장이라 할 수 있을만하다. 독일의 맥주는 생맥주가 가장 비싸고 캔이나 병맥주는 이보다 싼 편이다. 독일에는 맥주의 종류가 매우 많다. 모양이 서로 비슷한 맥주는 물론 각각의 맛을 가진 것도 많다. 병의 모양이 너무 다양한 것, 또한 각 지역마다 독특한 장식을 한 맥주 잔 등도 있다.

쉬어가기 옥토버페스 –독일 맥주 축제(Oktoberfest)

세계3대 페스티벌의 하나로 꼽히는 옥토버페스(Oktoberfest)는 독일 맥주 축제로서, 세계 제1의 맥주 문화축제라는 주제로 매년 9월말부터 10월초에 열린다.

스칸디나비아 반도에 그 근거지를 두었던 게르만 민족이 현재의 독일 땅에 자리 잡은 것은 BC500년에서 AD500년 사이의 일이다. 9세기의 카를대제, 10세기의 오토1세, 12세기에 붉은 수염 왕이라 불리는 프리드리히1세 때 그 영토를 확장하고 영향력을 키워 온 독일은 중부 유럽의 역사를 뒤흔들어 놓은 30년 전쟁, 마르틴 루터의 종교개혁, 제1, 2차 세계 대전, 베를린 장벽 붕괴 등 변혁의 역사적 사건들의 중심지가 되어 왔다.

또한 바흐, 헨델, 베토벤, 슈만 등 위대한 음악가의 나라로, 칸트, 헤겔, 야스퍼, 마르크스 등 세계적인 철학가의 나라로, 괴테, 하이네, 릴케, 헤세 등 세계 문학사에 길이 남을 인물로도 유명하다.

독일에서의 맥주는 1516년 바이에른 왕국빌헬름 4세 때 발표된 맥주 원료 순수령으로 그 품질이 계속 유지되었으며 국민적 음료로 사랑받아 왔고, 사육제, 부활절축제, 종교 행사 등에도 빠질 수 없는 필수품이 되었다.

독일인 1인당 맥주 마시는 양은 연간 144리터로 세계 제 1위이며, 우리나라의 연간 36리터의 4배에 달한다. 이러한 맥주의 나라독일 에서는 일년중 각 지방의 특색에 맞춰 전국에 걸친 맥주 축제가 열리는데 그중에서도 축제 기간 중 100여의 고유민속행사가 개최되는 세계적 관광 명소인 뮌헨맥주 축제가 가장 유명하다. 뮌헨은 인구 약 130만 명의 남부 독일의 중심 도시이며 독일 제 3의 도시이다. 12세기 이래 가장 화려한 궁중 문화를 꽃피웠던 바이에른의 수도였으며 16세기 이후 번성하던 르네상스와 바로코, 로코코 양식의 문화유산이 곳곳에 남아 있고 미술관, 박물관 등이 30여기나 있으며 유명한 예술의 거리인 슈바빙을 갖고 있는 예술의 도시이다.

또한 1972년 뮌헨 올림픽개최지로도 유명하다. 그리고 역사를 자랑하는 '호프브로이' '뢰벤브로이' 등 6개의 맥주회사가 소재하는 곳으로 더욱 유명하다. 이 뮌헨에서 매년 9월말부터 10월초까지 약 2주간에 걸쳐 가을 수확에 감사하는 옥토버페스트라는 세계 제1의 맥주 축제가 열린다. 이 축제는 1810년 바이에른 왕국의 황태자 루드비히와 작센의 테레사 공주와의 결혼을 축하한 경마 모임에서 비롯되었다.

현재는 기타 유럽 국가를 비롯하여 전 세계에서 매년 약 300여만 명의 맥주 애호가가 축제기간 중 모이며 이 기간 중 소비되는 맥주는 약 500만 리터 닭은 65만 마리 소시지는 110만 톤이나 되는 세계 제1의 맥주축제가 되었다.

대회장이 되는 테리지아 구릉에는 맥주회사가 설치한 대형 텐트들이 있는데 그 안에는 남녀, 인종구분 없이 수백명 수천명의 사람들이 항상 만원을 이루며

멈추는 것을 잊어버린 듯한 민속연주 밴드와 더불어 1000cc짜리 저그에 맥주를 가득 채우고 어깨동무도 하고 쭉 늘어서서 기차놀이하고 하며 한마음이 되어 마음껏 맥주를 즐기다가

밴드의 리더가 건배를 선창하면 일제히 서서 저그를 높게 들고 건배를 하기도 하는 등 맥주를 매개로 흥겨운 분위기를 만들며 도취하곤 한다. 그리고 텐트 주변에는 각종 이벤트를 위한 가설무대, 위락 시설 등이 설치되어서 어른과 어린이,

세계 각 지역에서 온 관광객이 어우러져 가을의 수확을 기뻐하는 맥주 축제가 열린다.

맥주 축제의 개회는 뮌헨 시장의 축포신화와 함께 선언한다. 맥주통을 가득 싣고 화려하게 꾸민 마차를 거느린 시장은 대회장의 중심 호프베리에서 맥주통 으로부터 그 해의 새로운 맥주를 높이 쳐드는 것이다. 또한 거리의 큰 퍼레이드도 있는데 선두는 시장 마차이며 그 뒤로 뮌헨의 심벌컬러인 검정과 황색의 승복을 입은 마상의 여성들, 맥주통을 산처럼 쌓아올린 마차와 민속의상을 입은 각 지역 그룹들이 따른다.

④ 따뜻한 음식을 즐기는 독일인

독일인들은 일반적으로 찬 음식보다는 더운 음식을 더 선호한다. 특히 점심시간에 따뜻한 음식을 먹는 것을 매우 선호한다. 냄비에 채소, 콩, 고기 등을 넣고 어우리지게 끓여 따

뜻하게 먹는 음식인 아인토프는 영양 면에서도 좋고, 근면하고 검소한 독일인들에게 잘 맞는 음식으로 알려져 있다.

(3) 지역적 음식특성27)

한국과 마찬가지로 독일 역시 지역적 특성이 있어 동부지역은 파프리카(서양고추)와 캐러웨이 등의 강한 향신료를 많이 사용하며, 바닷가에 접해 있는 북부지역은 스칸디나비아 반도의 영향으로 청어과 같은 생선을 많이 먹는다. 그리고 라인강 유역의 서부 지역은 와인이 많이 생산되며, 다른 지방처럼 양념이 강하지 않은 것이 특징이고, 남부지역은 소시지와 맥주, 감자를 이용한 요리가 다른 지역에 비해 많아 우리가 일반적으로 생각하는 독일요리에 가장 가깝다고 할 수 있다. 엄밀히 말하자면 독일요리라는 획일적이니 것이 없다고도 볼 수 있다. 지방색을 중히 여기는 독일에서는 요리에도 지방색이 농후하여, 각양각색의 그 지방 특유의 요리들이 있다.

역사적으로 보자면 16개 주(州)들의 요리는 지역마다 서로 다르게 변화하였다.

27) http://blog.daum.net/ hdn/blank article.html

그래서 독일에는 '전형적인 독일음식' 또는 '국민음식'이 없다. 19세기말 프로이센 군인 식당은 '독일음식이란 빵과 감자, 돼지고기와 소금에 절인 양배추, 완두콩 수프와 미트볼이다' 라고 대충 정의 하였다. 이러한 음식들은 음식에 대한 즐거움 보다는 전쟁에서의 승리를 더 중요하게 생각했던 남성들에게 있어서는 빈약한 식사였다.

3. 독일의 대표적 음식과 음료

1) 대표음식

(1) 아이스바인(Eisbein)과 학센(Haxen)

독일인들의 일반가정에서는 닭고기, 돼지고기, 쇠고기 등의 표면을 잘 구운 다음 gidfyff 넣어 푹 고은 요리를 감자나 빵에 곁들여 먹는다. 학세란 돼지나 소의 발목 바로 윗부분을 일컫는 말로 이 부분을 이용하여 만든 요리를 뜻한다. 슈바인학세(Schweinshaxe)는 뼈를 그대로 둔 다릿살에 소금을 문질러 살짝 절인 후 용기에 담고 물을 넣어 바친 팬 위에 놓아 오븐에서 2-3시간 쪄낸 것이다. 아이스바인이란 돼지 뒷다리 고기를 절였다가 부드럽게 삶은 것으로 통째로 얇게 썰어 양념을 곁들여 먹는다. 학세와 아이스바인 모두 한국의 김치처럼 양배추를 소금에 절여서 발효시킨 음식인 자우어크라우트(Saukraut)와 맥주를 함께 먹는다.

(2) 자우어크라우트(Sauerkraut)

자우어크라우트(Sauerkraut)는 양배추를 가늘게 채쳐 식초에 담궈 소금간을 한 뒤 발효시킨 것으로 캐러웨이 같은 향신료를 섞은 것으로 약간 시큼한 맛이 난다. 먹기 전에 백포도주나 향이 있는 술을 넣어 조리하여 소시지나 햄 등과 함께 먹으면 좋다. 자우어크라우트(Sauerkraut)는 채소의 공급원으로서 한국의 김치처럼 독일에서는 식탁에서 빠지지 않는다.

(3) 아인토프(Eintopt)[28]

제2차 세계 대전 때 히틀러가 권장한 요리로 아인토프(Eintopt)라는 것이 있는데, 냄비에 채소, 콩, 감자, 고기 부스러기 등을 넣고 끓인 죽으로 간편하면서도 여러 가지 영양소를 공급해 주어서 근면한 독일인을 상징한다고 생각해서 독일정부에서 장려했다고 한다.

(4) 감자

독일은 토양과 기후로 인해 매우 토박한 영토를 가지고 있다. 감자는 독일의 기후와 잘 맞는 작물이므로 많이 출하되며, 주식과도 같은 음식이다. 대개 가루로 만들어 요리재료로 사용되지만 감자를 으깨어 퓨레를 만들거나 으깬 감자에 버터를 듬뿍 넣어 굽거나 감자 팬케이크, 크로켓(Croquette), 크네델(Knödel: 감자 완자)로 먹는다. 또한 으깬 것에 밀가루, 우유, 달걀, 햄 다진 것들을 넣어 완자로 만든 클뢰세(Klösse)도 잘 알려져 있다.

(5) 독일의 빵[29)]

독일의 빵은 프랑스의 부드러운 빵에 비해 겉이 딱딱하고 흰 빵 보다는 유색의 빵이 많다. 보통 통밀, 귀리, 배아 등으로 만든 빵이 주로 많으며, 아마씨, 참깨, 커민(Cumin)등을 위에 뿌려 향을 내기도 한다.

(6) 소시지[30)]

소시지와 햄은 독일사람에게 가장 기본적이고 중요한 음식이다. 종류도 대단히 많은데, 순대와 같이 굵고 기다란 모양에서부터 새끼손가락 굵기의 것까지 다양하다. 또 캐첩과 카레가루로 구운 것에서부터 고기가 아닌 간을 이용해서 만든 것에 이르기까지 크기와 모양, 만드는 재료, 먹는 방법 등이 무궁무진하다. 주로 겨자에 찍어서 먹지만, 미리 카레가루 등으로 양념하는 것도 있다.

육질 본래의 쫀득함을 느낄 수 있는데, 이것은 재료의 원 맛을 중시하는 독일 음식문화의 특징이기도 한다. 햄이나 소시지의 끈기를 내기 위해서 낮은 급의 고

---

28) 전게서, 박금순외, p.175.

29) 전게서, 구난숙외, p.171.

30) 전게서, 성태종외, p.264.

기를 섞는다든가 화학조미료나 착색제, 방부제 같은 것을 사용하지 않기 때문이다.

원래 독일의 소시지는 겨울이 되기 전에 돼지를 잡은 다음 기술자에게 맡겨 소시지와 햄을 만들어 겨울식량으로 먹었다고 한다.

2) 음료

(1) 독일의 맥주

① 맥주의 어원

각 나라에서 맥주는 독일은 비어(Bier), 포르투칼은 세르베자(Cerveja), 프랑스는 비에르 (Biere), 체코는 피보(Pivo), 이탈리아는 비브라(Birra), 러시아는 피보(Pivo), 덴마크는 올레트 (Ollet), 중국은 페이주, 스페인은 세르비자(Cerveza) 등의 단어가 맥주라고 부른다. 맥주를 뜻하는 영어 단어인 'BEER'는 라틴어의 '마시다'를 '비베레(BIBERE)'에서 왔다고도 하고, 게르만족의 언어 중 '곡물'을 뜻하는 '베오레(BIOR)'가 그 어원이라고도 하는데 현재 는 후자가 정설로 되어 있다. 독일어 '비르(BIER)', 프랑스어 '비에르(BIERE)' 이태리어 '비라(BIRRA)', 등은 다 어원이 같다. 한편 중국어로는 '페이주(碑酒)'라고 하며, 러시아 등 슬라브 국가들에서는 삐뽀(PIVO)계통의 단어가 맥주를 지칭하는 대표적인 언어로 남아 있다.

② 맥주의 기원과 역사

맥주는 인류의 조상이 유목생활에서 정착하여 곡류를 재배하면서부터 곡류의 가공으로 빵과 함께 생겨난 것으로 본다. 맥주는 7천년의 역사를 가졌으며 메소포타미아에서는 BC3000년 경에 맥아를 빻아 빵을 만들어서 주식으로 삼았던, 소아시아의 수메르인들이 처음으로 맥주를 마셨을 것으로 추측되고 있다. 역사적으로는 BC 4200년경 고대 바빌로니아에서 여섯 줄 보리(육조대맥)가 재배되면서 시작되었다고 추측되며, 함무라비 왕조의 유적에 기록이 남아 있다. 그 후 보리의 재배가 이집트로 전해져 이집트 제4왕조 때부터 제조하였다고 하며, 그 방법은 그리스·로마를 거쳐 유럽으로 전해져 두줄보리(이조대맥) 산지인 독일 및 영국에서 발전·성행하였다. 현재 쓰고 있는 맥주효모균의 학명은 로마시대에 맥주를 세레 비시아(Cerevisia)라 부른 데서 유래한다. 유럽에서는 초기에 가내공업으로 수도원에서 양조하였으나 소비층의 확산, 기계공업의 발달과 더불어 대규모 맥주공장이 생겨났다. 근 대로 넘어오면서 맥주는 귀족의 손에서 시민의 손으로 넘어갔으며 부르조아지와 노동지층 모두에게 사랑받는 음료가 되었다. 19세기 프랑스의 생물학자 루이 파스퇴르는 맥주의 역사에 중요한 공헌을 했다. 그 전까지 맥주는 발효균을 살균하지 않은 생맥주였으나 루이 파스퇴르는 저온 살균법으로 오늘날과 같은 질 좋은 맥주를 맛보게 해 주었다. 홉을 첨가한 것은 10세기경부터이며, 독일의 바이스비어는 1541년 뉘른베르크에서 처음 만들어졌고, 영국의 에일(Ale)과 포터(Porter)는 8세기경부터 만들어졌다고 한다. 맥주는 세계 각국에서 제각기 오랜 역사를 가지고 있는 만큼 특수한 원료라든가 발효법에 의한 차이가 있다.

최근에는 비열처리된 맥주가 인기가 높다. 비열처리 맥주는 저온 살균된 맥주보다 맥주 맛이 부드럽다. 저온살균 맥주는 발효된 맥주를 여과할 때 단백질 등의 불순물을 처리하기 위해 60도로 살균 가열처리를 하지만 비열처리 맥주는 저온에서 미세한 필터로 효소와 잡균을 완전히 제거해 맥주의 맛을 부드럽게 하고 신선함을 오랫동안 보존하기 때문이다.

③ 독일 맥주의 특징

독일의 맥주소비량은 세계최고이다. 그러나 최근에는 이러한 명성에 위협을 받고 있는데 디지털 시대를 살아가는 젊은이들은 맥주를 과거처럼 좋아하지 않는다고 한다. 독일의 젊은이들은 맥주와 컴퓨터가 잘 어울리지 않는다고 생각하기 때문이라고 한다. 맥주와 컴퓨터 그리고 술과 컴퓨터가 무슨 관계라도 있는지는 모르지만 젊은이들의 사고방식이 많이 변했다는 것을 의미한다. 맥주라는 것이 구세대의 무엇을 의미한다고 독일의 젊은이들은 생각하는 것 같다. 그럼에도 맥주라고 하면 독일을 연상시키듯 독일과 맥주는 불가분의 관계에 있다.

대략 독일의 맥주소비량은 국민 1인당 350㎖, 캔맥주로 하면 430여캔 정도

된다. 과거에는 맥주공장이 5, 6000여 개 정도 각 지역에 산재되어 있었으나 현재는 1000여 개 정도만 남아 있다. 일반적으로 맥주라고 하는 것을 독일에서는 필젠(Pilsner-Pils)라고 한다. 이 맥주 역시 독일에서도 주로 소비되는 맥주로서 주로 북부지역에서 생산되는 맥주가 유명하다. 독일에서는 각 지역마다 맥주회사가 있기 때문에 모든 상표나 회사명을 알고 마시기란 어렵다. 이러한 이유로 맥주기행(Bier Reise)이라는 것이 있는데 여행을 하면서 맥주를 마시는 독특한 여행이다.

독일인들은 맥주를 마신 뒤 맥주 값은 자신이 마신 양만큼만 스스로 계산한다. 서양이라는 문화적인 요소로 인하여 한 사람이 모든 것을 지불하는 방식은 아니다. 독일인들은 맥주를 마시면서 폭음을 하지 않는 편이다. 맥주와 위스키류를 섞은 폭탄주란 것은 없다. 독일인들은 술에 취하면 노래를 부른다. 프랑스인이 말했다고 하는데 “이 세상에서 술 마시고 노래를 부르는 민족은 독일인과 한국인뿐이다.” 배타적인 독일인도 술에 취하면 다른 나라 사람과도 얼싸 않고 춤을 춘다. 뮌헨의 ‘호프브로이하우스’에 가서 약간의 돈을 내면 ‘아리랑’ 을 연주해준다. 맥주는 점심식사 시간에도 마신다. 맥주가 술이라기보다는 음료수에 가깝다. 최근에는 건강에 좋은 홍차, 녹차를 마시는 사람도 많아 졌다. 맥주를 낮 시간에 마신다고 해서 흉이 되는 것은 아니다. 맥주는 물이 좋지 않은 독일지역과 인근 지역 사람들이 물대신 마셨던 역사가 있기 때문이다.

독일의 맥주 값은 매우 싼 편이다. 1000cc 캔맥주 하나에 1마크르 정도이다. 칼스버그, 하이네켄 보다도 싼 편인데 독일의 물가가 덴마크나 네덜란드 보다 높지 않다는 것을 의미하기도 한다. 생맥주가 병맥주에 비해서 더 비싸다. 이것은 한국과는 반대이다. 독일을 대표하는 맥주 상표는 ‘뢰벤브로이’이다. 이 회사는 수출을 주력으로 하기 때문에 외국에 유명한 편이다. 공장은 뮌헨에 있고 유명한 10월 맥주축제와 호프뢰벤브로이 하우스가 뢰벤브로이를 유명하게 만들었다. 칼스버그, 하이네켄 보다 한국에서는 유명세가 약한 편이다.

독일 맥주는 종류가 너무 많다. 비슷비슷한 맛을 가진 것도 많지만 각각 다른 캔, 병의 모양 때문에 수집을 해도 좋을 정도이다. 맥주 공장만 1,000여 개가 넘는다는 것은 그 수 이상의 맥주가 생산된다는 것을 의미한다.

맥주와 빼놓을 수 없는 도시가 뮌헨이다. 간혹 호프집에 걸려있는 맥주 마시는 사람들의 모습이 가득한 그림을 본적이 있다면 그 장소는 거의 뮌헨이 틀림없을 것이다. 뮌헨의 10월 맥주축제를 배경으로 찍을 사진이 많기 때문이다. 맥주의 안주로는 독일 정통 소세지가 많이 소비된다. 독일의 소세지는 매우 유명한데 한국에서도 소세지의 상표로 독일식 명칭을 많이 부여 한다. '프랑크 소세지'에서 프랑크는 프랑크푸르트를 의미한다.

맥주는 수출, 수입을 하는데 어려움이 많다. 맥주는 열과 진동에 약하기 때문에 일반선박으로 이동시키기가 매우 어렵다. 맥주병이 갈색인 것이 많은 것은 햇빛을 차단하기 위한 방법이기 때문이다. 또한 맥주에 포함된 탄산가스는 맥주의 거품을 만드는 중요한 요소인데 진동이 계속 주어지면 좋지 않다. 따라서 맥주는 장기간의 외부보관과 이동시간 동안에 맥주가 상해 버릴 위험이 많다. 따라서 맥주의 운반에는 냉장장치가 필수적 이다. 최근 외국산 맥주가 많이 유통되는데 본국에서 오는 것도 있고 아시아 지역의 공장에서 생산되어 수입되는 맥주도 있다. 맥주 값이 비싼 것을 보면 한국과 거리가 먼 나라인 경우를 알 수 있을 것이다. 또한 해당 국가의 물가도 반영해야 한다.

체코는 독일만큼이나 맥주소비량이 많고 맛도 훌륭하다. '버드와이저'는 체코의 지역이름에서 유래된 맥주이름이다. 버드와이저는 1852년 조지 슈나이더(George Schneider)가 세인트루이스에서 문을 연 소규모의 양조장이 기원이다. 이 회사가 세계적인 회사로 발전할 수 있었던 것은 버드와이저와 미셀로브(Michelob) 덕분이었다.

④ 독일의 대표적인 맥주생산지역

· 도르트문트

독일최대의 맥주생산도시로 대표적인 필스너(Pilsner)맥주를 생산한다. 독일에서도 대표적인 5대 맥주생산회사가 있다. 유명한 상표로는 마스터필스(Meister Pils-아크첸 회사)와 필스 크로네(Pils Krone-크로네 회사)가 있다. 그리고 필젠(Pilsner)의 대표적인 상표로는 코니그 필스너(König Pilsner-뒤

스부르크), 크리스탄 헤닌거 필스너(Christian Henninger Pilsner -프랑크푸르트), 예버 필스(Jever Pils -함부르크)가 있다.

· 뒤셀도르프

적갈색이 나는 알트비어(Altbier)를 생산하고 있다.

· 쾰른

황색의 엷은 색이 나는 쾰슈비어(Kölschbier)를 생산하고 있다. 가늘고 작은 컵에 마시는 것이 풍습이다.

· 베를린

베를리너바이세 (Berlinerweisse)를 생산하고 있다. 단맛이 나는 여성취향의 맥주이다.

· 밤베르크

맥주보리를 연기를 통과시켜 만들었다는 갈색의 라우흐비어(Rauchbier)를 생산하고 있다.

· 뮌헨

독일 국내에서 가장 많은 맥주소비를 하는 도시이다. 일반적인 헬레스비어(Hellesbier)와 도수가 높고 갈색의 둔켈스(Dunkels), 소맥으로 만든 바이젠비어(Weizenbier)가 대표적이다.

쉬어가기 독일 서민음료 - 사과 와인

사과와인(Apfelwein: 압펠 바인)도 독일에만 있는 음료가 아니다. 원래 중세 초기 스페인에서 올리브를 짜던 기계로 우연히 사과를 시험해 본 것이 시초가 되었다. 유럽 여러 나라에서 다 즐긴다. 프랑스에서 사과와인 cidre(씨드르)는 더 고급화되어 칵테일에 사용되기도 한다.

그러나 독일에서는 서민이 즐길 수 있는 술이었다. 포도와인은 값이 비싸 귀족들이나 마실 수 있었기 때문이다.

독일 사과와인은 대단히 시큼한 맛으로, 맛 들이기가 힘들 정도이다. 그래서 독일인들은 사과와인은 세 잔을 마신 후라야 참 맛을 즐길 수 있다고 말한다. 그 말의 의미는 세 잔 후에는 취한 상태라 맛도 모르고 계속 마시게 된다는 의미일 것이다.

위에 소개한 소박한 독일음식을 먹을 때는 맥주보다도 이 사과와인을 마셔야 18세기로 돌아간 분위기도 맛볼 수 있을 것이다. 전통 독일음식점이라고 하면 이 사과와인이 반드시 따른다. 맛보다는 분위기에 맞추기 위해 들게 된다.

프랑크푸르트 강남지역의 작센하우젠(Sachsenhausen)의 대중 음식점들이 모인 지역은 별칭이 아펠바인 피어텔(Apfelwein-Viertel - 사과와인 구역)이다. 프랑크푸르트 근처에서 특히 많이 마신다고 한다. 사과와인은 일반 식품점에서도 살 수 있다.

(2) 독일 와인(German Wine)

① 독일 와인의 개요

독일 와인의 주요산지는 라인(Rhein)과 모젤(Mosel)지역이다. 라인지역의 와인은 맛이 강하고 연수가 경과함에 따라 좋은 질로 변하는 화이트 와인이다. 모젤 지역에서 생산되는 와인은 라인지역의 와인보다 주정 함유량이 적고 산미가 더 많다.

독일은 멀리 북쪽에 위치하여 기후 조건이 맞지 않아서 다른 농작물을 비롯하여 포도가 겨우 익는 상태의 어려운 여건에서도 세계적으로 훌륭한 와인을 생산하고 있다. 와인을 만드는 방법은 포도의 당분과 산도를 잘 조절하는데 있다. 당분이 많고 산도가 낮으면 와인은 싱거워지고 역으로 산도가 높고 당분이 적으면 와인은 거칠어진다.

독일은 10년에 2~3번 정도의 좋은 포도를 수확하는데, 수확이 좋은 해에는 두 가지 균형이 잘 맞으나 평년작 포도는 인공적으로 당분과 산도의 균형을 잡아주는데, 이것을 브리드(Breed)라 한다.

포도 수확이 좋은 해에는 와인에 당분을 첨가하지 않는데, 이러한 와인은 와인 라벨에 천연 와인(Natur Wein; 나투어 바인)이라고 표기한다. 포도 수확이 좋지 않을 때는 포도즙에 당분을 첨가하는데, 이 와인을 계량된 와인인 페르베쓸트 바인(Verbesserte Wein)이라고 하며, 늦가을이나 초겨울 영하의 기온에서 얼은 포도로 매우 스위트(Sweet)한 아이스 바인(Eis Wein)을 생산하는 것으로 유명하다. 그래서 독일 와인은 일반적으로 알콜 도수가 낮으나 향취와 향미는 특수하다. 독일 와인은 95%가 블랜디드(Blended)하여 만들고 포도의 품종은 리슬링(Riesling)종과 질바너(Sylvaner)종으로 화이트 컬러를 내며, 화이트 와인이 전체의 85%가 된다. 삐노 느와(Pinot Noir)종으로 소량의 레드 와인을 생산하지만 질도 그다지 좋지 않다. 레드 와인은 모두 국내에서 소비하고 화이트 와인은 수출만 하는데 와인 수입량은 수출의 20배에 달한다.

와인 병의 색 구분은 라인(Rhein)와인은 독일 전통의 갈색을 사용하며 모젤(Mosel)와인은 녹색을 사용하고 있으며 알콜 도수는 10%정도의 순하고 부드러운 맛의 와인을 생산한다.

② 독일 와인의 등급

독일 와인의 등급을 결정하는 특징은 포도의 숙성정도와 알콜 도수 수준을 기준으로 하고 있다. 현행 독일 와인의 등급제도는 타펠바인, 란트바인, 고급주인 Q.b.A급 와인, 특별 고급주인 Q.m.P급 와인으로 나누고 있다.

이 중에서 두 가지 등급인 타펠바인과 란트바인은 거의 국내 소비용이므로 생산량과 유통에서 그다지 중요하지 않다. 그래서 독일 와인의 등급은 고급주인 Q.b.A급 와인과 특별 고급주인 Q.m.P급 와인이 매우 중요하다.

㉠ 타펠바인(Tafelwein)

독일의 일반적인 테이블 와인이란 뜻으로 여러 품종을 섞어서 만든 블랜디드 와인(Blended Wine)으로 평범한 대중 식탁용이다. 발효과정에서 설탕을 첨가한 와인으로 유럽경제동맹기구(E.E.C)에서 수입한 와인과 혼합하는 것이 허용된다.

㉡ 란트바인(Landwein)

토산 와인 즉 지방특색이 있는 와인으로 이 등급의 와인은 규제가 거의 없거나 아주 느슨한 편으로 프랑스의 뱅드 빼이(Vin de Pays)와 유사하다. 이 와인도 전체 포도산업에 주는 영향은 저조하다. 이 등급의 와인은 17개의 란트바인 지역에서 대량으로 나오고 있다.

㉢ 쿠베아 바인(Q.b.A Wein)

쿠베아(Q.b.A)는 특정지역에서 생산되는 고급와인으로 포도의 당분함량 등을 규정하고 있다. 크발리테트바인 베슈팀터 안바우게비트(Qualit됋swein bestimmter Anbaugebiete)의 약어로 이 등급은 타펠바인과 란트바인의 2개의 등급보다는 고급와인이라서 정부와 지역 심판관이 통제한다.

쿠베아(Q.b.A) 등급은 독일 전역에 걸쳐서 발달된 13개의 생산지에 국한하여 이 등급이 주어진다. 생산지의 특성과 맛을 잘 살리고 보장할 수 있을 만큼 제대로 숙성되고 인정된 포도로 만들어지고 있다.

포도의 숙성이 반드시 오래되지 않아도 좋고 알콜을 늘리기 위해서 설탕을 첨가하는 것도 허용된다.

㉣ 쿠엠피 바인(Q.m.P Wein)

쿠엠피 바인(Q.m.P Wein)은 크발리테쯔바인 미트 프레디카트(Qualit됋swein mit Pr듚ikat)의 약어로 이는 우수한 질 좋은 와인이란 뜻을 갖는다. 독일 와인 중에서 가장 최상의 등급으로 설탕이나 다른 첨가물은 들어가지 않는다.

· 카비네트(Kabinette)

충분히 잘 익은 포도로 제조하며 포도즙 당도가 가장 적은 와인으로 섬세한 맛을 가지고 있다.

· 슈페트레즈(Sp됋lese)

당도를 올리기 위해 가장 잘 익은 포도를 늦게 수확하여 제조한 것으로 중후한 맛을 내는것이 특징이다.

· 아우스레즈(Auslese)

완전히 익은 포도 중 조금 덜 익은 포도는 골라내고 만든 와인이다.

· 베어렌 아우스레즈(Beerenauslese)

잘 익은 포도송이 중에서 좋은 품질의 포도 알맹이로만 제조하는 것으로 매년 생산되는 것이 아니라 수확이 좋은 해에만 제조된다.

· 트로켄 베어른 아우스레즈(Trokenbeerenauslese)

포도가 너무 익어서 포도 알이 시들은 것으로 제조한 와인으로 늦가을에 포도나무에서 거의 건조된 얼린 포도(Eiswein)를 사용하여 제조한 와인이다.

③ 주요 생산 지역

독일의 와인 생산지는 강의 흐름이 굴곡지고 강안(江岸)의 유역은 포도를 재배하기 좋은 토양으로 재배에 장점이 많다. 이 중에서 포도 주산지는 서남부의 라인(Rhein)강과 모젤(Moselle)강의 두 지역으로 나누어진다.

㉠ 라인(Rhein) 지역

독일의 포도원은 라인강과 그 지류를 따라 분포하며 라인가우, 라인헷센, 라인팔쯔 등으로 라인지역의 와인은 화이트 와인이 많이 생산되고, 맛이 강하며 연수가 경과함으로써 보다 양질로 변한다.

· 라인가우(Rheingau) 지구

라인가우는 충분한 일조량과 라인강의 혜택으로 일교차를 줄일 수 있어 포도재배에 이상적인 입지조건이 된다. 이곳의 토질은 혼성토질로 프랑스 부르고뉴지역과 비슷하며 리슬링 포도품종으로 독일 최고의 와인을 만든다. 리슬링 종으로 화이트 와인을 만들고 삐노 느와(Pinot Noir)종으로 레드 와인을 만든다.

· 라인헷센(Rheinhessen) 지구

라인헷센은 독일에서 최초로 포도를 재배한 지역으로 포도재배 경작이 라인팔쯔 다음으로 넓으며 행정구역은 라인팔쯔에 속하고 라인팔쯔에서 옆으로 구부러지며 흐르는 강을 라인헷센이라 한다. 이 지역이 포도재배로 적합한 까닭은 건조한 기후로 서리가 거의 없고 가을철에도 온난한 날씨가 계속된다.

포도품종은 질바너(Sylvaner)종으로 묵직한 과일 향이 있으며, 여성와인이라 불리듯 그 맛이 가볍고 산미도 온화한 것이 특징이다.

· 라인팔쯔(Rheinpfalz) 지구

라인니쉬 파란티나테(Rhenish-Palatinate)지역은 독일 최대의 와인 생산지로 이 지역 포도원수는 700개 이상이나 된다. 라인헷센과 더불어 독일에서 가장 큰 포도재배지역으로 기후도 매우 좋고 땅도 비옥하여 독일의 곡창지대라고 불린다.

독일의 레드와인의 절반 가량이 라인팔쯔지역에서 생산되며 포도품종으로는 뮈스까데(Muscadet), 질바너(Sylvaner), 리슬링(Riesling) 등이 있다.

㉡ 모젤(Mosel) 지역

모젤 와인은 다른 와인에 비하여 숙성이 빨라 알콜 도수가 낮기 때문에 감미가 없어 극히 건강한 와인으로서 상용되며 또한 류마티스 환자의 약용으로 마시고 있다. 모젤 와인은 최고급의 혹크(Hock; 화이트 와인의 일종)보다 고가라는 기현상을 볼 수 있다. 품종은 리슬링종으로서 풍미에 미묘한 부케와 상쾌감으로 많은 사람들에게 애음된다.

· 첼(Zell) 지구

첼(Zell)의 의미는 셀러(Celler)를 말하며 옛날 로마군의 저장고가 이곳에 있었기 때문에 유래한 이름이다.

· 바랑카스텔(Berncastel) 지구

바랑카스텔 다리를 건너보면 포도밭이 높고 길게 되어 있다. 모젤 지역의 중앙으로 와인은 향기가 같은 엷은 골든색의 장수하는 화이트 와인을 생산한다.

· 자르, 루버(Saar, Ruwer) 지구

자르와 루버는 와인의 성격이 서로 판이하게 다르다. 자르와인(Saar Wine)은 우아하고 섬세하며, 루버(Ruwer Wine)는 남성적이고 여러가지 의미가 있다.

④ 젝트(Sekt)

독일의 발포성 와인으로 젝트(Sekt)는 독일의 법률용어로서 뷔르츠부르크(Würzburg) 지구에서 만드는 것을 샤움바인(Schaumwein), 보름스(Worms) 지구에서 만드는 것을 젝트(Sekt), 코블렌츠(Koblenz) 지구에서 만드는 것을 슈파클링 모젤레(Sparkling Moselle)로 분류된다.

4. 식사 시 예절 및 방법31)

1) 독일인들의 상차림

(1) 아침식사

독일인들은 대개 설탕이 안 들어간 무가당 빵(Broetchen)에 버터, 마아가린을 바르고 그 위에 꿀, 과일잼을 바르거나 혹은 햄이나 슬라이스 치즈를 올려서 먹는다. 커피, 우유, 차, 코코아, 주스 등을 곁들여 먹는다. 특히 삶은 계란이 아침식단에 빠지는 경우는 거의 없다. 삶은 계란을 먹는 방식이 독특한데, 계란형 용기에 계란을 세워 놓고 티스푼으로 계란의 윗부분을 쳐서 분리시킨 뒤에 소금을 뿌려 가면서 티스푼으로 파먹는다.

(2) 점심식사

한국인은 아침식사를 든든히 해야 한다고 예전부터 전해져 왔다. 그러나 독일인들은 점심식사를 푸짐하게 먹는다. 불에 조리한 음식을 먹기 때문에 이를 따뜻한 음식(Warmes Essen)이라고 한다. 육류로 된 주 요리에 감자, 쌀, 국수 그리고 야채샐러드 등으로 식사가 구성된다.

(3) 저녁식사

밀로 만든 하얀 빵은 영양가가 없다고 하여 각종 잡곡을 넣은 빵을 먹는다. 이 빵에 소시지, 햄, 치즈 등을 곁들여 먹기 때문에, 찬 음식(Kaltes Essen)을 먹는다고 한다.

2) 식사예절

31) 전게서, 구난숙외, pp.270-271.

독일인들은 식사를 할 때 소리를 내지 않고 음식을 먹는 것이 식사예절이다. 그러므로 입을 다물고 조용히 음식을 먹는다. 특히, 뜨거운 커피나, 홍차 등을 소리 내어 마시는 것은 예의에 어긋나며, 또한 식사가 다 끝난 뒤 트림하는 것도 금기 중의 금기이므로 주의해야 한다.

고기를 먹을 때에도 우리는 미리 토막을 내서 먹는데 독일인들은 그때그때 잘라서 먹는 것이 한국과 매우 다르다.

제4절 영 국

1. 지형적 · 사회적 특성

1) 영국의 문화

영국의 정식명칭은 그레이트 브리튼(Great Britain) 및 북아일랜드로 이루어진 유나이티드 킹덤(United Kingdom)이다. 그레이트 브리튼(Great Britain)에는 잉글랜드, 스코틀랜드, 웨일즈의 세 나라가 포함되며, 여기에 북아일랜드를 합쳐 유나이티드 킹덤(United Kingdom)이라고 불린다. 인구는 잉글랜드가 가장 많은 4천6백50만 명, 다음으로는 스코틀랜드가 5백20만 명, 웨일즈가 2백80만 명 그리고 북아일랜드가 150만 명으로 되어있고, 전체 인구는 약 5천6백만 명이다. 그들 대부분이 사용하는 언어는 영어지만, 잉글랜드 이외는 각 나라 독자의 언어가 존재하며, 현재도 영어와 함께 사용되고 있다. 스코틀랜드와 북아일랜드에는 게이릭이라는 언어가 있다.

그러나 이 언어는 학교 교육에서 자취를 감춘 곳도 있고, 현재는 그렇게 많이 사용되고 있지는 않다. 웨일즈에서는 웨룻슈라는 언어가 현재도 초등학교와 중학교에서 영어와 함께 국어로 교육되고 있다. 웨일즈 인구의 4분의 1에 해당하는 70만 명이 이 언어를 사용하고 있다.

2) 식생활

영국 비즈니스맨의 점심은 레스토랑에서 테이블을 둘러싸고 와인을 맛보며, 느긋하게 풀코스를 즐기는 경우도 있지만, 친구들과 Pub에서 간단히 먹는 때가 많다. 펍에서는 샌드위치나 파이 등 스낵류를 팔고 있는데 그들이 많이 찾는 것은 맥주로 친구들과 1~2시간 정도 서서 이야기하면서 점심을 즐긴다. 왜 아무것도 먹지 않고 맥주만 마실까? 왜 앉아서 먹지 않고 계속 서서 먹을까? 펍에는 의자도 있고, 몇 개의 빈자리도 있는데, 이런 점심 스타일이 유행처럼 퍼져있어 이 같은 이질문화를 접할 기회가 없었던 주재원에게는 매우 낯선 문화로 비춰진다.

3) 자연환경

영국은 유럽 대륙 서쪽에 있는 섬나라로, 영국 제도(諸島)는 그레이트 브리튼섬과 아일랜드섬을 중심으로 주위에 분포되어 있는 몇 개의 속도군(屬島群)을 포함하며, 유럽 대륙 북서쪽의 대륙붕에 위치한다. 영국 제도는 지질 및 구조상으로는 원래 유럽대륙의 일부를 이루는 것으로, 북서부의 스코틀랜드 고지(高地)와 웨일스의 중북부, 북아일랜드 등은 스칸디나비아와 이어진 산지이며, 고생대(古生代) 실루리아기(紀)·데번기(紀)에 대조산운동(大造山運動)을 일으킨 칼레도니아 산계의 일부에 해당한다.

또 아일랜드의 남부, 웨일스의 남부, 콘월반도 등은 프랑스의 브르타뉴반도 및 오베르뉴고원과 동일한 계통이며, 고생대 말기의 2첩기(二疊紀)에 대조산 운동을 일으킨 헤르시니아 산계의 일부에 해당한다. 이렇게 형성된 영국 제도는 플라이스토세(世)의 마지막 빙하기에는 대륙과 이어져 있었으며, 당시의 템스강(江)은 라인강의 한 지류로서 현재보다 훨씬 북쪽에서 북해(北海)로 흘러 들어갔다. 이와 같은 지질과 구조에 비하여 지형은 비교적 단순하며, 토지의 기복도 대체로 작아 최고봉인 벤네비스산(山)도 1,343m에 지나지 않는다.

이러한 영국의 지형은 가파르지 않은 산지와 고지로 된 '고지(高地) 영국'과 완만한 기복을 그리는 '저지(低地) 영국'으로 대별되며, 그 경계는 동해안의 미들즈브러 부근에서 남해안의 엑서터까지 그은 선과 거의 일치한다. 고지 영국이란 이 선의 북쪽 또는 북서쪽 부분으로 스코틀랜드의 고지 · 페나인산맥 · 레이크지방 · 웨일스 · 콘월반도 등이 포함된다.

해발고도는 400~900m로 편마암 · 결정편암 · 사암 · 석회암 · 화강암 등의 단단한 암석으로 되어 있으며, 콘월반도를 제외하고 이들 산지에서는 양배암(羊背岩) · 양군암(羊群岩)과 U자곡(字谷) 등 빙하의 침식작용으로 생긴 빙식지형(氷蝕地形)을 볼 수 있고, 또 스코틀랜드의 서해안에서는 깊은 피오르드가 발달해 있다. 이에 비하여 저지 영국은 영국의 심장부에 해당하는 잉글랜드의 저지대를 말하며, 그 북서부에는 신적암(新赤岩)이라는 2첩기 · 3첩기의 사암과 점판암으로 된 평야가 전개되고, 북동부에는 두세 줄의 케스타가 있는 평야가 발달해 있다.

케스타란 암질에 따른 침식의 차이를 나타낸 지형으로, 석회암 · 사암 등과 같이 단단한 암석은 침식에 맞서 급사면을 이루며, 이암(泥岩) · 점토층 등과 같이 무른 지층은 반대쪽으로 완만한 사면을 형성한다. 고지 영국과 저지 영국의 경계 근처에는 영국 산업혁명의 모태가 된 석탄층이 널리 분포해 있다.

그 대부분은 고생대 석탄기에 생긴 역청탄이며, 주요탄전으로는 스코틀랜드 저지대의 래너크셔 탄전, 잉글랜드 북동 해안의 노섬벌랜드더럼탄전, 페나인산맥 동쪽 기슭의 요크셔 탄전, 노팅엄더비 탄전, 웨일스 남부의 남(南)웨일스 탄전 등이 있다. 영국의 주요 광물자원으로는 그밖에 철광석과 주석이 있다. 철광석은 요크셔의 클리블랜드 철광산을 비롯하여 페나인산맥의 가장자리와 웨일스 남부 등에 광상(鑛床)이 많으며 주석은 콘월반도에서 산출되는데, 현재는 부광(富鑛)이 적어지고 있다.

4) 기후

영국은 여름에 선선하고 겨울에 따뜻한 대륙 서해안의 해양성 기후의 전형이다. 이러한 기후는 주로 난류인 북대서양해류와 편서풍의 영향을 받기 때문이며,

대륙 동해안에 비해 여름은 위도 20°가량 북쪽에, 겨울은 10°가량 남쪽에 위치하는 셈이 된다. 영국의 기상·기후를 결정하는 것은 아조레스섬 부근의 아조레스 고기압과 아이슬란드 부근의 아이슬란드 저기압 및 유럽 대륙에 중심을 가진 겨울의 고기압, 여름의 저기압 등이다.

영국 기후의 특징인 매우 변덕스러운 날씨는 이들 기압 변화에서 오는 것이며, 특히 아이슬란드 저기압에서 2차적으로 발생하는 이동성 저기압의 접근·통과에 따라 기상변화가 심하게 일어난다. 7월의 평균기온은 16.4℃로 스코틀랜드 서해안의 글래스고에서 15℃, 런던에서 17.6℃, 1월의 평균기온은 4.1℃로 글래스고 3.9℃, 런던 4.2℃로 연교차가 적으며, 매우 해양적이다. 단지 전체적으로는 이처럼 해양적이지만, 7월의 등온선이 동서로 뻗고 1월의 등온선이 남북으로 뻗는 것으로도 알 수 있듯이, 장소에 따라 상당한 차이가 있다.

영국의 북서부에서는 선선한 여름과 온화한 겨울, 북동부에서는 선선한 여름과 추운 겨울, 남서부에서는 더운 여름과 온화한 겨울, 남동부에서는 더운 여름과 추운 겨울을 맞는다. 강수량의 분포에는 지형의 영향이 많다. 대서양에 면한 북부 및 서부 산지에서는 비가 많고, 동쪽 저지로 갈수록 비가 적어져 동서의 차이가 심하다. 비가 가장 많은 곳은 스코틀랜드 서해안으로 2,000~4,700mm에 이르고, 그 남쪽의 페나인산맥이 1,500~2,500mm, 웨일스 산지가 1,000~1,500mm이며, 가장 적은 곳은 잉글랜드 동부로 600~700mm이다. 전반적으로 비는 연중 고르게 내리지만 평균적으로 3월부터 6월까지가 가장 건조한 시기이고 9월부터 1월까지가 가장 많이 내린다.

2. 영국 식문화의 특징[32)]

영국은 근대에 들어와서, 대영제국으로서 5대양을 지배하게 되자, 열대의 각종 양념이 영국에 들어와 영국요리의 종류가 다양해졌다. 인도의 카레 요리나, 실론의 홍차가 들어온 것도 이 무렵이다. 옛 전통을 소중히 하는 보수성을 지닌 반면에, 자기들의 기호에 맞은면 새로운 것을 받아들이는 유연성도 아울러 지니고 있다.

영국음식의 특징을 보면 다음과 같다.

1) 영국음식의 조리방식은 자연스러움을 강조하는 특징을 가지고 있다.

① 자연스러움을 강조하여 음식 자체의 맛과 향을 중요시하므로 남부 이하의 여러 나라들에서와 같이 향신료를 많이 쓰지 않는다.

② 육류는 알맞게 잘라 가볍게 양념을 한 후 주로 굽거나 지져서 조리하며, 앤초비, 마늘, 간장, 식초, 각종 향신료를 섞어 만든 우스터 소스를 고기 위에 뿌려서 먹는다.

③ 육류, 어류, 과일, 채소 등 여러 재료로 만들어질 수 있으며, 단것, 짭짤한 것 등 다양한 맛의 파이류를 즐긴다.

④ 차와 함께 먹는 푸딩, 커스타드, 파이 등이 발달하였다.

2) 영국식 아침식사는 푸짐하다.

① 영국은 하루 식사 중 아침과 티(Tea) 타임을 매우 중시하는 나라이다.

② 과일주스, 시리얼, 베이컨과 달걀 혹은 소시지와 달걀 프라이, 훈제 청어와 토마토 등 많은 음식을 먹는다.

③ 목축업이 성하였고, 낙농제품 역시 발달되어 달걀은 그들의 아침상에 빼놓을 수 없는 식품이었으며, 크림의 종류도 매우 많다.

---

32) http//www.cnv.ac.kr/%7Esunly/lesson_11/11_24_01.htm

④ 차와 어울리는 베이킹 파우더를 사용하여 만든 비스킷 종류인 스콘에 지방이 매우 많은 크림이나 약간 발효된 크림 혹은 농후 크림, 혹은 마말레이드나 잼 등을 발라 먹는다.

쉬어가기 마말레이드

마르메로(Marmelo)라는 펙틴질이 많은 과일을 설탕 조림한 것을 일컫는 말이었으나 현재는 감귤류의 껍질로 만든 잼을 말한다. 감귤류 껍질속의 펙틴질이 점성도를 내는데 중요한 구실을 하므로 펙틴의 양이 적을 때는 펙틴 파우더 등을 첨가하기도 한다.

3) 영국에는 베이킹 파우더로 부풀리는 쇼트브레드(Short Bread)가 있다.

① 영국의 빵은 주로 베이킹 소다를 이용하여 부풀리므로 공정이 간단하다.
② 빵이나 케익, 쿠키, 크래커 등을 통칭하여 비스킷이라는 단어를 사용한다.
③ 스코틀랜드의 쇼트브레드는 버터가 많이 들어가는 달작 지근한 비스켓드로 유명하다.

4) 많은 감자의 생산량으로 인해 감자요리가 발달하였다.

① 기후가 적합하지 않아 프랑스나 남유럽의 여러 나라처럼 달고 맛있는 과일은 별로 생산되지 않으며, 서늘한 기후로 인하여 감자농사가 발달하였다.
② 스튜와 파이, 팬케익, 튀김, 으깬 감자 등 감자를 이용한 다양한 조리법이 발달하였다.

5) 영국사회는 커피보다는 차를 즐긴다.

① 영국 음식문화의 두드러진 특징이 차를 즐긴다는 것이다.

② 19세기 전반에 식민지로 통치하던 인도의 아삼지역에서 차를 발견한 후 영국의 중상류층을 중심으로 발달되기 시작하였다.

③ 영국에서 주로 마시는 차는 인도산 차와 실론차로 상류계층에서는 고급의 중국산 차를 마시는 경우도 있지만, 아삼, 다질링, 닐기리 등의 인도산 차를 주로 마신다.

④ 일반적으로 쉽게 구입할 수 있는 차는 영국에서 여러 종의 차를 혼합하여 만든 브랜디이드 티(Blended Tea)이며, 오히려 순수한 하나 종류의 차보다 이러한 혼합차에 대한 선호도가 높다.

쉬어가기 **영국의 아침식사 코스(정식)**

제1코스: 오렌지 주스, 자몽반죽, 큰 잔으로 커피와 차, 둘 다 우유와 함께 제공
제2코스: 우유에 넣은 콘 플레이크, 오트밀이나 수프
제3코스: 메인 코스로서 달걀과 베이컨 혹은 스크램블드에그, 토마토, 버섯, 소시지 등
제4코스: 훈제, 청어나 양(羊)의 콩팥으로 만든 요리 등
제5코스: 토스트와 마말레이드 잼 등

6) 조리법이 단순하다.

영국의 음식문화는 그리 발달되지 않아서 요리의 종류도 다양하지 않고, 조리법도 단순하다. 그리고 각자의 취향에 따라 음식에 소금이나 후추 및 약간의 향신료를 뿌려서 그대로 먹으며, 여러 가지 소스와 양념을 사용한 감칠 맛 나는 음식보다는 개인의 입맛에 다라 즐기는 나름대로의 음식문화를 나타내고 있다고는 하지만, 영국음식은 정말 맛없는 것으로 유 며하다. 오죽하면 프랑스 사람들이 영국음식을 혀에 대한 테러라고 했을까 영국은 '음식문화는 그 국가의 전통과 역사를 상징한다'는 통념을 깨고 역사에 비해 상당히 뒤쳐진 음식문화를 갖고 있다. 물론 각 지방마다 전통음식을 가지고 있는 경우도 간혹 있다. 또한 영국의 샌드위치 백작이 개발한 핸드위치 또한 영국의 대표적인 음식이다, 그러나 영국의 지

리적 장점으로 한한 외부의 음식문화 유입에 힘입어 현재 영국에서는 전 세계에서 가장 많은 종류의 음식을 맛볼 수 있을 뿐 아니라 이를 이용하여 새로운 메뉴 개발에도 힘쓰고 있다

일반 영국가정에서 흔히 먹는 음식은 영국식 빵과 우유 그리고 로스트 비트(Roas tBeef), 콩 삶은 것, 감자, 계란 튀김 것, 과일 정도이다. 영국에서는 밀과 우유, 양파, 쇠고기 등을 기본식품으로 정부에서 대량생선 하도록 관리한다. 그래서 비싼 영국이지만, 이러한 기본식품은 어디서나 항상 값싸게 구할 수 있다.

7) 서민음식과 귀족음식의 차이가 있다.

전통적으로 영국 사람들은 음식문화를 중요하게 생각해 오지 않았다는 것이다. 그 대신에 높은 독서열과 차 문화 그리고 산책과 사색을 중요하게 생각한다는 것이다. 그래서 먹고 노는 것에만 빠져 있고 머리가 빈 프랑스나 이탈리아인들하고는 자기들이 다르다고 주장하기도 한다.

귀족들이 살고 있는 성에 가보면 일반 영국국민들한테는 보기 힘든 다양한 조리기구와 큰 식사 테이블 있고 또 귀족들이 프랑스나 스페인요리를 즐겼다는 역사적 사실로 보면, 꼭 그렇지만은 않다고 볼 수 있다. 그리고 영불 해저 터널이 개통되고 항구간 이동이 잦아진 최근 30년 사이에 프랑스 여행이 잦아들면서 요리에 대한 관심이 늘어나고 있다는 이야기도 들린다.

3. 영국의 대표적 음식과 음료[33)]

1) 로스트 비프(Roast Beef)

영국의 요리는 프랑스나 이태리의 요리에 비하여 단순하고 소박하다. 로스트 비프도 마찬가지여서 가장 간단하고 꾸밈이 적은 쇠고기 요리로서 고기덩어리를

---

33) http://kin.naver.com/detail/detail.php?d1did=806&eid

통째로 구운 후 식탁에서 슬라이스하여 먹는 요리이며, 남은 것은 식혔다가 차게 먹기도 한다. 로스트 비프는 가족이 모두 모이는 일요일에 주로 먹기에 선데이 로스트(Sunday Roast)라고도 한다.

2) 요크셔 푸딩(Yorkshire Pudding)

요크셔 푸딩은 밀가루, 달걀, 우유, 계란을 혼합하여 반죽하고, 로스트 비프를 만드는 과정에서 흘러내린 육즙의 기름을 부어 구워낸 푸딩이다. 바삭바삭하고 잘 부푼 것은 밤색 빛이 돌게 되는데 로스트 비프에 곁들여 먹는다.

3) 피시 앤 칩스(Fish & Chips)

영국의 생선조리법으로는 튀김을 많이 사용한다. 대표적인 생선요리로는 피시 앤 칩스를 들 수 있다. 명태와 같은 흰살 생선의 필레를 밀가루, 달걀, 우유 등으로 만든 튀김옷에 넣어 묻힌 후 다량의 기름에 튀긴 생선과 손가락 굵기의 감자 튀김이다. 피시 앤 칩스를 파는 곳을 치피(Chippy)라고 부르는데 아무리 작은 동네라도 하나 정도는 있을 만큼 영국을 대표하는 음식이다.

4) 후식이나 간식용 과자

후식으로는 과일로 만든 타르트(Tart)나 푸딩을 주로 먹는다. 후식에 사용되는 음식들은 다과용으로도 이용될 수 있다. 프리플(Frifle)이라는 포도주나 브랜디로 촉촉하게 적신 케이크 위에 커스타드 크림, 라스베리 잼이나 초콜릿, 거품 낸 크림 등으로 켜켜로 얹어 만든 후식이나 콘월(Cornwall) 지방이 원조이며 고기, 양파, 감자, 경우에 따라 과일까지 속으로 채워넣어 따뜻하게 먹는 코니쉬 패이스트리(Cornish Pastry)

5) 맥주와 위스키

영국인들이 일반적으로 많이 마시는 음료로는 맥주와 우이스키이다. 아일랜드에서는 스타우트(Stout)란 맥주를 가장 좋아하는데 이 맥주는 흑색이며 매우 농후하고 맥주의 열량도 많다. 영국의 대중 술집에서는 역시 흑갈색의 호프냄새가 강한 '비터(Ritters)'란 맥주를 흔히 마신다. 그 외에 '마일드(Mild)라하면 이름대로 좀 순한 맛의 맥주를 가리키며 색은 연하지만 알콜 도수가 높고 탄산이 많이 들어있는 '페일 에일(Pale Ale)과 알콜 도수가 높고 개성적인 맛을 가지는 '스트롱 에일(Strong Ale)'도 즐겨 마신다.

떠한 영국의 위스키는 전 세계적으로 유명하다. 그 외에 진, 포트(Port: 포르투갈에서 만든 브랜디를 섞은 포도주), 셰리(Sherry: 스페인으로부터 온 포도주)도 즐겨 마신다.

4. 영국의 명절 음식[34)]

1) 크리스마스

칠면조나 거위를 통째로 구워 브레드 소스나 크렌베리 소스와 함께 낸다. 그 외에 크리스마스 푸딩이 빠지지 않고 나오는데 쇠기름에 빵가루와 밀가루, 다진 말린 과일과 견과류를 넣고 몇 시간
끓여서 식탁에 낼 대 럼주나 꼬냑을 뿌리고 불을 붙여 낸다. 그리고 민스 파이(Mince Pie)를 후식으로 먹는데 이 음식은 부푼 패이스트리 안에 과일과 향료를 넣어 조리한 다진 고기를 넣고 가장자리를 붙여 만든 파이이다.

2) 부활절

부활절은 춘분 다음 첫 번째 만월 후의 일요일인데 이날 이들은 크리스마스의 음식외에 계피향을 넣은 밀가루 반죽으로 십자가를 만들어 빵을 장식하여 구운 핫 크로스 번(Hot Cross Burns)이나 별자리를 상징하는 열 두 개의 장식 공을 마찌판으로 덮은 케이크인 슈르베리 심멜(Shrewbury Simmel)을 먹는다.

---

34) 상게서.

3) 스코틀랜드의 기념일(Burns Night: 1월 25일)

양(羊)을 비롯한 동물의 염통, 간, 허파, 양파, 오트밀, 양고기의 지방으로 양(羊)의 위를 채워서 오래 끓여 만들고 그 즙에 조리한 채소를 곁들여내는 하기스(Haggis)란 음식을 만들어 먹는다.

5. 영국의 식사 예절[35)]

1) 매너는 자기 보호 및 안전이다.

식사시에는 예상치 않은 일이 일어날 수도 있다. 상처를 입거나 옷을 더럽히거나 손을 데이거나 테이블에 물이나 와인을 쏟는 등 여러 가지 사태가 발생하게 된다. 뿐만아니라 서양요리에서는 기본적으로 각 코스마다 포크와 나이프가 준비되어 있다. 만약에 동석한 사람 중에 나이프를 들고 손을 흔들며 대화를 하는 버릇이 있는 사람이 있다면 주위 사람은 불안하기 짝이 없을 것이다. 따라서 테이블 매너는 부지 불식간에 실수 하지 않도록 늘 몸에 배게하는 습관화의 과정이 아주 중요하다.

2) 식당을 이용할 때는 사전 예약을 하고 예약 시간은 지켜야

손님과 함께 식당에 갔을 때 식당의 사정으로 인하여 기다리게 되면 큰 실례가 된다. 예약할 때는 먼저 명확히 성명을 알려야 하고 식당을 이용할 인원수와 일시를 정확하게 알려야한다. 시간관념은 대단히 중요하므로 시간을 지키는 일은 테이블 매너에 있어서 가장 기본이 된다.

3) 고급 식당에서는 정장을 하여야 한다.

정찬에서의 복장은 정해져 있는 것은 아니지만 몇 사람이 동석하여 식사를 할

---

35) http://blpg.daum.net/_hdn/blank_article.html

때 다른 사람에게 불쾌감을 주지 않는 최소한의 복장 예절을 지켜야 한다. 고급 식당에 운동복 차림이나 등산복 또는 노타이 차림으로 입장하면 거절당하는 수도 있다. 이것은 자신 한사람만을 위한 장소가 아니라 대중을 위한 장소이기 때문이다.

4) 식당에서는 안내원의 안내를 받아야한다.

고급식당에서는 반드시 입구에 안내원이나 헤드 웨이터가 고객을 접대한다.

예약이 되어 있으면 준비된 테이블로 안내되고 그렇지 않으면 적당한 빈자리로 안내된다. 안내원을 무시하고 자기 마음대로 좌석에 앉으면 식당 측에서 아주 난처해한다.

5) 좌석을 정할 때는 손님 중에서 누가 제일 중요한 분인가를 생각해야한다.

식사할 때 좌석은 어느 곳에 앉느냐에 따라 기분이 달라지기도 한다. 보통 주빈은 가장 나이가 많은 부인이다. 호스트와 초면인 손님이나 사회적인 지위가 높은 사람, 유명한 사람이 주빈이 될 수도 있다. 주빈의 친척, 친구, 가족은 말석에 앉아야 한다. 남자와 여자는 좌석을 섞어서 앉는다. 가장 중요한 여자 주빈은 남자 주인의 좌측에 앉고 그 다음 중요한 여자 주빈은 우측에 앉는다. 가장 중요한 남자 주빈은 여자 주빈의 우측에, 다음 남자 주빈은 여자 주인의 좌측에 앉게 된다. 두 번째로 중요한 여자는 주빈 남성의 우측, 세 번째 중요한 남자는 주빈 여성의 우측에 앉게 된다. 부부가 초대를 받았을 때에는 보통 대각으로 마주 앉게 된다.

6) 웨이터가 맨 먼저 빼 주는 의자가 상석이다.

사람들의 왕래가 많은 통로 쪽이나 출입문에서 가장 가까운 곳은 말석이다. 상석을 지정 받았을 때 지나칠 정도로 사양하는 것은 오히려 실례가 될 수도 있다.

7) 여성이 착석할 때는 남성이 도와준다.

참석자 가운데 노령의 어른이나 윗사람 또는 여성이 있으면 그들이 앉을 대는 좌측으로 들어서야 한다.

8) 옆 사람과는 주먹 두 개 정도의 간격을 두고 떨어져 앉는다.

식사가 시작할 때 의자의 거리를 고치는 행동은 좋지 않다. 테이블에서 한 사람이 차지하는 거리는 대략 60cm-70cm가 기준이다. 따라서 식사 중 몸을 움직이는 범위는 72cm를 넘지 않는 것이 좋다.

9) 여성의 핸드백은 등과 의자 사이에 놓아둔다.

식당에 들어갈 때는 가방, 모자, 외투 등은 가지고 들어가지 않고 코트룸에 맡겨야 한다.

핸드백이 있을 경우 의자와 허리 사이에 놓아두는 것이 가장 좋은 방법이다.

10) 냅킨은 모두가 착석한 뒤 무릎 위에 편다.

식탁에 앉자마자 성급하게 냅킨을 펴는 것은 좋지 않다. 테이블 전체를 보고 전원이 안정된 상태에 들었으면 냅킨을 펴지 않은 상태로 무릎 위에 가져와 조용하게 편 후 반으로 접어자기 쪽을 자기 앞으로 놓는다.

11) 메뉴를 천천히 보는 것도 매너이다.

일반적으로 알아두어야 할 메뉴의 구성은 전채, 수프, 생선 요리, 육류 요리, 샐러드, 디저트, 음료 순으로 되어 있다. 대개 이러한 순서에 입각하여 각 한 가지씩 선택하면 좋은 식단이라고 할 수 있으나 일품요리인 생선 요리와 고기 요리가 중복되면 너무 과중한 식단이 되므로 두 가지가 겹치지 않는 것이 좋다.

12) 웨이터는 고객의 손과 발이다.

웨이터는 고객을 위하여 존재하며 고객의 식사를 즐겁게 도와주기 위해 근무한다. 그러므로 웨이터가 옆에 있는 것을 거북하게 생각할 필요는 없다. 웨이터를 부를 때 손가락을 튕겨 소리를 내는 것은 좋은 매너가 아니다. 웨이터를 부를 때는 손가락만 들어도 된다.

13) 고급 식당에서는 중급 가격선으로 주문한다.

최근에는 가정보다 식당으로 초대하는 경우가 많아졌다. 초대한 사람이 대부호라든가 비싼 요리나 제일 값이 싼 요리를 강권하였을 때는 예외지만 초대받은 쪽은 초대한 사람의 경제적 사정도 다소 고려하는 것이 예의이다. 제일 비싼 요리나 제일 값이 싼 요리를 주문하여 천덕스럽다는 인식을 받지 않도록 중간 정도의 가격에서 선택하는 것이 좋다.

제4장 북아메리카

제1절 미 국

1. 지형적 · 사회적 특성

1) 지형적 특성[1]

(1) 미국의 기후의 특색

서안 해양성 기후는 편서풍 기후라고도 불리는데 지중해성 기후의 북쪽에, 즉 남.북위 40°~60°의 대륙서안에 주로 분포한다. 바다에서 불어오는 편서풍 또는 해양성 기단의 영향을 주로 받기 때문에 연중 비가 고르게 내리고 기온의 연교차가 적다. 그리고 중위도의 대륙서안에는 따뜻한 난류가 흘러 이의 영향을 많이 받는다.

서안 해양성 기후는 또한 구름이 많고 일조량이 적은 것이 특색이다. 북아메리카의 태평양연안은 미국에서 구름의 양이 가장 많고 일조량이 가장 적은데, 연평균 구름양이 60~70%에 달한다.

---

1) http://cafe.naver.com/infoker/105276

(2) 미국의 지형의 특색

① 북동부 지역

메인, 버먼트, 뉴욕, 메사츄세츠, 뉴저지, 펜실베니아 등지 울창한 산림 지역이 많이 나타난다. 뉴 욕 의 서부지역인 버팔로 등지의 5대호 연안은 산을 거의 찾아 볼 수가 없다. 즉 주차 브레이크가 전 혀 필요 없는 지역이다. 그러나 펜실베이아 근처는 에팔레치아 산맥의 영양을 받아 많은 산들이 나타나지만 그리 높지는 않다. 기후는 사계절이 있지만 겨울이 조금 한국 보다 길고 눈도 많이 온다. 여름 은 살기 좋은 곳이다. 미국 내에서도 인구가 제일 많이 사는 지역으로 얼핏 보면 한국적인 분위기가 풍기는 지역이다.

② 남동부 지역

캘롤라이나, 조지아, 플로리다, 루지에나 등지 옛날 노예 제도의 본거지인 남쪽지방으로 예로부터 목화를 재배하는 대 농장들이 많았던 지역으로 평야 지대가 많고 토지가 비옥하다. 특히 미시시피강 근처의 토지는 비옥하다. 전반적으로 기후가 온화 하면서 끝도 없는 평지위에 있는 나무숲들이 많은 살기 좋은 곳이다.

③ 대평원 지역

텍사스, 알라바마, 테네시, 미조리 아아오와 등 남부의 아기자기한 구릉지대에 위치한 목장지대로 부터 북쪽으로 갈수록 평지가 나타난다. 너무 넓은 평지를 운전하다 보면 저녁에는 가끔 겁이 날 정도다. 이곳을 여행하며 미국의 저녁을 느꼈고 한국도 이러한 식량전쟁에서 살아남기 위해 서 지금 부터 준비해야 되겠다고 느꼈다. 전형적인 시골 도시들이 많은 지역이다. 기후는 겨울에 북 부는 춥고 남쪽은 따뜻한 대서양연안과 비슷하다. 그러나 봄부터 여름에 걸쳐 토네이도가 자주와 이 지역들은 토네이도가 오면 사이렌이 울리고 전부 대피한다.

④ 사막지역

뉴멕시코, 네바다, 아리조나 등 마을이 별로 없고 인구 밀도가 희박하고 경작지, 목장들이 거의 없다. 땅은 우리나라만한 주에서 약 백만 명 정도 사는 주도 있다. 전반적으로 몇 개 식수 등 수량이 풍 부한 몇 개 도시를 제외하면 조그마한 시골들이고 집들도 초라한 흙집들이 많이 나타난다. 낮 시간에 는 섭씨 40도가지 올라가나 저녁이 되면 기온이 하강하여 서늘한 지역이 많고, 여름철에도 밤중에 찬 물로 샤워할 수 없을 정도로 일교차가 심하다.

⑤ 태평양 연안

워싱턴, 오레건, 캘리포니아 1년 내내 쾌적한 날씨가 연속되기에 사람살기에 최적한 지역들이다. 북부는 비옥한 산림지역 들이 많이 나타나고, 남부는 일부분이 사막 지형이 나타난다. 그러나 캘리포니아 등 남부 지방은 관개 시설이 잘 발달 되어 오렌지, 포도 등 많은 농작물들이 연중 따뜻한 기후 때문에 주산지가 되고 있다. 캘리포니아의 와인 및 오렌지는 유명하다.

2) 사회적 특성[2)]

정치・경제・과학 등 여러 방면에서 세계 최대강대국인 미국은 방대한 국토에서 공급되는 풍부한 농・축・수산물, 세계에서 가장 진보된 식품가공・포장기술・마케팅 및 유통체계로 인해 식생활이 풍요롭고 간편하다. 그 외에도 풍부한 농산물, 그리고 합리적으로 가공, 저장, 수송하게 된 공업력, 경제 발전으로 인한 구매력 등이 현재 미국 식생활 문화의 기초를 이루고 있다.

세계 각 지역에서 이주해 온 사람들로 인구는 2억 7천만 명에 이르고 백인(83%), 흑인(12%), 인디언과 동양계(5%)로 형성되어 있다. 국민의 32%가 기독교, 22%가 천주교, 2%정도가 유대교를 믿고 있으며, 식생활에 있어서 종교적인 영향은 그리 크지 않다.

2. 미국 식문화의 변천사[3)]

이민에 의하여 가지게 된 각국의 음식을 받아 들여 통조림 음식, 샐러드 음식

---

2) 전게서, 구난숙외, p.203.

3) http://kin.naver.com/detail/detail.php??d1did=1&dir_id=11301; 전게서, 성태종외, pp.279-281.

이 발달하고 있으며 조리법에는 특징이 없다. 맛보다 영양의 균형이 잡힌 과학적, 합리적인 음식이 많다. 냉동식품, 반조리품, 인스탄트식품은 미국에서 부터 발달하였다.

1) 16세기

콜라와 햄버거, 핫도그 등의 패스트푸드를 떠올리게 하는 미국. 미국에는 고유의 음식문화가 없다고 생각하는 사람이 많다. 1492년 스페인의 콜럼버스가 신대륙을 발견하고 1565년 최초의 이주민이 정착하여 살게 되는 등 역사도 그리 길지 않고, 처음 이주해 온 스페인인을 비롯, 영국, 프랑스 등 유럽과 아시아 등 전 세계 다민족이 모여서 살고 있기 때문이다. 그러나 이들은 나름대로 인디언, 유럽… 등등의 음식문화를 그대로 계승하거나 나름대로 변형시켜 특유의 음식문화를 이루고 있다.

초기에는 토착민인 인디언의 영향으로 멕시코와 마찬가지로 옥수수를 많이 사용했다. 삶아 먹거나 구워먹는 것 외에도 옥수수 가루로 쑨 죽, 빵 등 가공음식을 만들어 먹었고, 이외에 콩, 호박이 중요한 식재료가 되었다. 그리고 노예로 데려온 아프리카인들은 여러 가지 곡물의 씨앗을 가져와 식탁을 더욱 풍성하게 하는데 일조했으며, 잡은 고기를 바비큐로 조리하는 방법, 연기에 그을려 훈제하는 방법을 알려줘 미국 음식문화에 중요한 키워드를 제공한 셈이다. 미국요리에서 빼놓을 수 없는 것이 케이준 요리이다.

2) 17세기

1620년대에 캐나다의 아카디아(현재의 노바 스코티아)에 이주해 와서 살던 프랑스인들이 1755년 이곳을 점령한 영국인들에 의해서 미국 남부의 루이지애나로 강제 이주되었다. 그곳에서 프랑스인들이 발전시킨 요리가 바로 케이준이다. 케이준 요리는 그들의 고향인 프랑스와 새로운 지방에서의 요리법이 합쳐진 형태가 주가 되고 인디언과 스페인의 영향도 더해져서 형성되었다.(케이준이라는 이름은 아카디아라는 말이 토착 인디언들에 의해 와전되면서 생긴 단어라고.)

이들은 갑자기 쫓겨 왔기 때문에 처음에는 상당히 궁핍한 생활을 했다. 그래서 구하기 어려운 버터 대신 돼지의 지방을 쓰고, 고기는 날짐승이나 물고기를 잡아서 보충했는데, 이것들을 한 냄비에 몰아넣고 조리를 했다.

그러니, 당연히 고향인 프랑스식의 예쁘고 우아한 요리보다는 좀 거칠고 양으로 승부하며, 거친 재료의 맛을 보완하기 위해 양념을 많이 쓰는 요리가 된 것. 이 양념믹스인 케이준 스파이스의 매콤한 맛 때문에 우리나라 사람들 입맛에도 잘 맞아서 패밀리 레스토랑의 인기 메뉴가 되어있기도 하다.

대표적인 케이준 요리로는 여러 가지 야채와 닭고기, 햄 등을 넣고 만든 볶음밥인 '잠발라야'와 역시 여러 가지 재료를 넣고 만드는 되직한 스튜 '검보'가 있다.

인접한 멕시코의 영향을 받아 만들어진 요리로 텍스-멕스가 있다. 이것은 멕시코와 인접한 텍사스 지역에서 발달하게 된 것으로, 옥수수로 만든 '또띠야', 또띠야에 여러 가지 재료를 얹어 만든 '타코' 등 멕시코 요리와 다른 점이 없어 보이지만, 원래 요리보다 고추를 덜 사용해서 상당히 매운 맛을 많이 약화시킨 반면 재료의 원맛을 많이 살려 입맛을 많이 바꾸었다. 그리고, 또띠야에 볶은 밥을 넣고 말아서 만드는 '부리또'는 멕시코의 재료로 자체 개발해낸 요리이다.

3) 20세기

20세기 초에 이탈리아인들이 이민 오면서 파스타가, 세계 제 2차 대전 후 유럽에 파병 나갔던 군인들이 들어오면서 피자가 들어왔다. 원래 이탈리아의 피자는 도우가 상당히 얇고 토핑은 한두 가지 정도로 조금만 올려서 담백하게 만드는데, 미국식 피자는 두툼한 도우에 토핑을 다양하게 많이 올린다. 특히 시카고에서 처음 만들기 시작한 '딥디쉬 피자'가 유명한데, 이것은 도우보다 토핑이 더 두꺼운 것이 특징이다.

현재 우리나라 사람들이 즐겨먹는 피자는 원조인 이탈리아식이라기보다 미국과 더 가깝다고

할 수 있다. 또한 중국인들은 특히 광동인들이 많이 들어와서 딤섬 등의 요리를 전파했으며, 우리나라의 자장면처럼 정작 본토에는 없는 중국요리들을 만들

어냈다. 그 대표적인 예가 삶은 국수를 닭고기, 야채 등과 같이 기름에 볶은 미국식 중국요리 '로메인'과 잘게 썬 고기를 새우, 버섯, 죽순과 같이 볶아먹는 요리인 '찹수이'이다. 베트남전 이후로 베트남의 쌀국수가 들어왔으며, 태국 요리 전문점도 다이어트식의 유행 덕에 상당히 늘어났다.

최근에는 기름진 음식을 배제하고 건강을 중시하게 되면서 담백하고 채소를 많이 사용하는 아시아 요리가 큰 호응을 얻고 있는데, 인기를 끌고 있는 가장 대표적인 음식이 일본 초밥.

일본 초밥을 먹는 것 자체가 상류층임을 암시하는 일종의 키워드가 되고 있을 정도이다. 또한 동서양의 요리 재료와 요리방법을 융합해서 만드는 퓨전이 유행하기도 했다. 이것 역시 몇 년 전부터 한국에도 유행하는 방식으로 서양요리 재료에 동양의 소스를 사용한다던가 하는 식이다.

4) 현대의 미국 식문화

한국의 5000년 역사에 비해 짧은 역사와 다양한 인종이 공존하는 미국은 뚜렷한 음식문화의 특징이 없다. 그러면서도 현대음식이라고 하면 곧 미국음식이라고 할 정도로 전 세계의 음식문화를 받아들여 새로운 음식문화를 만들어 나가는 것이 바로 미국음식이라고 할 수 있다. 예를 들어 독일의 햄버거 스테이크를 들여와 토마토 케첩을 뿌려 빵 사이에 끼워먹는 햄버거를 만들었고, 유럽이 생 토마토로 토마토 소스를 만들어 사용하는데 반해, 토마토 케첩을 다량 생산하여 사용하고 있다.

미국음식은 육류 위주이고, 1인 분량이 매우 많으며, 매우 달고, 기름진 후식을 선호하는 경향이 있어서 비만이나 성인병으로 고생하는 사람들도 많지만, 요즈음은 점차 건강을 생각하는 식생활 패턴으로 변화하고 있다. 또한 간편성과 실용성을 강조하는 문화적 특성으로 통조림이나 즉석식품 같은 가공식품 등을 많이 사용한다.[4]

---

4) 전게서, 성태종외, p.282.

3. 미국 식문화의 특징

1) 음식문화의 일반적 특징[5)]

① 패스트푸드(Fast Food)인 햄버거, 핫도그 등이 발달되었다.
② 가공식품인 통조림 등과 육류위주의 식생활이 발달하였다.
③ 미국 내의 일반음식이 간편화 되고 있다.
④ 식품재료가 다양하지 않고, 강한 향신료를 사용하지 않는다.
⑤ 음식은 미리 양념하지 않고 조리한 뒤 소스를 얹어서 먹는다.
⑥ 저녁 식사에는 비프스테이크와 해물 요리 등이 주류를 이루고 있다.
⑦ 전 세계의 음식과 퓨전음식을 먹는다. 즉, 미국에서 활동하고 있는 소수민족사람들이 그들 고유의 전통음식에다 새로운 음식문화가 혼합되어 식재료와 조리법까지도 독특하면서도 새로운 미국음식을 만들고 있다.
⑧ 능률과 합리성이 식문화의 상징일 만큼 쫓기는 사회에서도 파티를 통해 인간관계를 쌓으려고 노력한다.
⑨ 주로 고칼로리, 고단백질, 고지방식의 음식이 많다.
⑩ 최근에는 저염, 저당, 저열량의 3저 형태로 변하고 있다.
⑪ 먹는 양이 많고, 단맛이 강한 후식과 음료를 좋아한다.
⑫ 실용성을 중시 한다.

2) 지역별 특징

(1) 동북부 지역[6)]

동북부 지역은 주로 영국과 독일에서 이주해 온 이민자에 의하여 개척되었기 때문에 영국과 독일의 음식 특성이 강하게 나타난다. 유대인의 50% 가 있어서 이 지역 음식 문화에 많은 영향을 주고 있다. 대도시가 밀집되어 있어서 세계 각

5) 전게서, 구난숙외, p.204.; 김숙희외, p.387.; 전게서, 박금순외, pp.228-229.
6) http://www.reportworld.co.kr/static; 전게서, 구난숙외, p.205.

국의 다양한 음식을 접할 수 있다. 기후는 대서양 연안의 습윤한 온대 계절풍기후가 나타나지만 내륙으로 갈수록 대륙성기후의 성격이 짙게 나타나 겨울에는 몹시 춥다. 따라서 추운 겨울에는 캐서롤요리(datlr이조리된 뒤 그릇 째 식탁에 놓고 먹을 수 있는 요리), 걸쭉한 수프나 스튜를 즐긴다. 특히 버몬트 주는 주민 수가 적고 전원적인 모습을 간직한 지역이며 메이플 시럽으로 유명하다.

쉬어가기 스튜(Stew)

재료를 한데 섞어 소스 팬에 넣고 장시간 푹 끓여 만드는 국물 있는 서양찌개요리를 말하며, 쇠고기를 큼직하게 썰어서 버터로 볶다가, 양파 · 감자 · 당근 등을 차례로 넣어 볶고 잠길 정도의 물을 부어 푹 끓여 양념한 것을 비프스튜라고 한다. 소의 혀가 주재료이면 텅스튜(Tongue Stew), 채소이면 베지터블 스튜(Vegetable Stew), 닭고기이면 치킨스튜(Chicken Stew)가 되는데, 재료에 따라 10여 가지의 스튜가 주로 식생활에 활용된다.

(2) 중서부지역[7]

중서부지역은 미국의 대평원으로 알려져 있고 곡물과 과일이 풍부한 지역으로 옥수수, 콩 등 곡물과 젖소 사육이 많은 축산이 많이 발달한 지역이다. 특히 중서부지역에는 대부분이 옥수수벨트로 형성되어 있고 주산지가 일리노이, 위스콘신주 이며 광활한 대지가 옥수수밭으로 덮여 있다. 또한 위스콘신주는 미국전체 젖소사육의 33%나 달해 들판 대부분이 목장으로 되어 있고 치즈 등 축산가공이 발달한 주이다. 특히 이 지역에는 우유, 치즈, 칠면조, 돼지, 옥수수, 귀리, 버섯, 감자, 양배추, 사과 등을 이용한 음식이 많다. 미국 본토의 23%를 차지하고 미국 국민의 23%이상이 살고 있는 지역으로 규모가 상당히 크다.

(3) 서부지역

서부지역은 애리조나, 콜로라도, 아이다호, 몬타나, 네바다. 뉴멕시코, 유타,

7) http://k.daum.net/qua/openknowledge/view.html

와이오밍, 알래스카, 하와이, 캘리포니아, 워싱턴, 오레곤 등 13개 주가 여기에 속한다. 미국인 전체의 22%정도가 이곳에 살고 있고, 그 중에서도 반 이상이 캘리포니아지역에 거주 하고 있다. 서부는 높고 험준한 로키, 시에라네바다 등의 큰 산맥이 뻗어 있고 그 사이에 많은 고원과 분지가 있다. 서쪽으로 갈수록 농사짓기에 적합한 토지가 드물고 비가 적어 초지와 목장이 발달했고 말과 소를 방목한다. 이아다호 주는 통째로 구워 먹는 길쭉한 모양의 아이다호 감자로 유명하다. 애리조나, 덴버, 콜로라도오 같이 관개(灌漑)가 잘된 지역에서는 과일, 채소, 면화가 많이 생산된다. 캘리포니아 주는 겨울에 비가 많고 여름에 비가 적은 고온 건조한 기후 지역이어서, 토마토, 샐러드용 채소, 사탕수수, 딸기가 대량 생산된다. 미국에서 소비하는 과일과 채소의 50% 이상을 생산하며, 특히 캘리포니아 북부의 소노마 지역은 세계 최대의 포도생산지로서 미국에서 생산하는 와인(Wine)의 90%를 생산하여 세계제일이다. 그리고 서북의 끝에 위치한 알라스카 지역은 연어와 각종 게(Crab)가 많이 잡혀 다른 국가로도 수출하기도하며, 하와이에서는 열대성과일이 풍부하여 특히 세계에서 생산되는 파인애플의 40%가 이곳에서 출하된다.8)

(4) 남부지방

남부지역은 워싱턴 D.C, 플로리다, 노스 캐롤라이나, 사우스 캐롤라이나, 델라웨어, 조지아, 메릴랜드, 알라바마, 캔터키, 미시시피, 텍사스, 오클라호마 등 16개 주가 이곳에 속한다. 전체 미국 인구의 35%정도가, 미국 흑인의 52%가 남부지역에 살고 있다. 나부지역은 습기가 많은 아열대지방으로 농업은 대농장제도에 그 뿌리를 두고 있다. 남부는 미국에서 음식문화가 가장 급속히 발전하고 있는 지역으로 다른 지역보다 생선을 많이 먹는 편이며, 또한 과일이 풍성하고 특히 바다를 접해 있어 생선 등 해산물을 이용한 음식이 다양하다. 뉴올리언즈 지역에서는 매콤한 케이준요리가 유명하다. 캔터키의 프라이드치킨과 옥수수 위스키인 버번(Bourbon)은 한국에서의 일반 바(Bar)에서 칵테일의 베이스

8) 전게서, 김숙희외, p.389.; 전게서, 구난숙외, p.206.
http:kin.naver.com/db/detail.php?d1id=8&dir_id

(Base)로 자주 볼 수 있으며, 남부지역에서는 특히 옥수수가루를 이용한 죽, 빵, 튀김(허시퍼피)을 즐겨 먹는다. 텍사스에서는 특히 쇠고기를 즐겨 먹는데, 스테이크, 저키(Jerky:일종의 육포)와 매운 맛의 소스를 발라서 굽는 바비큐요리가 유명하다.

또한 이곳 남부지방에는 흑인고유문화와 아메리카니즘이 짬뽕이 되서 만들어진 문화들이 대부분이다. 음식도 바로 그런 영향을 받았으며, 특히 흑인들이 짜게 먹는 걸 좋아한다. 흑인들이 옛날 노예 생활할 때 뜨거운 태양아래서 끈끈한 기후에 일을 하니 몸에서 땀으로 염분이 빠져나가 자연히 염분을 섭취하기 위해 음식을 짜게 먹어야했다. 그렇게 먹던 버릇이 지금까지 이어지고 있고(흑인들은 절대 아니다 라고 하지만) 백인들도 이렇게 먹기 시작하고, 또 더운 멕시코지방에서 넘어온 히스패닉, 이들도 짜게 먹고, 아시아인들은 덜하지만 요즈음 들어 많은 사람들이 짜게 먹는 경향이 있다. 현대 미국인들의 인구 반 이상이 비만인데, 그건 염분에 지방 많은 음식들을 다량으로 섭취했기 때문이다. 미국 패밀리 레스토랑, 티지아이(TGI)나 데니스(Denny's)니 등에 가면 그런 트렌드를 계속 따라 가므로 어느 음식점이나 음식이 짤 수밖에 없다.

4. 미국의 대표적 음식

미국 음식은 한국 음식처럼 다양하지가 못하다. 주로 고기류를 많이 먹기 때문에 고기 요리만 있지 우리나라처럼 화려하지 않다. 물론 미국에선 가장 유명한 스테이크가 있고, 치킨, 터키 종류를 많이 먹는다. 미국 사람들은 돼지고기를 잘 안 먹는다. 아침메뉴는 한국과 다르게 계란, 핫케잌, 소세지 등이 있고, 요리와 주로 나오는 감자에 그레이비 소스와 함께 먹는다.

(1) 햄버거[9)]

미국의 대표적인 음식은 햄버거다. 미국의 역사도 짧고, 초기 개척시대에 모두 정신없이 일을 해야 하니, 햄버거는 가장 이상적인 음식이었을 것이다. 미국이

9) http://blog.naver.com/lahomestay/50013382342

역사가 짧지만 중심지가 될 만큼 발전했던 것은 식생활 문화, 즉 햄버거를 주로 먹은 것 때문이 아닐까 생각한다. 또한 경제적 부담도 되지 않을뿐더러 가족이나 친지들과의 식사모임에도 간단하게 햄버거를 먹는다.

쉬어가기 미국햄버거의 유래[10]

한국 사람들은 쌀이 주식이지만 미국인들의 대표음식은 뭘까 생각하게 되면 가장 먼저 떠오르는 것이 아마도 햄버거라는 사실을 믿어 의심치 않을 것이다. 미국 사람들한테 가장 인기 있는 음식이기도 하구, 햄버거는 샌드위치의 일종이다.

갈은 고기를 각종 양념과 빵가루 등에 버무린 뒤 구워내 채소 등을 동그란 빵 사이에 넣어서 만들어진 빵 종류로 보통 손으로 들고 먹는다. 요즘에는 세계 어디를 가도 미국의 간이음식점, 즉 패스트푸드 식당들인 맥도날드나 버거킹들이 진출해 있어서 이들이 판매하는 주된 음식 즉 햄버거를 쉽게 맛볼 수 있다. 햄버거가 전 세계 사람들에게는 미국의 전형적인 음식으로 간주되고 있는 것이다.

햄버거인데 왜 햄이 없을까? 하는 사람도 있겠지만 사실 햄버거는 햄과는 아무런 관련이 없다. 햄버거라는 말은 독일의 항구도시 함부르크에서 유래했다고 한다. 15세기 경 함부르크 사람들은 잘게 저민 질 나쁜 쇠고기에 양념을 섞어 맛을 낸 함부르크 스테이크를 만들어 먹었다고 한다.

물론 지금의 햄버거처럼 빵 사이에 갈은 고기를 끼워먹는 형태는 아니었다. 그런데 독일의 함부르크 스테이크도 '타르타르'라고 불리 우는 터키 유목 부족들이 중세 시대에 먹던 음식에서 배운 것이라고 하며, 타르타르 족은 좀 더 소화가 잘되고 씹기 좋게 하기 위해 고기를 갈아서 먹었다고 하는데 이것이 바로 햄버거가 만들어진 기원이라고 볼 수 있다.

그러니까 지금 우리가 먹고 있는 햄버거는 독일의 전통 음식 이라기보다는 19세기 초 미국으로 이민 가던 사람들이 뉴욕으로 가는 배안에서 만든 음식이라고 한다. 이들 이민자들은 먼 여행을 위해 각종 훈제고기를 준비해서 출발했는데 항해한 지 얼마 되지도 않아 고기가 빳빳하고 딱딱해져 버려, 이 딱딱한 고기를 어떻게 먹어야하나 궁리를 하다가 결국 이들을 모두 모아서 잘게 다진 다음에 양파 등 남은 야채들을 다져 섞었다고 한다.

이렇게 해서 만든 것이 미국 햄버거 스테이크의 시초가 되는 것이다. 그러니까 햄버거 스테이크는 사실상 딱딱해진 고기를 재활용한 음식이었다고 보면 될 것이다.

10) VOA News.

햄버거는 1904년 세인트루이스 세계 박람회 때 처음으로 상업화의 실마리를 찾게 된다. 박람회장에 수많은 인파가 몰려들자 박람회장 구내식당에서 일하던 한 요리사가 너무 바쁜 나머지 간단한 요리를 만들어 팔기 시작했는데, 번스(buns) 라고 부르는 둥근 빵에 고기 같은 것을 끼워 파는 간단한 것으로 이것이 바로 캐찹이나 겨자 등을 곁들여 먹는 오늘날 미국 햄버거의 기본적인 형태가 된 것이다. 당시 판매됐던 번스에 고기 같은 것을 끼운 햄버거는 먹기에도 편리하고 맛도 좋아서 햄버거를 먹는 일상적인 방법이 되기도 했다.

햄버거가 가장 인기 있고 가장 대표적인 미국 음식이 된 데는 이 번스를 소개하게 된 것이 가장 중요한 역할을 하기도 했지만 무엇보다 중요한 부분은 간이식당, 패스트푸드 식당인 맥도널드의 역할이라고 할 수가 있겠다. 미국사회에서 거의 모든 동네의 일부가 되고 있는 맥도널드는 단독으로 일 년에 수 백 만개의 햄버거를 판매한다고 한다.

햄버거는 1949년에 맥도널드 형제가 서부 캘리포니아주 샌 버나디노에서 처음 식당을 열고 주요 메뉴가운데 하나로 햄버거를 선보이면서 미국에서 본격적인 상품화가 시작됐는데, 요즘에는 전 세계 어디를 가든 맥도날드 상점이 문을 열고 있어서 이제 햄버거는 전 세계인들이 사랑하는 식품가운데 하나로 자리 잡고 있다.

또한 햄버거에 들어있는 영양 성분가운데 특히 비율이 높은 지방은 각종 성인병의 원인으로 작용한다고 지적되기도 해서 최근에는 채소만 넣어 만들거나 콩을 원료로 한 재료 등으로 만든 각종 햄버거가 등장하고 있다. 생각의 전환이나 문화와 생활의 차이가 항상 새로운 음식을 만들어 내게 되는 것이다.

(2) 스테이크[11)]

미국의 스테이크를 굽을 때 어떻게 굽느냐에 따라 맛이 달라지며, 또한 어떻게 굽는가 굽는 정도에 대해 알아둬야 한다. 굽는 정도에 따라 3가지가 있는데 다음과 같은 종류가 있다.

① 래어(Rare)

스테이크의 위와 아래만 살짝 익힌 정도, 고기의 겉이 분홍색이고 고기를 잘랐을 때 살이 발갛고 익지 않은 상태(생고기의 상태)까지 익힌다.

11) 전게서, 구난숙외, p.208.

② 미디움(Medium)

스테이크의 위와 아래를1cm정도 익혀서 고기 겉이 갈색이거나 회색인 정도, 고기를 잘랐을 때 가운데만 약간 분홍색이고, 살이 약간 익은 상태까지 익힌다.

③ 웰던(Well-Done)

스테이크의 위와 아래가 거의 탄 것처럼 보일 정도로 속까지 완전히 익힌 정도, 고기를 잘랐을 때 분홍색을 감지할 수 없다.

(3) 핫도그(Hot Dog)[12)]

길고 가느다란 빵 속에 소시지나 야채 등을 넣고 조리한 음식이다. 최초로 미국 사람들이 만들어 먹기 시작했는데, 금방 구워 낸 뜨거운 것을 먹는 것이 정통 식사법이다. 핫도그는 'Hot Dog'에서 온 말인데, 직역하면 '뜨거운 개'란 뜻이다. 이 말의 유래에 대해서는 두 가지 설이 있다.

하나는 이 음식이 발매되던 초기에 개고기를 사용한다는 소문이 퍼지자 미국의 한 만화가가 '핫도그'라고 풍자했다는 것이고, 다른 하나는 이 음식을 먹던 한 남자가 '마치 개고기를 뜨겁게 데운 것 같다'고 말하자 샌드위치 가게 주인이 이를 듣고 즉석에서 '핫도그'를 상품명으로 채택한 것이라는 설(說)이 있다.

(4) 샌드위치(Sand Wich)

한국에서는 샌드위치(Sand Wich)라고 하면 얇게 썬 네모난 식빵 사이에 야채와 햄 등을 넣은 음식을 가리킨다. 그러나 미국인들은 빵 사이에 야채나 고기 따위를 끼워 넣은 음식을 모두 샌드위치라고 하기 때문에 햄버거와 핫도그도 샌드위치의 일종이라 할 수 있다.

(5) 샐러드(Salad)

야채, 과일을 주재료로 하고 마요네즈나 프렌치 드레싱으로 버무린 요리, 시금치, 당근, 완두콩, 컬리플라워, 그린빈즈, 브로컬리, 아스파라거스 등은 익혀서 육

---

12) 이젠 국어사전을 버려라.

류나 생선음식을 함께 먹는다.

그린 샐러드의 영양가는 옛날부터 높이 평가 되어왔다. 야생채소와 향료식물에 소금으로 맛을 내던 최초의 샐러드는 봄에 먹을 수 있는 최초의 채소 음식이었으며, 단조로운 겨울철 식사 후에 원기를 돋우어주는 작용을 했다. 그린 샐러드는 식사를 시작할 때나 주 코스가 끝난 후 에 앙트레와 함께 먹는다.

최근 들어와 웰빙과 다이어트를 생각하는 사람들이 점차 증가함에 따라 각종 채소, 육류, 달걀, 치즈, 과일 등으로 만든 샐러드를 식사대용으로 먹는 사람이 많아졌다.

5. 식사 시 예절13)

비즈니스(Business)나 일반 사회생활에서 종종 식사 모임을 갖게 되는데, 이때 식사형태가 한식이냐, 양식이냐, 혹은 일식, 중식에 따라서 각기 다른 형태의 예절이 필요하다.

예를 들어 전통의 한식 식사에서는 일반적으로 식사 중에 말을 하는 것은 매너에 어긋난다고 지적당하는 반면에 양식에서는 식탁에서 말을 하지 않고 음식만 먹는 것은 커다란 매우 실례가 된다.

각 국의 식사 예절이 상이함으로서 종종 중요한 자리에서 실수하는 경우 특히, 외국인과의 식사모임에서의 실수가 비즈니스에 흠으로 잡히는 경우가 많다.

양식의 식사 예절에서는 입장에서부터 디저트까지 일정한 순서에 따라 예절을 지켜야 한다.

일상생활에서 생활화되어 있는 서양인들이야 이를 지키는데 별다른 문제는 없지만, 서양문화에 익숙하지 않은 우리나라 사람들의 경우 종종 서툰 모습들을 보이게 된다.

이에 당황하지 말고 다음의 몇 가지 사항에 대해 기본적인 것만 알게 된다면 큰 흠을 잡히지 않고 무사히 식사를 마치게 될 것이다.

---

13) http://www.with09.net

1) 기본적인 테이블 예절

① 입을 음식으로 가져가 먹지 않는다.
② 식사 중에는 머리에 손을 대지 않는다.
③ 식탁에서는 다리를 꼬고 앉지 않는다.
④ 대화 없는 식탁은 무례 할 수 있다.
⑤ 식탁에서 컵의 물을 쏟거나, 나이프, 포크, 수저 등을 바닥에 떨어뜨릴 경우 줍지 않으며, 새것을 요구한다.
⑥ 음식을 자기 식으로 먹지 않고, 음식마다의 방법으로 먹는다.
⑦ 먹는 방법을 모를 경우, 웨이터나 아는 사람에게 물어도 실례가 되지 않는다.
⑧ 업원이 서비스하고 있는 도중에는 대화를 하지 않는다.

2) 입 장

① 복장은 남성은 정장, 여성은 원피스나 슈트(Suit) 등이 적당하다.
② 식당에 들어가기 전에 준비된 물로 손을 씻고 들어가고, 들어가서 자리를 잡은 후에는 손을 씻지 않는다.
③ 들어가기 전에 문 앞에서 종업원이 안내하는 좌석 지정제 식당인지를 확인하고, 좌석 지정제 식당인 경우에는 종업원의 안내 없이 빈자리에 마음대로 앉지 않는다.
④ 서양인의 사고에서는 여성이 우선하므로, 여성이 먼저 종업원의 안내를 받아 들어가고, 남자는 뒤따라 들어간다.
⑤ 자리에 앉은 후 주변을 두리번거리지 않는다.
⑥ 웨이터는 소리로 부르지 않으며, 시선이 마주칠 때까지 기다려서 수신호로 부른다.

3) 메뉴 주문

① 반드시 메뉴를 한 번 살펴보고 주문하며, 메뉴를 보지 않고 주문하는 것은

실례가 된다.

② 메뉴에 대해서 아는 체하지 않으며, 모르는 메뉴는 웨이터에게 무엇이지 물어보는 것이 예의이다.

③ 손님으로 초대받아 갔을 경우 초청자보다 비싼 것을 주문하지 않는 것이 예의이며, 메뉴에 쓰여 있는 요금을 보고 중간층을 주문하는 것이 무난하다.

④ 옆 테이블의 음식과 같은 것을 먹고 싶다면 눈으로 가리키며 묻는 것이 예의이며, 직접 손으로 가리켜서는 안 된다.

⑤ 여성은 직접 주문하지 않으며, 동행한 남성에게 먹고 싶은 메뉴를 말하고, 남자가 대신 주문하는 형식을 취한다.

4) 나이프와 포크

① 나이프와 포크를 실수로 떨어뜨리면 줍지 않고 웨이터를 통해 새것을 가져오도록 한다.

② 나이프와 포크를 쥔 채 말하지 않는다. 나이프와 포크가 눈앞에서 왔다 갔다 하면 좋지 않다.

③ 나이프를 접시 위에 놓을 때는 칼날이 자기를 향해서 밖으로 놓이지 않게 한다.

④ 포크는 날이 위를 향하여 뒤집어 놓지 않는다. 그러면 식사가 다 끝났음을 의미한다.

⑤ 나이프와 포크를 사용할 때에는 부딪히는 소리가 나지 않도록 한다. 쨍그랑 소리는 동시에 예절이 없음을 나타낸다.

⑥ 나이프로 스테이크를 자르는 경우 밀 때 힘을 주고, 당길 때 유연하게 하면 톱질하는 것과 같이 보이지 않는다.

5) 냅킨

① 냅킨은 혼자서 먼저 펴지 않으며 반드시 주변이나 초청자와 맞추어서 펴는 것이 예의에 어긋나지 않은 경우이다.

② 냅킨은 식사 중에 테이블에 놓아서는 안 되며, 놓고 싶을 때에는 의자 위에 놓아야 한다.
③ 여성은 냅킨에 립스틱이 묻어지지 않도록 식전에 립스틱을 살짝 닦아 내고 사용하는 것이 바람직하다.
④ 냅킨은 한 쪽 귀퉁이를 제한적으로 사용하는 것이 바람직하며 손수건과 같이 전체를 함부로 사용하는 것은 옳지 못하다.
⑤ 식사가 끝나면 냅킨을 잘 개어 놓을 필요는 없으며, 대충 개어서 포크가 놓인 왼쪽 테이블에 놓는 것이 좋다.

제2절 캐나다

1. 지형적 · 사회적 특성

1) 캐나다의 자연환경

캐나다는 광대한 국토를 가지고 있으나 지질구조나 이를 배경으로 하는 지형은 그다지 복잡하지 않다. 크게는 동부 대서양 연안의 높지 않은 애팔래치아고지(高地), 서부 태평양 연안의 높고 험한 코르디예라 지역, 이들 사이에 끼인 로렌시아대지(臺地:캐나다 순상지), 허드슨만(灣) 저지(低地)와 북극해 제도, 세인트로렌스강(江) 연안 저지, 내륙평원(그레이트플레인스)으로 대별할 수 있다. 애팔래치아 지역은 뉴펀들랜드주(州), 노바스코샤주, 뉴브런즈윅주(州)에 걸쳐 있으며 미국 애팔래치아산맥의 연속이다.

북동~남서 주향(走向)의 고생대층 지질구조를 반영하여, 지형도 같은 방향으로 이어지는 완만하고 낮은 구릉지와 폭넓은 골짜기로 구성되어 있다. 지표는 홍적세의 대륙빙(大陸氷)에 의하여 침식된 곳이 많으나 빙퇴석(氷堆石)이 얹혀 있는 곳도 볼 수 있다. 뉴펀들랜드섬 앞바다에는 세계 3대 어장인 그랜드뱅크스가 있으며, 노바스코샤주(州)의 펀디만은 조수 간만의 차가 14m나 된다. 코르디예라 지역은 환태평양산계의 일환을 이루는 신기조산대(新期造山帶)에 해당되며, 중생대 말기 이후의 큰 조산운동에 의하여 지층이 습곡·단층을 받아 크게 변하고 있다. 캐나다에서는 가장 불안정한 지역이다.

지형상으로는 동부산지(로키산맥), 중앙대지, 해안산지(코스트마운틴스)의 3가지로 나뉘며, 높은 부분에서는 산악빙하를 볼 수 있다. 로키산맥은 브리티시컬럼비아주에서 유콘주 및 노스웨스트주(州)를 향하여 북쪽으로 뻗어 있으며, 금·은·우라늄·납·아연의 광상이 풍부하다. 해안산지에는 캐나다의 최고봉인 로건산(6,050m)이 유콘주(州)의 북동쪽에 솟아 있다. 로렌시아대지는 허드슨만을 둘러싸면서 캐나다 전체의 1/2 이상을 차지하는데, 지구상에서 가장 오래되었다고 하는 선캄브리아대(代)의 편마암, 기타의 결정질암, 이를 관입(貫入)하는 화강암 등으로 구성된 안정된 육괴(陸塊)이다.

일반적으로 해발고도 200~1,000m로 기복이 많은 고원상(高原狀)의 준평원을 이루고 낮은 부분에는 호수가 많으며, 전체적으로 보면 움푹 팬 허드슨만을 중심으로 하여 주위가 높아지는 지형이다. 이 지역은 선캄브리아대의 빙하시대에 캐나다의 거의 대부분을 뒤덮었던 대륙빙의 중심이 되었던 곳이므로 빙식작용의 영향을 강하게 받고 있다. 허드슨만 저지는 퇴적 이래 거의 흐트러지지 않고 북쪽으로 완만하게 경사지는 고생층(古生層)으로 구성된 구조평야이며, 이 연장부가 배핀섬과 엘즈미어섬으로 이어져 있다. 이들 섬의 높은 부분에는 지금도 빙하가 보인다.

세인트로렌스강 연안 저지는 주로 고생층으로 이루어져 있으며, 지층은 거의 흐트러지지 않았으나 지표는 대륙빙의 후퇴 시에 생성된 기복 있는 지형이 나타난다. 이 유역 저지는 토양이 비옥하고 좌안의 급사면은 수력발전에 적합한데, 서부 태평양 연안과 더불어 캐나다에서는 가장 온난한 기후의 혜택을 받는 지역이므로 낙농·과수원을 비롯하여 각종 작물의 재배가 집약적으로 영위된다. 공업이 발달되었으며, 이 지역에 캐나다 전 인구의 반수 이상이 살고 있다.

내륙평원은 로렌시아대지와 로키산맥과의 사이에 펼쳐지는 광대한 평원이다.

평원에서는 고생대 · 중생대 · 제3기의 지층이 서부의 로키산맥 산기슭 부근을 제외하고는 거의 흐트러지지 않고 퇴적되어 있다. 지표는 침식되어 생긴 침식 면으로 서부에서 해발고도 1,000m, 동부에서 20m의 고원을 이룬다. 지표는 빙하기에 대륙빙의 영향을 받은 미지형(微地形)을 나타낸다.

2) 캐나다의 발달한 산업 및 문화

(1) 산업

캐나다는 세계적인 밀 생산국이다.

대평원의 봄밀 지대에 대규모 농장들이 있고, 기계를 사용하여 기업적으로 밀을 재배한다. 생산된 밀은 대부분 위니펙 등 교통이 편리한 집산지로 모아진다.

이곳에서 다시 5대호와 세인트로렌스 강과 철도를 통하여 몬트리올과 벤쿠버로 운반된 다음, 세계 각지로 수출된다.

또 목축이 활발하며, 낙농업도 5대호 연안에서 발달하였다. 많은 농가에서 곡물 재배와 목축을 겸하는 혼합 농업을 한다. 또한 캐나다는 넓은 타이가의 삼림을 바탕으로 제재, 제지 및 펄프 공업이 발달하였다. 캐나다의 동서 해안은 세계적 어장이다. 동해안의 뉴펀들랜드 근해는 한류와 난류가 만나고, 대륙붕과 뱅크가 발달하여 청어, 대구 등이 많이 잡힌다. 서해안은 프레이저 강을 중심으로 연어 양식이 유명하다.

지하자원이 비교적 풍부하여, 니켈, 우라늄, 백금, 금, 은, 구리, 석면, 납 등의 생산량도 세계적이다. 최근에는 풍부한 지하자원과 삼림 자원 및 수력을 바탕으로 각종 공업이 급속히 발달하였다.

(2) 문화

'다문화주의'는 캐나다를 잘 나타내 주는 말이다. 1971년 각 인종들의 다양성을 인정하는 다문화주의 정책을 세계에서 처음으로 채택했다. 다문화주의를 통해 캐나다 정부는 인종 · 언어 · 종교에 관계없이 모든 시민들이 평등하다는 개방적인 사회건설을 추진하고 있다.

캐나다인으로 유명한 음악가는 브라이언 애덤스 · 셀린 디옹 · 사라 맥라흐란 · 레너드 코헨 등이 있다.

몬트리올 재즈페스티벌은 재즈팬들 에게는 유명한 음악축제이며, 클래식 음악에서는 대부분의 도시가 자체의 심포니오케스트라를 갖추고 있다.

유명한 클래식 연주가로는 글렌 굴드와 오프라 하노이 등이 있다. 문학은 캐나다 정서의 풍부함과 다양성을 잘 나타내고 있다.

초기에 프랑스어로 활동한 마르크 레스카르보 · 윌리엄 커비 · 스티븐 리콕 · 마조 드 라 로슈가 알려져 있으며 1940년대 이후에는 휴 매클레넌 · W.O.미첼 · 토머스 래덜 · 로버트슨 데이비스 · 마거릿 로렌스 · 그랑부아 등이 유명하다.

연극부문에서는 샤와스트랏포드 연극축제가 세계적으로 유명하며, 마이클 트렘블레이의 연극은 20개 언어 이상으로 번역되어 무대에 올려지고 있다.

스포츠부문에서는 아이스하키와 미식축구가 매우 인기 있으며 국기(國技)는 인디언이 즐겼던 놀이인 라크로스이다.

국립자연과학박물관 · 국립인류학박물관 · 국립과학기술박물관 · 국립캐나다미술관 등 연방정부가 관리하는 4개의 주요박물관이 있고 각주에는 로열온타리오박물관 · 자연사박물관 등 주가 운영하는 박물관이 있다.

2. 캐나다 식문화의 특징

태나다는 현재까지도 영국과 프랑스 문화가 함께 공존하는 국가로 유럽에 가까운 정취를 갖추고 있다. 그중에서도 프랑스 음식문화가 우세하고 캐나다 고유의 대표음식이 별로 없다.

1) 캐나다 음식문화형성의 배경

(1) 지역마다 신선한 해산물, 농산물, 육류가 풍부하다.

동서가 바다로 막힌 광대한 국토에는 수많은 호수와 강이 있고, 농.목업에 적합한 토양이 펼쳐져 있다.

(2) 길고 혹독한 겨울로 인해 달콤하고 기름진 요리가 많다.

① 캐나다인은 지구상에서 가장 통통한 사람들이라 불리어진다.

② 캐나다의 긴 겨울기간 동안 사람들은 바깥으로 나갈 수가 없다. 차가 다니는 차도는 다 얼어붙고 눈이 허리까지 차오기 때문에 운동도 불가능하고 그저 집안에서 기름진 음식을 먹을 수밖에 없는 것이다.

(3) 캐나다는 다양한 세계음식으로 되어있다.

세계에서 2번째로 큰 나라인 캐나다는 다양한 인종의 모자이크를 이루고 있으며, 프랑스 음식문화와 영국의 음식문화, 그리고 기타 이민족의 음식문화가 한데 어우러져 있다.

2) 캐나다 음식의 특징

① 각국의 요리들이 접한 콤비네이션 형식의 복합적인 요리이다.

② 콤보스타일의 메뉴; 한 쟁반에 자신이 선택한 음식을 한꺼번에 담아주는 형식으로 푸짐하고 싸게 즐길 수 있다. 카페테리아에서 자주 발견할 수 있는 것 중의 하나이다.

③ 되도록 손이 덜 가는 요리법으로 우아하면서도 푸짐한 요리를 만들어 낸다.

3) 지역별 음식의 특징

캐나다 각지에서 프랑스 색과 영국 색의 차이를 느끼게 되는 것은 무엇보다도 음식물에서이다.

(1) 영국계 지역

① 아침식사는 토스트와 피시 & 칩스나 스콘, 머핀 등으로 한다.

② 영국 색이 강한 오타와에서는 패스트푸드에도 반드시 스콘 등이 있으며, 어디에나 캐나디언 플레이트라는 이름의 닭튀김에 메이플 시럽을 뿌려 먹는 요리가 있다.

(2) 프랑스 계 지역

① 아침식사는 크루아상이나 바게트 등 맛있는 케이크로 한다.

② 프랑스 식 캐나다 요리는 프랑스 요리의 개척자와 같은 역할을 했다. 오리, 거위, 토끼와 메이플 시럽은 정통 프랑스식 캐나다 요리에 가장 주된 재료로 알려져 있다.

3. 캐나다의 대표적 음식

1) 바닷가재

① 세계 여러 곳에서 바닷가재가 잡히지만 캐나다와 미국 북부 대서양 연안에서 잡히는 것을 최고로 친다.

② 캐나다인도 바닷가재 요리는 비싸기 때문에 일 년에 한두 번 정도 먹는다고 한다.

③ 바닷가재는 누구나 할 수 있을 정도로 요리법이 간단하다.

우선 물에 소금을 적당히 넣고 완전히 팔팔 끓인다. 그런 다음 바닷가재를 넣는데, 머리 쪽부터 먼저 넣고 뚜껑을 덮고 삶는다. 삶는 시간은 10분 내외로, 원래 갈색이나 삶고 나면 분홍색으로 변한다. 바닷가재는 살을 발라낸 뒤, 여러 가지 재료를 섞어 요리를 하기도 하지만, 통째로 접시에 담아 내놓고, 손님이 가위와 망치와 포크 등을 사용하여 살을 빼먹는 방법이 가장 좋다.

2) 푸틴(Poutine)

① 1950년대 후반에 퀘벡에서 발명되었다.

② 칠면조 육수에 두껍게 자른 프렌치 프라이를 얹고 치즈 쿠르드를 두껍게 덮은 요리이다.

③ 프랜치 프라이, 치즈 쿠르드, 육수의 재료로 만들어진다. 요리하는 방법은 노릇노릇하게 잘 튀겨진 프렌치프라이와 치즈를 잘 섞은 후 그 위에 육수를

붓는다. 치즈를 녹이고 나면 완성이 된다.

④ 이탈리안 푸틴은 스파게티소스나 이탈리안 드레싱과 같이 먹는다.

3) 메이플 시럽(Maple Syrup)

① 250년 이상 된 설탕단풍나무에서 1년에 한 번 채취하는 수액을 바짝 졸여 만든다.

② 단풍나무는 캐나다의 국기를 보면 알 수 있듯이 캐나다의 상징이고, 관광상품 중에서도 인기가 가장 많은 것이 메이플 시럽으로, 미국에서도 가장 많이 먹는 시럽 중의 하나다.

③ 대개는 요리에 사탕수수로 만든 설탕을 많이 사용하지만, 캐나다에서는 특히 퀘벡 주에서는 메이플 시럽을 설탕 대신 여러 음식에 많이 사용한다. 또한 이것이 캐나다 전통음식 특유의 맛을 좌우하는 중요한 재료가 되고 있다.

④ 주로 팬케익이나 와플을 먹을 때 곁들여 먹는데 달콤하면서도 매우 향기롭다.

⑤ 비타민 B_1, 마그네슘 등을 함유해 영양 면에서도 좋다.

4) 뉴펀들랜드의 전통음식

① 캐나다 초기 이주자들은 가을이 되면 그들이 사냥이나 수확으로 얻은 다양한 재료를 병에 담아 병조림이나 통조림 형태로 만들어 왔다.

② 사과 등의 과일에서 심지어 토끼고기까지 병조림과 통조림으로 가정에서 만들어 왔다.

③ 조리법은 주재료인 연어, 토끼고기 등과 육류나 과일에 설탕 혹은 소금으로 섞는다. 의외로 간단하며 비교적 기간이 긴 캐나다의 겨울을 나는데 큰 도움이 되어왔다.

④ 뉴펀들랜드에서 가장 보편적인 요리의 하나인 콩 스프는 마른 콩이나 강낭콩을 사용한다. 집집마다 할머니가 사용하던 오래된 콩을 담는 항아리가 있을 정도지만, 요즘은 슈퍼에서 파는 통조림을 사용할 수 있다.

5) 도넛츠(Doughnuts)

① 도넛은 캐나다만의 음식은 아니다. 도넛은 메이플라워호로 신대륙을 건너던 영국의 청교인들이 영국을 나와서 잠시 네덜란드에 체류하고 있을 때 이 과자를 먹고 제법을 습득했다고도 전해진다.

② 도넛이 가장 캐나다적인 음식이라고 볼 수밖에 없는 이유가 있다. 팀 호튼이라는 하키선수가 24시간 도넛 전문점을 열어서 캐나다에는 모든 교차로마다 도넛 체인점을 볼 수 있게 되었다. 캐나다인에게 도넛은 물이나 비상약처럼 24시간 언제나 필요한 음식인 것이다.

③ 캐나다인의 도넛에 대한 열정은 잘 알려지진 않았다. 하지만 지구상의 어느 나라보다도 미국 경찰들보다도, 캐나다 인들은 많은 도넛을 소비한다. 조사에 의하면 캐나다에는 3200개의 도넛 가게가 있고 이는 인구 9천 명당 하나 꼴인 셈이 된다.

6) 베이글

① 캐나다의 몬트리올에서 처음 등장했다.

② 물론 베이글은 캐나다 음식이라기보다는 유대음식에 가깝다.
도넛 모양으로 된 딱딱한 롤빵인 베이글은 2000년 전부터 내려오는 유대 전통음식이라고 한다. 밀가루, 이스트, 물, 소금만으로 만든다.

③ 유명한 하키 선수인 다릴 시틀러(Darryl Sittler)가 캐나다 전역에 베이글 체인점을 냈고 시금치 크림치즈 맛을 선보였는데 꽤 맛이 좋아 성공을 거두었다.

7) 아이스 와인(Ice Wine)

(1) 아이스와인이란 무엇인가?

얼은 포도들을 그 상태로 포도나무로부터 수확해서 만든 매우 진귀한 와인이다. 포도들은 자연적으로 어는 과정을 거치는 동안 절묘하게 달콤한 맛을 내게 되어 아이스와인을 생산할 수 있게 한다.

아이스와인은 진한 금빛 색과 매혹적인 달콤한 맛으로서 위대한 명성을 얻게 되었다.

캐나다는 세계에서 최대규모의 아이스와인을 생산하는 곳으로서 나이아가라 폭포 지역에 특히 많은 와이너리들이 있다

(2) 생산방법

아이스와인의 재료로 사용되는 포도가 수확되는 시기는 온도가 -8º C이하에서 연속적으로 2~3일 지속되는 차가운 겨울기간이다. 이러한 추운 기후에서 포도들은 수확되기 전까지 포도나무에 매달린 채 고체상태로 얼려지게 된다. 겨울기후의 전형적인 온도 사이클을 거치게 된 포도의 고체상태는 인공적인 기술에 의하여 쉽게 만들어 질 수 없는 신비한 맛을 지니게 된다.

8) 캐나다의 향신료

캐나다의 대표적인 향신료로는 사루비아(Salvia)가 있다. 사루비아는 고취성 향신료로 사용부위는 잎사귀다. 사루비아의 주산지는 캐나다는 물로 미국과 지중해 연안 등에서 많이 자라며, 사루비아는 마스킹(Masking)효과가 있어 향미를 부각 시킬 때 사용하며 주로 소세지, 물고기요리, 스프 등에 많이 사용한다.

4. 캐나다의 식사예절

캐나다의 식사예절은 유럽의 다른 나라와 별로 다르진 않다. 보통은 식탁에 음식이 나오는 것과 같이 식탁에 앉는다. 먼저 음식을 돌릴 때 까지 기다린 다음 한국처럼 한 그릇에 다 같이 먹는 것이 아니라 접시를 돌려가며 덜어 먹는다. 인원수와 맞혀서 적당히 덜어먹는 것이 좋다. 보통은 숟가락을 잘 사용하지 않고, 스프나 케잌 등의 음식을 먹을 때 숟가락을 사용한다. 어떤 방법으로 음식을 먹는지 상관은 없지만 고기나 한입에 다 먹지 못하는 음식은 꼭 잘라 먹는 것이 좋다.

그 음식이 손으로 먹는 것이 아니라 그냥 포크를 사용하여 입으로 뜯어 먹으면 욕을 들을 수도 있다. 그리고 트림을 할 때도 반드시 미안하다는 말을 꼭 해야한다.

쉬어가기 캐나다의 음식가격

음식가격은 물론 패스트푸드점이 가장 싸고 다음으로 카페테리아나 퍼블릭 마켓 안의 음식 코너 등이 싼 편이고 일반 레스토랑이나 호텔 안의 레스토랑은 비싼 편이다. 아침은 토스트, 머핀, 베이컨, 달걀 프라이, 커피 등이 나오는 것이 5달러(캐나다 달러:1달러=974.27원 살 때 기준) 전후, 점심으로는 파스타나 피자, 샐러드 등으로 가볍게 먹는 것이 보통으로 5~10달러 정도로 해결할 수 있다. 저녁으로는 풀코스의 정식이 주요 메뉴로, 대부분 적어도 15달러 이상이며 유명한 음식점에서 풀코스의 정식을 먹는다면 20달러 이상이 들고 비싼 경우에는 30~40달러 정도의 비용이 든다. 게시된 가격을 보고 레스토랑을 선택할 때 15% 정도의 세금과 팁을 계산에 넣는 일을 잊지 말도록 한다.

쉬어가기 캐나다인들이 즐기는 먹거리

어느 도시를 가든지 간에 이탈리아나 멕시코요리가 많은 것이 특징인데, 이것은 그만큼 캐나다인들이 즐겨 먹고 좋아하기 때문이다. 또 하나 캐나다인들은 어디를 가나 간식 메뉴는 시저스 샐러드(Ceaser's Salad)로, 담백하게 만들어진 소스를 싱싱한 야채에 끼얹어 먹는다. 술은 독한 것보다는 주로 맥주나 와인을 많이 먹는데, 바(Bar)나 펍(Pub)에 가면 20~100여 종류의 맥주를 다양하게 즐긴다.

제5장 중·남아메리카

제1절 멕시코

1. 지형적·사회적 특성

1) 자연적 특성

(1) 지형적 특성

멕시코는 지체(地體) 및 지형의 구조로 보아 북아메리카의 일부이다. 한편 민족적으로는 라틴아메리카이며 남·북 아메리카의 육교부(陸橋部)를 차지하므로 중앙아메리카의 일부라고도 할 수 있다.

또한 대(大)·소(小) 앤틸리스제도(諸島)는 구조상 중앙아메리카의 습곡축(褶曲軸)과 같은 계열에 속하므로, 중앙아메리카와 서인도제도를 총칭하는 중부아메리카에서 주요부를 차지한다.

(2) 기후

기후는 국토의 대부분이 고원성이고 북회귀선이 남북을 가로지르기 때문에, 열대기후권이 전국토의 25%, 건조기후권이 50%, 온대기후권이 25%를 차지한다. 즉 멕시코의 중심부는 열대 고원의 상춘(常春) 지역이며, 특히 1,500m 내외가 최적온(最適溫) 지대를 이룬다.

강우량은 일반적으로 적은 편인데, 북서부는 435mm, 북동부는 685mm, 중부는 879mm, 남부는 1,301mm 정도의 분포를 나타낸다. 그러나 설선을 지닌 화산의 융설수(融雪水)가 풍부하며 옥토를 만들고, 멕시코분지에서는 수향(水鄕)의 경관을 나타내는 지역도 볼 수 있다.

(3) 자원

주요 농산물은 옥수수・사탕수수・보리・커피 등이다. 임산자원으로는 열대기후지역인 남부에서 마호가니・삼목 등 가구재가 많이 산출되고, 껌의 원료인 사포딜라가 난다. 수산자원으로는 캘리포니아반도(半島)의 천연진주가 유명하고 굴, 새우, 다랑어, 정어리, 대구 등의 생산이 많으며 새우는 수출한다.

2) 사회적 특성

(1) 인구

주민은 백인과 인디언의 혼혈족인 메스티소가 60%, 인디언이25%, 에스파냐계(系) 백인이 15%이고, 그 밖에 물라토, 삼보 등으로 구성된다.

인구의 지역적 분포는 기후조건으로 인해 고르지 못하다. 국토의 14%를 차지하는 중앙고원에는 전인구의 45%가 거주하는 데 비해, 북부 태평양지역은 국토의 21%를 차지하는데도 거주민은 전인구의 8%에 불과하다.

수도에는 전인구의 15% 이상이 집중하고 전인구의 60%는 도시에 거주한다. 인구증가율은 해마다 상승 경향이다.

연령별 인구 구성을 보면 자연증가율이 높고 유소년층(幼少年層)의 비율이 높은 피라미드형의 특색을 보인다.

(2) 언어

에스파냐어(語)가 국어이지만 인디언들은 아직 나우아틀・마야, 아스테카, 사포테카 등 그들 고유의 언어를 일상어로 사용한다. 전 국민의 89%가 에스파냐 통치시대에 보급된 가톨릭교를 믿는다.

(3) 사회

멕시코는 1910~1917년의 혁명에 의해서 다소간 사회평준화가 이루어졌다고는 하나 아직도 사회계급차가 뚜렷하다.

그 중 하층계급은 통계상으로는 감소를 보이고 있으나 실제로는 증가하여, 도시 특히 수도의 주변에는 빈민굴이 급속히 늘어났고, 농촌에는 농지개혁의 자본주의화로 다수의 영세농이 있는 실정이다.

이들은 멕시코 국민으로 완전히 통합되어 있지 않은 900만 명의 원주민 인디언의 존재와 함께 현재 멕시코가 안고 있는 사회문제이기도 하다. 혁명 후 이들 문제를 해결하기 위한 방책으로 교육운동이 광범위하게 전개되었다.

특히 농촌지역을 중심으로 전개된 문맹 퇴치운동에 의해서, 문맹률은 1910년 77%에서 1995년 10.4%로 현격히 감소되었다. 헌법에 의하여 초등교육은 의무교육이고, 중등교육은 무상제이다. 대학은 국립자치대(國立自治大)를 비롯하여 다수의 주립대학이 있으나 취학자수는 극히 적다. 그러나 혁명에 의해 이룩된 문화수준의 향상을 부정할 수는 없다.

(4) 문화

멕시코는 멕시코 마야, 아스테크, 톨테크 문명 등 아메리칸 인디오의 찬란한 토착 문명을 지니고 있으며, 스페인 식민통치를 통해 서구문명이 유입되어 혼합 문명이 형성되어 있다.

현재는 미국의 영향으로 점차 미국화 되고 있으며, 국민의식 저변에 미국에 대한 경계심이 깔려 있기는 하나, 미국과 유사한 사회로 변모되고 있다. 국민성은 친절하고 낙천적이나, 배타적이기도 하다.

동양인에 대한 감정은 멕시코 원주민의 조상이 동양인이라는 이유에서 좋은 편이다. 멕시코는 고대의 찬란한 문화유산을 이어받고 있으므로, 고대 피라미드 조각 및 미술품이 많으며 도시중심지에도 각종 문화센터 및 공원시설을 갖추고 있다.

1) 일반적 특징

아메리카 원주민문화는 옥수수문화라고 말할 수 있다. 그 정도로 옥수수가 그들이 즐겨 먹는 식량이다. 옥수수는 주식으로 쓰일 뿐만 아니라 차게 해서 마시는 오르차따와 추운 지방에서 큰 양동이에 가득 끓여 마시는 아똘레라는 음료수의 재료로도 쓰인다. 고구마, 콩, 감자, 호박, 땅콩 등도 아메리카 원주민들의 식생활에 큰 역할을 하고 있다. 원주민들의 음료수에는 사람을 취하게 만드는 술과, 시원하고 영양이 되는 음료수 등이 많이 있다. 현재도 멕시코 원주민들은 이러한 음료수나 술을 집에서 만들어 마신다. 또한 야마와 같은 동물의 고기를 익히거나 날것으로 먹기도 했다. 아직도 세상과 접촉이 그리 많지 않은 산골마을에서는 옛날의 식생활을 유지하고 있는 원주민들이 많이 있다. 오늘날 멕시코 음식문화는 아메리카 원주민 음식문화와 스페인 음식문화의 혼합으로 탄생되었다고 할 수 있다. 스페인의 중남미 정복은 메스티조(중남미 원주민과 유럽인의 혼혈인종)라는 새로운 인종을 만들어 냄과 동시에 음식문화에서도 혼합된 형태를 만들어 냈다. 요리에서 육류의 사용이 다채로워졌고, 밀의 경작으로 인해 빵이 옥수수와 함께 주식으로 사용되기 시작했다. 그리고 포도주와 식용유의 사용으로 식탁은 더욱 풍성해졌다. 이렇게 스페인 정복기간 동안 새로운 요리법이 무수히 개발되었는데, 여기에는 수녀들의 역할이 지대했다고 전해지고 있다. 즉 매일 매일 사제와 수녀들을 위해서 음식을 준비하는 수도원 주방은 상당한 요리솜씨를 자랑하고 있었다. 이렇게 일찍부터 신대륙의 원주민들은 자생하는 식물과 야생동물을 主食으로 삼았고, 서구인들은 목장과 농장을 만들어 육류와 빵의 식단은 준비하는 일에 몰두하였다. 그리하여 멕시코는 원주민의 음식 생활에 서구인의 새로운 문화가 접합되어 발전을 시켜 나가게 되었다. 멕시코 음식문화의 특징은 크게 세 가지로 나누어 볼 수 있으며 다음과 같다.

(1) 멕시코 음식의 주재료에는 옥수수를 사용한다.

기원전 7000년경부터 재배하기 시작한 옥수수를 주식으로 하기 때문에 앞서 말했듯이 중앙아메리카문화를 옥수수문화라고도 한다. 이는 토양이 옥수수 재배에 적합하여 대규모생산이 가능했기 때문이다.

(2) 칠리(멕시코 고추)를 사용해 매콤한 맛을 낸다.

옥수수와 함께 멕시코 요리를 얘기할 때 빠질 수 없는 것이 바로 고추를 사용하는 점이다. 입안이 얼얼할 정도의 작고 빨간 것에서부터 별로 맵지 않은 피망에 이르기까지 약 200여 종의 다양한 고추가 있다. 각종 소스를 만드는데 쓰이는 고추는 요리의 재료로도 매우 중요하게 사용된다. 그 대표적인 것이 바로 몰레(mole) 요리인데 몰레를 싫어하면 반역자란 소리를 들을 정도로 몰레는 멕시코 인들의 사랑을 받는 음식이다.

(3) 다양한 향신료를 사용한다.

멕시코에서는 많은 향신료가 사용되는데 그 중에서도 가장 많이 사용되는 향신료에는 고수의 생잎인 실란트로, 오레가노, 큐민 등이 있다.

쉬어가기 고수

고수의 씨는 특히 소시지, 카레, 술이나 영국 사탕과 같은 과자, 스칸디나비안 페스트리를 만들 때 향을 내기 위해 쓰이며, 라틴아메리카 · 인도 · 중국 등에서는 부드러운 어린잎을 요리에 쓴다.

(4) 전통음료와 술이 유명하다.

현대의 멕시코 인들이 즐겨 마시는 음료로는 우선 청량음료를 들 수 있다. 콜라의 경우 1인당 소비량이 세계 제1위라고 한다. 전통음료로는 과일 음료를 들 수 있는데, 투나(선인장 열매)나 망고와 같은 열대 과일들을 갈아서 설탕을 가미하거나 하마이카(Jamaica)라는 꽃을 갈아 만들거나 쌀을 불려서 갈아 만든 오르차타(Horchata)등이 사랑 받는 음료들이다. 멕시코 인들은 이런 과일 음료들을 식사 때 즐겨 마신다. 그리고 현대 멕시코 인들이 가장 많이 즐기는 주류로는 맥주를 들 수 있다. 그러나 전통주로는 마게이(Maguey)즙을 발효시켜 만든 우리나라의 막걸리와 비슷한 풀케 (Pulque:뿔께라고도함)를 들 수 있다. 서민들이 주로 마시는 풀케는 맥주가 들어옴에 따라 소비가 많이 줄어들었지만 아직까지도 일반인의 사랑을 받는 술이라고 할 수 있다. 풀케와 함께 멕시코를 대표하는 술은 테낄라(Tequila)이다. 10년 생 이상의 아가베(Agave:용설란)를 3년 이상 발효시켜 만든 멕시코의 국가적인 술이라고 할 수 있는 테낄라는 특허법에 의해 상표를 보호받고 있으며 생산 과정에서도 상공부의 감독을 받는 술이다

2) 지역적 특징1)

멕시코 음식은 여러 민족, 부족들로 구성된 원주민들의 음식문화와 스페인, 프랑스 점령자들의 음식문화와 수도원 음식문화의 영향, 그 후 세계 여러 곳에서 온 이민자들의 음식문화의 영향을 받아 발전하고 완성된 역사적, 문화적 퓨전 음식이라고 할 수 있다.

풍부한 천연자원의 넓은 면적의 나라에는 음식의 재료도 또한 다양하다.

(1) 북부지역

북부 지역은 육식, 양고기 소고기를 직접 불에 구워서 먹고 우유를 많이 섭취하는 편이다. 또한 북부지역에서는 밀가루 또르띠야를 많이 사용하고 육식을 많이 하는 편이다.

(2) 중부지역

중부 지역은 양념된 채소를 삶아서 먹고 닭고기, 돼지고기와 옥수수를 많이 먹는 편이다.

(3) 중앙 동부 지역

중앙 동부 지역은 뿌에블라시를 중심으로 하여 '몰레'의 원산지라고 할 수 있다. 몰레는 삶은 닭고기와 20여 가지의 재료를 '메따떼'라는 맷돌 같은 돌로 만든

---

1) http://kin.naver.com/detail/detail.php??d1did=1&dir_id=11301

기구에 갈아서 닭고기 육수로 만든 소스를 곁들인 요리이다. 재료 중에는 여러 종류의 고추와 아몬드, 잣, 땅콩, 초콜릿까지 포함된다. 아주 특별한 잔치나 모임에서 찾아볼 수 있던 요리다.

(4) 동부 해안

동부 해안가는 해물요리가 풍부하다. 베라크루스의 요리들은 새우, 조개, 굴, 생선 요리가 유명하다. 생굴 칵테일 '부엘베 알 라 비다(생명을 되돌려 주는 칵테일)'의 맛은 죽어가던 사람도 맛보면 정신 차릴 만하다. 카리브 해안에서 잊을 수 없는 요리는 '쎄비체'로 이것은 여러 가지 해물을 레몬즙에 절여서 양파, 토마토, 고추, 고수를 곁들인 요리이다.

(5) 유카탄 반도

마야 문명을 꽃피웠던 유카탄 반도에서는 '아시오떼'라는 양념이 유명하다. '꼬치니따 삐빌'을 만드는데 주로 사용되는데, '꼬치니따 삐빌'은 삶은 돼지고기를 식초와 오렌지 주스, 아시오떼를 섞은 소스에 재워두었다가 약간의 마늘, 오레가노와 소금을 넣고 조린다. 아시오떼는 닭고기, 돼지고기를 오븐에 구울 때에도 이런 식이다.

3. 대표적 음식

오늘날 라틴 아메리카의 전통음식들은 각기 그 나라의 얼굴과 같은 위치를 차지하고 있다. 멕시코의 요리는 앞서도 말했지만 옥수수를 사용한, 일반적으로 약간 매콤한 것들이 많다. 몇 가지 멕시코 요리들을 살펴보면 다음과 같다.

1) 따꼬(Taco)

멕시코에서 가장 유명한 음식은 바로 '따꼬'(Taco)라는 음식이다. 옥수수가루로 만든 또르띠야(만두피 모양으로 만들어 구운 것)에다 어떤 음식이든지 다 싸서 먹는다. 우리나라 음식에도 따꼬와 비슷한 것이 있다. 궁중요리의 구절판 요리를 먹을 때 찹쌀 혹은 밀가루로 만든 밀전병에 각종 야채와 고기를 싸서 먹는 것이나, 중국요리인 '베이징 덕'을 밀전병에 싸서 먹는 것이 바로 멕시코의 따꼬와 비슷한 음식이다. 따꼬 요리는 또르띠야에 싸서 먹는 방법에 따라서 수십 가지로 불릴 수 있지만 넓게 말해서 또르띠야에 싸먹는 모든 형태의 요리를 따꼬라 할 수 있다.

약간의 변형을 주어서 이 또르띠야에 음식을 넣고 기름에 튀긴다면 이것은 케사디야(Quesadilla)이고 기름에 튀기지 않고 단지 약간의 기름에 데친다면 소페(Sope) 혹은 플라우타(flauta)라 하고, 튀긴 또르띠야 조각은 토토포(Totopo)라고 말하는데 이조각을 구아카몰레(guacamole:아보카도를 고추, 양파를 잘게 썰어 넣어 소금과 과즙으로 섞어 만든 일종의 소스)에 찍어 먹기도 하고, 또한 그 조각에 노란 치즈를 녹여 부어 먹는 것을 나초(Nacho)라 한다. 한마디로 말하면 옥수수 가루로 만든 이 '또르띠야'말로 멕시코 식탁에서 없어서는 안될 밥과 같은 것이라 할 수 있다.

2) 부리토(Burrito)

콩과 고기를 잘 버무려 커다란 밀가루 또르띠야에 네모지게 싸서 먹는 것으로 소스를 뿌려 먹기도 한다.

3) 엔칠라다(Enchilada)

옥수수 또르띠야에 소를 넣고 둥글게 말아서 소스를 발라 구워낸 것으로 그 위에 치즈를 얹는 등 장식을 곁들인 음식이다.

4) 치미창가(Chimichangos)

밀가루 또르띠야 소를 넣고 접거나 돌돌 말아 바삭바삭하게 튀겨 나오는 것이다.

5) 쿼사디야(Quesadillas)

넓은 밀가루 또르띠야를 반으로 접어 치즈를 비롯한 내용물을 넣고 구워낸 후

부채꼴 모양으로 3~4등분하여 내오는 것이다.

6) 따꼬샐러드

바삭바삭하게 튀겨낸 조개모양의 옥수수 또르띠야볼 안에 싱싱한 각종 야채와 체다치즈, 매콤한 칠리소스를 넣은 것으로 또르띠야까지 다 먹는다.

7) 화이타(Fajita)

구운 쇠고기나 치킨을 볶은 양파, 신선한 샐러드와 함께 밀가루 또르띠야에 직접 싸먹는 요리로 국내 패밀리레스토랑에서 멕시코 음식 중 가장 인기가 좋은 품목이다.

8) 그 밖의 또르띠야를 사용, 응용한 요리

잘게 썬 돼지기름으로 튀긴 것으로, 토마토 소스로 졸인 칠라낄레스(Chilaquiles), 그대로 또르띠야를 한 장 바싹하게 튀겨서 위에 닭고기와 야채를 얹어서 먹는 오픈 샌드위치 식의 또스따다(Tostada) 등이 있다. 그리고 멕시코에서 사용하는 소스(스페인어로 '살사'라고 한다)로는 다음과 같은 것들이 있다. 제일 유명한 소스는 '살사 메히까나'(Salsa Mexicana: 멕시칸 소스)라고 하는데 이 소스는 주재료가 양파, 토마토 그리고 고추이다. 물론 냄새가 지독한 씰란뜨로(Cilantro)도 빠지지 않는다. 모든 재료를 잘게 다져 소금과 올리브유를 넣어 만든 것이다. 색깔은 희고 푸르고 빨갛다. 즉 멕시코 국기의 색깔을 갖고 있어서 멕시칸 소스라고 이름 붙여진 것이다. 멕시코 음식을 먹을 때 없어서는 안 되는 소스이다. 그리고 몰레 소스라는 것도 있다.

이렇듯 또르띠야를 사용한 멕시코의 음식들은 각기 독특한 맛을 가지고 있어서 사람들이 여러 가지 음식을 골고루 느낄 수 있도록 해주고 있다.

그리고 대서양과 태평양으로 나갈 수 있는 멕시코에는 바다음식이 풍부하다. 대표적인 것으로는 럽스터, 랑구스틴 (Langoustine - 작은 럽스터류), 조개, 새우 등이 있으며, 불에 구워져서(a la plancha) 나오거나 마늘로 양념(al mojo de ajo)되어 나온다. 또 멕시코 사람들이 가장 즐겨먹는 디저트로 flan이 있다. '카라멜 크림'(crema caramel)으로 거의 모든 메뉴판에 나와 있다. 열대과일 (Tropical Fruits)이라고 하는 진귀한 과일들이 많다. 파파야(Papaya), 수박(Sandia), 배(Prickly Pear - Tuna), 나스베리(Naseberry - Chico Zapote), 커스터드 애플(Custard Apple - Chirimoya) 등이 있다.

4. 멕시코의 술과 음료

1) 테낄라(Tequila)

테낄라는 용설란의 일종인 마게이라는 식물을 잎은 모두 잘라내고 구형의 포기만을 찐 다음 발효시켜 증류한 독특한 술로, 알콜 함유량은 40도에서 60도나 되는 독한 술이지만 냄새가 없고 산뜻한 맛이 그 특징이라고 할 수 있다. 재미있는 음주방법으로 인해 최근 국내에서도 인기를 끌며 수입량이 증가하고 있다고 한다. 그 음주방법은 다음과 같다. '슬래머'라는 양주잔에 술을 반정도 따른 후 소다수나 사이다를 채우고 냅킨 등으로 잔을 덮은 뒤 테이블에 내리쳐 기포가 일 때 한 번에 들이키는 것이고, '슈터'는 레몬즙을 손등에 바르고 소금을 뿌린 뒤 이것을 혀로 핥고 술을 마시는 방식이며, '보디샷'은 파트너의 몸에 묻힌 레몬즙과 소금을 혀로 핥고 테낄라를 마신 후 파트너가 입에 물고 있는 레몬조각을 입으로 깨무는 것이다. 이것은 멕시코가 열대지방인 관계로 염분과 신맛의 과즙을 섭취하기 위한 것이라고 한다.

테킬라는 일반적으로 3가지 등급으로 나누어진다. 여과하여 바로 마시는 테낄라 블랑꼬(Tequila Blanco 흰색), 1년 미만의 숙성을 거친 테낄라 레뽀사다(Tequila Reposada-노란색) 그리고 1년 이상의 숙성을 거친 테낄라 아녜호(Tequila Añejo 노란색)가 있다.

쉬어가기 테낄라 어원과 유래

데낄라는 멕시코산 용설란주 이다. 멕시코 올림픽으로 유명해진 멕시코의 심볼마크에 '태양의 돌'이 있다. 멕시코에 있어서 태양은 우주의 원리, 생명의 원리이며 또한 죽음의 원리이다. 뜨거운 햇볕 속에서 무럭무럭 자라는 식물이 있으니 바로 멕시코 원산인 용설란이다. 멕시코 원주민들은 옛날부터 이 용설란에서 나오는 수액을 발효시켜 술을 만드는 방법을 알고 있었다. 이 태양의 아들 같은 용설란을 발효시켜 증류한 술이 바로 풀케(뿔께)이다. 실제 AD 250년의 것으로 추정되는 벽화에는 발효된 풀케를 나누어 마시는 장면이 그려져 있다. 이후 14세기에 이르러 풀케는 찬란한 고대 문명을 꽃피웠던 아스텍 인디언들로부터 사랑받게 됐다.

이들은 풀케를 "생명의 물"이라 부르며 성스러운 음료로 여겼던 것이다.

멕시코의 토속주라고 할 수 있는 풀케가 국경을 넘을 수 있었던 것은 바로 14세기 말엽의 일. 콜럼버스가 신대륙을 발견하기 전 이미 남미를 정복한 그는 스페인의 꼬르떼스는 아스텍 인디언들이 마시는 신비로운 술이 발견하고 그 풍취에 빠져들고 말았다. 그는 스페인의 왕에게 풀케를 상납했고 그 향과 맛에 반한 스페인 왕실은 자신들만을 위한 최고급 데낄라를 원했다. 그래서 1758년 호세 꾸에르보(Jose Cuervo)라는 이에게 땅을 하사했고 그는 이 땅에서 왕실만을 위한 풀케를 생산했다. 이것이 자급자족의 형태를 띠던 데낄라 제조가 기업적 형태로 바뀌게 된 계기이다.

멕시코가 스페인으로부터 독립하기 전인 1795년 호세 꾸에르보의 아들인 안또니오 꾸에르보는 스페인의 왕 까를로스 4세로부터 데낄라를 상업용으로 생산해도 좋다는 허가를 받았다. 이후 데낄라는 세계적인 술로 자리를 굳혀 200여년이 지난 지금에도 여러 나라에서 사랑을 받고 있다.

데낄라는 고지대 사막에서 자생하는 아가베(Agave 멕시코산 용설란의 일종)로 만든다. 아가베는 가시와 넓은 잎을 가졌기 때문에 언뜻 보면 선인장으로 착각하기 쉬우나 사실은 백합과 식물이다. 데낄라 제조에 사용되는 것은 8년~10년 동안 재배돼 숙성된 '라 삐냐(La Pi뺬)'라는 아가베의 뿌리다. 무게가 20~30kg정도되는 녹말이 풍부한 삐냐를 우선 36시간동안 증기로 찐 후 12시간 정도 식힌 다음 짓이겨 '아구아 미엘(Agua Miel 꿀물이라는 뜻)'이라고 하는 설탕물을 추출한다. 이를 이스트로 충분히 발효시키고 증류 과정을 거치면 데낄라가 탄생되는 것이다. 데킬라는 블루 아가베로 만들어지며, 최소 51%의 'Agave Azul Tequiliana Weber' 가 함유되어 있어야 한다. 데킬라의 원료인 아가베는 백합과의 일종이며,

반드시 51% 블루 아가베를 함유해야 하며, 5개 주 할리스코(Jalisco) 전 지역 및 과나후토(Guanajuato)의 특별지역, 미초아칸(Michoacan), 나야릿(Nayarit) & 티마울리파스(Tamaulipas)에서만 재배되어야 한다.

'데낄라'라는 말의 어원을 살펴보면 16C스페인이 멕시코를 점령했을 당시에 멕시코의 중앙고원에 위치한 멕시코의 도시인 과달라하라(Guadalajara) 교외에 데낄라 라는 작은 마을이 있는데 '데낄라(Tequila)'라는 이름은 거기서 유래되었다고 한다.

2) 뿔께(pulque)

스페인이 멕시코를 침략했을 때 이미 마야족이나 아즈텍족들은 '뿔께'라는 한국의 막걸리 같은 술을 마시고 있었다. 이것은 마게이라는 선인장의 꽃줄기를 분질러 큰 돌맹이로 눌러 놓고 며칠을 기다리면 줄기와 뿌리부분에서 뿌옇게 물든 알콜 성분의 액체가 고이게 된다. 이것을 용수로 걸러내서 이를 하루 놓아두면 자연 발효가 되어 단맛이 나는 술이 되는데 주로 시골농부들이 즐겨 마신다고 한다. 우리나라의 막걸리 색을 띠며 맛도 거의 막걸리와 비슷하나 수면제 성분이 많아 뚝배기로 두2-3잔 마시면 취함과 동시에 졸음이 몰려온다고 한다. 그리고 참고로 약으로 쓰이고 있는 용설란도 있다. 바로 알로에(Aloe)인데 성인병 예방과 강장효과가 크다고 해서 대외선전이 대단하다고 한다.

3) 럼주와 브랜디

멕시코 인들은 럼주(Ron)와 브랜디(Brandy)를 아주 좋아한다. 럼은 사탕수수로 만드는 술인데 쿠바와 카리브해 연안이 그 본고장으로 잘 알려져 있다. 멕시코에는 바까르띠(Bacarti)라고 하는 아주 유명한 럼주가 있다. 스트레이트로 마시는 것도 물론 좋지만 콜라를 약간 타서 마시는 쿠바 리브레(Cuba Libre)라고 하는 것도 그 맛이 더욱 좋다. 브랜디는 원래 유럽의 술이지만 멕시코 등 중남미 지역에도 그 맛이 상당히 좋은 것들이 많이 있다. 돈 빼드로(Don Pedro),

푸렌시덴떼(Presidente), 산 마드꼬스(San Marcos) 등이 그 대표적인 것들이 라고 할 수 있다. 멕시코 인들은 브랜디에도 콜라를 섞어 마시는 경우가 많다.

4) 맥주

멕시코에는 맥주가 수 천 종이나 있다고 한다. 그 수 천 종이나 되는 맥주 중에서 인기 높은 것은 보헤미아(bohemia)가 있는데 이 맥주는 뮌휀 맥주 콘테스트에서 1등을 할 정도로 맛과 향이 최고라고 한다. 그리고 떼까떼(Tecate)라는 맥주는 잔의 가장자리에 멕시코 레몬(작은 라임모양)을 짜넣고 소금을 뿌려서 먹는 멕시코 고유의 음주 법으로 먹는데, 이 맥주는 마셔가면서 안에 있는 맥주와 잘 섞어 먹으면 그 청량함이 최고라고 한다. 그 외에 수뻬리오르(Superior), 모델로 에스뻬씨알(Modelo especial), 그리고 흑맥주인 노체 부에나(Noche buena), 유까딴(Yucatán)반도에서는 몬떼호(Montejo)와 레온 네그라(Neon Negra)가 유명하다. 그리고 꼬로나 엑스뜨라(Corona Extra)가 있는데, 이 맥주는 1925년 멕시코의 구루포 모델로(Grupo Modelo)회사에서 생산되는 맥주로서 투병한 병과 레몬을 넣어 마시는 독특한 방법으로 마시는 맥주이다. 이 맥주는 멕시코 국민들에게 가장 사랑 받는 맥주이며 다른 나라로 수출되는 맥주의 70%이상을 차지하며 1997년 미국 내에서 판매되는 수입 맥주 중 1위를 차지하고 있다고 한다. 원래 코로나에 라임을 넣어 먹는데 우리나라에서는 라임이 생산되고 있지 않고, 유통기간이 짧아서 쉽게 변질되기 때문에 비슷한 맛을 내고자 레몬을 대신사용하고 있다.(12온스당 148칼로리가 함유, 알콜:4.6%) 그리고 코로나 라이트(Corona Light)라는 맥주도 있다. 이것은 1989년에 소개된 라이트 맥주로, 라이트 맥주 중 가장 많이 팔리는 맥주중의 하나이다. 12온스당 105칼로리를 함유하고 있다. 그 밖으로 안주도 멕시코 식이 있다. 그 대표적인 안주로는 구사노스 데 마게이(Gusanos de Maguey)가 있는데 이것은 용설란에 붙어 있는 애벌레를 튀긴 것으로 멕시코에서는 진미로 잘 알려져 있다. 돼지껍질을 튀긴 치차론(Chicaron)도 유명한 안주 중의 하나이다.

5. 식사 시 예절 및 습관

고급 레스토랑의 모습이나 식사법은 미국과 멕시코는 거의 비슷하다.

다만, 식사의 횟수만 과거 멕시코 원주민들은 하루에 겨우 두 끼를 먹었으나, 스페인 정복 이후부터는 성당의 종소리에 맞춰서 하루 다섯 끼의 식사를 하게 된 것만 다르다고 한다.

그래서 아침은 가볍게, 두 번의 점심은 충분히, 그리고 저녁은 다시 가볍게 하며, 때로는 자기 전에 간식을 들기도 한다고 한다.

식사예절에는 많은 것이 있지만 큰 것 2가지만 예를 들면 다음과 같다.

① 식사도중 소리를 내면서 먹어서는 안 된다.

② 입안에 음식물이 있는 대로 말하지 않는다.

③ 공식적인 경우에는 음식물이 나오면 기다렸다가 함께 먹는다.

④ 타코는 손으로 먹는다.

⑤ 식사 후 약 10-15%의 팁을 식탁위에 올려놓는다.

쉬어가기 멕시코인의 식사패턴(정상적인 식사 하루 5회)

1. 멕시코의 아침식사는 빵, 우유, 커피, 갓 짜낸 오렌지 주스가 기본이다. 달걀은 수십 가지의 방법으로 요리한다. 그리고 따말, 께사디야, 고기류, 치즈, 소시지를 먹는다. 점점 아침식사를 하지 않는 경향이 있어 커피나 주스만 마시는 것이 보편화되어 가고 있다.
2. 알무에르소는 아침과 점심사이에 10:30~11:00 경에 먹는 식사로, 샌드위치, 께사디야 등을 간단하게 먹는다.
3. 멕시코에서 정식 점심식사(꼬미다) 시간은 오후 3시경이다. 멕시코인들이 한국에 오면 점심시간에 충격 받고 우리는 멕시코에 가면 호후 3시 정도까지 기다려야 한다. 점심식사로는 국물이 있는 요리, 국물이 없는 요리 한가지씩 먹는 것이 보통이다. 꼬미디는 직장에서 먹지 않고 집에서 먹고 구 후에 낮잠까지 잔 후, 오후 5시 경에 사무실에 돌아간다.
4. 저녁식사는 8시경에 먹는 것이 보통이다. 점심식사를 많이 했으면 저녁식사는 비교적 가볍게 한다.

제2절 브라질

1. 지형적 · 사회적 특성

1) 지형

지형학적으로 많은 고지와 저지로 나누어진다. 가장 두드러진 지형인 북부의 아마존 강 유역과 남부의 브라질 고원을 중심으로 하여 다른 주요지역들 전체가 펼쳐져 있다. 브라질 고원은 평균 해발 1,000m이지만 남동부에는 2,700m가 넘는 몇몇 봉우리를 비롯해 험한 산들이 솟아 있다. 남쪽으로는 주로 우루과이와 아르헨티나에 흐르는 라플라타 강 유역을, 동쪽으로는 대단애의 일부인 마르 산맥을 경계로 하여 좁은 해안저지와 연결되어 있다. 이곳에서 고원은 해발 760m가 넘는 깎아지른 듯한 벼랑이 된다. 북쪽은 해발 250m 미만의 아마존 강 유역과 접해 있다. 아마존 강은 지류가 1,000개가 넘는 세계에서 가장 큰 강으로, 유역 면적이 약 704만 7,000㎢가 넘는다. 아마존 강 유역의 2/3가 브라질 북부에 있는데 이는 전국토의 45%에 해당한다. 6,400km에 이르는 총구간을 대부분 항해할 수 있어 주요 교통수로로 이용되고 있으나 경사가 완만하여 수력발전이나 관개용으로 널리 이용되지는 않는다. 1970년대 들어 상프란시스쿠 · 라플라타 강 유역 같은 아마존 강 남쪽의 주요하천 유역 등지에서 관개농경지가 급증했다. 브라질의 수력전기 대부분은 1982년 가동을 시작한 세계 최대규모의 수력발전소인 이타이푸 댐을 비롯해, 라플라타 강 유역의 파라나 강에 설치된 댐에서 공급한다.

아마존 강 유역은 연평균기온 약 26℃로 거의 기후 변화가 없다. 연간강수량은 2,000~3,000㎜이며, 평균 5,000㎜나 되는 곳도 있다. 아마존 강 유역을 제외하면 브라질 대부분 지역은 강우량이 적당한 편이지만 북동부 반 건조지대인 상프란시스쿠 강 유역분지는 연간강수량이 600㎜에 불과하며 250㎜ 미만일 때도 있다. 남동부 해안평야는 아마존 강 유역과 비슷하게 덥고 습기 찬 기후를 보인다. 국토의 3/5이 삼림으로 덮여 있는 브라질은 약 7%만이 경작용으로 쓸 수 있다. 경작 가능한 토지 대부분은 라플라타 강 유역 및 해안지역을 따라서 분포되어 있다. 브라질의 열대식생은 아마존 강 유역에 있는 방대한 열대상록수림 및 열대우림과 좁은 남동 해안선을 따라 자리 잡은 소규모 삼림을 비롯하여 풍부하고 다양하다. 리우그란데두술 주에는 대목초지였던 곳의 일부가 자리 잡고 있어 키가 큰 목초가 자란다. 북동부 건조지대에는 '카팅가'(caatinga)라는 가시가 많은 낙엽성 관목림이 있다. 좁은 해안 우림의 바로 서쪽 브라질 고원에서 가장 고도가 높은 곳에는 반 낙엽수림이 있다. 내륙고지의 대부분 지역에는 낙엽성 관목림과 대초원이 어우러져 있다. 인구가 드문 북부지역에는 아직도 야생동물이 많이 발견되며 아마존 강 유역 열대우림에는 지구상 어디에서도 볼 수 없는 독특한 식물이 풍부하다.

2) 인구

라틴아메리카에서 인구가 가장 많다. 1940~81년 동안 인구는 3배로 빠르게 증가했지만 평균인구밀도는 비교적 낮은 편이다. 여러 인종집단이 식민지 초기부터 혼혈을 이루며 살고 있다. 식민지 시기에는 포르투갈인이 인디언이나 농장·광산 노동자로 온 아프리카 흑인들과 혼혈을 이루었다. 순수혈통을 유지하는 인종은 거의 없다. 흑인은 바이아·리우데자네이루·마라냥·미나스제라이스 주 등에 많이 살고 있으며, 최근 이주민들이 많은 남부에는 백인이 압도적으로 많다. 인디언은 아마존 강 유역에서 가장 외지고 경제적으로 열악한 지역에 주로 거주한다.

브라질인 대부분이 인디언 및 아프리카인 유입자들에 의해 약간 변형되고 어휘가 풍부해진 포르투갈어를 사용하며, 로마 가톨릭교를 믿는다. 브라질은 세계에서 로마 가톨릭 신자가 가장 많은 나라이기도 하지만 인디언 및 아프리카인은 원래 갖고 있던 숭배형식이나 전통신앙을 전혀 버리지 않은 상태이다. 아프리카인의 의식이 융화된 그리스도교 신앙이 종교의 보편적인 바탕을 이루고 있다. 인구현황은 급속한 증가율, 두터운 젊은 층, 다양한 혈통, 지리적 이동성 등을 특징으로 한다. 출생률은 비교적 높다. 가족계획사업이 발달하여 국민들에게 모자건강에 대한 정보와 서비스를 제공한다. 사망률은 점차 줄어들고 있다. 인구의 약 절반이 20세 미만으로 젊은 층이 많다는 사실은 출생률을 높인 직접적인 원인이다. 농촌에서 도시로의 인구이동이 심하며 도시인구는 급성장하여 전체 인구의 3/4을 차지한다.

3) 농업

농업 부문은 국내총생산(GDP)의 약 1/10을 차지하며, 노동력의 1/5 미만이 종사한다. 경작지의 1/3에서 옥수수·쌀·밀 같은 주요농작물이 재배된다. 커피·사탕수수·카사바·대두·바나나·파파야·오렌지·코코아·콩·귤·만다린오렌지·아보카도 등의 생산은 세계 최대를 자랑한다. 목축업도 주요산업으로 소와 돼지를 비롯한 가축이 세계에서 가장 많은 편이다. 넓은 삼림지대가 집중적으로 펼쳐진 아마존 강 지역에는 아직 개발되지 않은 열대림이 남아 있다. 그러나 무분별한 연료용 목재벌목으로 삼림이 급속히 황폐해져서 환경문제 측면에서 벌목을 강제로 통제할 정도이다. 주로 남부 농장에서 재배되는 유카리나무와 온두라스파인 등의 독특한 수종생산을 바탕으로 제재업이 발달해 있다. 상업적 어업이 이루어지는 해양 쪽의 연안과 아마존 강을 따라 형성된 긴 하계 내륙에 수산자원이 풍부하다.

3) 사회

브라질은 연방공화국이다. 1988년 헌법은 대통령령(令)에 의한 통치방식을 폐지했다. 입법권은 하원과 상원으로 구성된 국회에 있다. 하원의원은 4년 임기로 상원의원은 8년 임기로 선출된다. 1988년의 새 헌법에 따라 국가 최고 통치권자인 대통령은 5년마다 직접선거로 선출된다. 주요 정당으로는 온건파인 브라질 민주운동당과 우익 사회민주당이 있다. 사법부 최고기관은 상원의 승인 아래 대통령이 임명하는 11명으로 구성된 연방 최고재판소이다.

4) 문화

다양한 인종과 문화가 나타나는 과거 역사와 지역적 차이는 예술을 통해 볼 수 있다. 18세기에 알레이자디뉴(작은 불구자)로 알려진 물라토 건축가이자 조각가였던 안토니우 프란시스쿠 리스보아는 뛰어난 예술가로서 큰 업적을 남겼다. 가장 유명한 근대 미술가인 칸디두 포르티나리는 이탈리아 이주민의 아들로 각 지방의 경치를 작품 주제로 다루었다.

2. 브라질 식문화의 특징2)

브라질의 음식을 한마디로 일반화한다는 것은 정말로 어려운 일이다. 왜냐하면 한 국가의 음식으로 특징지어 지는 것이 아니라 넓은 영토만큼이나 그 지역적인 특색을 갖고 있기 때문이다. 브라질의 음식문화를 크게 인디오 원주민, 흑인, 마지막으로 유럽의 음식문화가 혼합된 것이라 할 수 있다.

1) 인디오 원주민 음식문화

인디오의 음식문화는 주로 브라질의오지인 북부와 북동부 지역에서 발달했다. 자연의 천국이라고 부를 만큼 풍부한 천연자원을 가지고 있기 때문에 인디오들은 자연의 식품을 그대로 먹고 생활했다. 식물의 뿌리와 줄기를 그대로 먹다가 삶거나 구워 먹기도 했으며 후에는 바나나 등을 말려서 파이나 과자를 만들어 먹었다. 카브랄이 발견했을 때 인디오들은 마니오카, 옥수수, 감자, 열대과일, 또 아마존강에서 잡히는 생선을 즐겨먹었다.

2) 흑인의 음식문화

넓은 대평야의 사탕수수 밭에서 일할 노동력을 제공하기 위해 브라질에 이주된 흑인은 음식에 소금과 마늘을 많이 사용했다. 이들은 소금은 땀으로 배출되는

---

2) 전게서, 구난숙외, pp.231-232.

염분을 보충해 주고, 마늘은 열병을 막아준다고 생각했다. 또한 흑인이 아프리카에서 직접 가져온 야자수에서 짜낸 기름인 덴데유를 음식 튀길 때 많이 사용했는데, 덴데유는 노동을 많이 하는 이들에게 열량을 제공하는 귀중한 식품이었다. 흑인은 이외에도 여러 향신료를 브라질에 소개했던 것이다.

3) 유럽인의 음식문화

유럽인의 음식문화는 브라질 남부에서 발달하였다. 각 지역에서 정착한 유럽인의 영향을 많이 받았는데 이태리인 거주하고 있는 지역에서는 스파게티가, 독일인의 거주지역 에서는 버터와 치즈 같은 유가공품(乳加工品)을 이용한 음식이 많이 발달했다. 또한 브라질 남부에서는 대구를 이용한 음식이 발달했는데 이는 포르투갈의 전통음식으로 포르투갈인들이 많은 상파울로 또는 리우데자네이로에 가면 맛볼 수 있는데, '해산물 대구요리'와 '달걀감자 대구요리'가 유명하다.

쉬어가기 바이아 요리

유명한 브라질의 전통 요리로 식민지시대 농장주의 부엌으로부터 발전되어 온 것인데 그 당시 밀가루와 고기가 귀했던 때가 많아 아프리카 노예요리사들은 해안에서 잡히는 해산물과 마니옥가루, 고구마, 코코넛, 파인애플, 야자유 같은 지역적 산물을 많이 사용하였다. 조미료는 아프리카 양념을 주로 썼는데 바이아요리는 야자유의 일종인 덴데유와 코코넛가루에 의해 독특한 맛이 그 특징이다. 대표적 요리는 생선과 새우, 생강 및 야자과즙으로 만든 스튜의 일종인 바타파와 새우와 매운 고추 등의 소스로 만든 카루루 등이 있다.

- 바타파: 생선과 새우, 생강 및 야자 즙으로 만든 스튜의 일종이다. 음식이 나올 때 곁들여서 나오는 것으로 어떤 음식에도 발라 먹으면 잘 어울린다. 땅콩, 양파, 마늘, 생각, 새우를 야자즙을 부은 식빵과 섞어 믹서에 갈면 향긋한 노란빛 반죽이 만들어 지는데 이 것 덴데유에 넣고 끓이다가 닭고기 국물에 넣어 한번 더 끓여 걸죽해질 때까지 끓이면 된다.
- 카루루: 새우와 매운 고추 등의 소스로 만든 카루루는 튀긴 새우를 고추와 작은 오크라로 만들 자극적인 소스와 함께 내는 것이다.

3. 브라질의 대표 음식

1) 슈하스코

브라질 하면 제일 먼저 '슈하스코'를 떠올릴 정도로 브라질의 혼합된 문화와 함께 거론되는 음식이다. 브라질 제1의 음식으로 쇠고기, 돼지고기, 양고기, 닭고기 등을 꼬챙이에 꽂아 숯불에 구운 브라질의 전통 요리로 생일이나 결혼식 등 집안 잔치에 빠지지 않는 대표적 음식. 꼬챙이에 꽂아 화덕에 구워내기 때문에 담백한 맛이 일품이며 부위별로 '골라 먹는 재미'가 있어 남녀노소 누구나 즐길 수 있는 요리이다. 하지만 숯불로 구워야 하는 단점이 있어 집에서 슈하스코를 요리하긴 쉽지 않다. 대신 친구들과의 여행이나 가족 단위 여행에서 준비해 먹을 수 있는 음식으로 집에서 고기를 재운 후 가져가서 굽기만 하면 된다. 특히 펜션에 묵을 경우 펜션마다 바비큐 요리를 위한 준비가 되어있기 때문에 여행지 요리로 일품이다.

소스로 비린 맛 제거하며, 실제로 브라질에서 슈하스코를 먹으면 향이 강해 우리나라 사람들이 먹기에는 약간 무리가 있다고 한다. 하지만 소스의 재료를 약간 변형해서 만들면 오히려 한국인의 입맛에 딱 맞는 요리가 바로 또 '슈하스코'이다. 슈하스코가 우리의 입맛에 맞는 이유는 카레와 고춧가루를 이용한 소스 때문인데 이 소스는 비린 맛을 없애고 매콤한 맛을 더해준다. 또한 맥주가 가미돼 고기의 잡냄새를 없애며 숯불에 구워 기름기를 완전히 제거하므로 그 맛이 담백하고 연하다. 슈하스코의 고기는 어떤 고기든 상관없다. 잘 굽기만 하면 된다. 칠면조와 베이컨을 이용한 슈하스코는 굽기는 편하지만 고기를 재우기 전 칠면조를 베이컨에 돌돌 말아 모양을 만들어야 하는 번거로움이 있다. 대신 고기가 그리 두껍지 않아 굽기가 편하다.

안심과 같은 두터운 고기를 사용할 경우에는 속까지 익히기 어려우므로 한번 바비큐한 고기를 슬라이스 해 후라이팬에 다시 익혀 먹도록 한다.

소스 재료의 비율은 입맛에 따라 약간씩 변형이 가능하며 꼭 24시간동안 재우도록 한다. 슈하스코 자체가 두툼한 고기를 굽는 것이기 때문에 하루를 재워야 고기 속까지 소스의 향이 배어난다. 고기 맛이 관건이긴 하지만 자르는 방식이나 불의 세기 등에 따라 맛이 천차만별로 달라지므로 구울 때에는 중간 불에서 10분 동안만 구워야 한다. 여행을 가서 숯불이나 연탄에 구울 때에도 연료를 적당히 써서 약한 불을 유지하도록 한다. 또 구우면서 소금을 뿌려 간을 맞추고 자주 뒤집어 준다.

고기뿐만 아니라 소시지나 양파, 토마토, 호박 등 야채를 꽂아 같이 구워 먹어도 좋다. 특히 양파와 토마토를 함께 싸먹는데 야채의 상큼한 맛이 슈하스코의 맛을 더해 준다.

2) 투쿠피 요리

아마존강 하류지방의 요리이다. 인디오의 전통이 많이 지켜져 내려온 이곳의 투쿠피 요리는 마니옥을 갈아 즙을 내어 하루정도 끓인 것을 말하는데 그 대표적 요리는 집오리 투쿠피 조림과 타카카, 마니소바가 있다.

① 집오리 투쿠피 조림

오븐에 구운 오리를 먹기 좋게 잘라 잠부, 삐멘타같은 야채를 넣은 투쿠피 국물에 끓여 낸 것으로 잠부가 오리냄새를 제거하고 향을 내는 역할을 한다.

② 타카카

노란색의 걸쭉한 스프로 마니옥 가루를 끓인 것에 잠부와 말린 새우, 고추 등을 넣어 톡 쏘는 아린 맛이 낸다.

③ 마니소바

훈제된 소의 혀, 돼지머리, 순대, 햄 등 각종 고기를 마니옥 국물에 넣어 하루에 걸쳐 끓여 고기의 형태를 알아볼 수 없을 정도로 졸인 것으로 고기를 보존하는 방식의 하나이다. 한번 요리한 마니소바는 15일 간을 두고 먹을 수 있다고 한다.

3) 페이조아다(Feijoada)

백인들이 술을 마시고 취하고 나서 버린 돼지의 머리와 발, 꼬리 등을 페이종(Feijao)이라는 이름의 검정콩과 함께 가마솥에 넣고 푹 삶은 일종의 빽빽한 곰탕이라 할 수 있겠는데 먹을 때에 소금을 넣어 짜게 먹는다. 그리고 아프리카의 노예들이 즐겨 먹었다는데서 유래한 코코열매의 가루를 뿌려가며 먹는다. '페이조(Feijo)'는 강낭콩의 일종인 '콩'을 '아다(Ada)'는 '섞어서 찌다'를 의미하는 포르투갈어이다.

4) 아카라제(Acaraje)

아카라제(Acaraje)는 '바이아주'지역의 특색음식으로 이 지역에서 가장 즐겨 먹는 케이크의 일종으로, 불린 콩의 껍질을 벗겨 양파와 해산물, 토마토소스 등과 함께 소금, 후추로 간을 하여 묽은 반죽을 만들어 기름에 볶은 브라질식 콩 요리이다.

5) 엠파다(Empada)

엠파다는 브라질식 파이로 상파울로의 특색음식이다.

치킨 · 야자열매 · 양파 · 파슬리 · 올리브 · 새우 등을 넣어 쪄서 만든 조그만 파이로, 브라질사람들이 즐겨 먹는 간식이다

4. 브라질의 술과 음료수

브라질의 맥주는 서구에서 가장 좋은 질의 맥주로 손꼽혀지고 있으며 대표적인 술로는 익지 않는 럼주가 있다. 이를 카챠카라고 부르는데 사탕수수를 발효시킨 알콜로 만든 것으로 강하고 맑은 것이 특징이다. 카챠카를 잘게 자른 라임, 설탕, 얼음과 같이 낸 것이 카이피링야로 매우 인기가 높다. 또한 브라질만의 독특한 음료인 구아라나를 아마존에서 나는 과일로 만든 것으로 이것도 인기가 많다.

쉬어가기 브라질의 간식[3]

• 카초로 쿠엔테(Cachorro quente)

카초로 쿠엔테(Cachorro quente)는 브라질 식 핫도그로 북동부 지역에서는 파사포르테 (passaporte)라고도 부른다. 치킨, 야자열매, 새우로 만든 조그만 파이 엠파다(Empada)도 즐겨 먹는 간식이다. 살가디뇨(Salgadinho)는 일종의 샌드위치로 안에 들어가는 재료는 지역별로 다르다. 주로 햄, 치즈, 야채, 소시지, 새우 등이 들어간다.

• 파몬하(Pamonha)

파몬하(Pamonha)는 중부 지역에서 매우 인기 있는 간식으로 옥수수 가루로 만든다. 옥수수 껍질로 싼 다음 뜨거운 물에서 삶아낸다. 거친 마니옥 가루(polvilho)와 치즈로 만드는 작은 빵, 파오 데 퀘이조(Pao de queijo)는 데워서 먹으며 하루 중 언제라도 어울리는 간식으로 보통 커피와 함께 먹는다.

• 퀘이조 쿠엔테(Queijo quente)

퀘이조 쿠엔테(Queijo quente)는 토마토를 얹어 구워 먹는 치즈 샌드위치, 치즈와 햄으로 만드는 샌드위치는 '미스토 쿠엔테(misto quente)'라고 부른다. 타피오카는 기름에 튀긴 팬케이크로 거친 마니옥 분말로 만든다. 여러 재료를 위에 얹어 맛을 낼 수 있다.

5. 식사 시 예절 및 습관

① 음식을 먹을 때 입을 벌리면서 먹는 행동을 하지 않는다.

② 음식물이 입안에 있을 때 말을 해서는 안 된다.

③ 식사를 할 때 급하게 하는 행동이 있다. 한국의 식사습관과 비슷하다.

④ 술을 권하거나 술잔을 돌리지 않으며 만취하지 않을 정도의 적당량을 마신다.

3) http://cafe.daum.net/dlalsaksemfrl/FDAh/44

제3절 아르헨티나

1. 지형적 · 사회적 특성

1) 지리적 위치4)

아르헨티나는 남아메리카 대륙의 안데스 산맥 동부에 위치해 있으며 총면적은 2,776,653㎢이다. 북쪽은 볼리비아, 북동쪽은 우루과이, 브라질, 파라과이와 접해 있으며, 서쪽은 칠레, 남동쪽은 대서양과 면해있다. 남북의 길이가 3,700㎢에 달하는 광대한 국토(남한의 23배)를 가지고 있으며, 서부에 접해 있는 안데스 산맥이 북쪽 끝에서 남쪽 끝까지 뻗고 있다. 안데스 산맥은 북반부가 높아 6,000m 이상의 높은 산들이 많아 남아메리카의 최고봉인 아꼰까구아산(6,960m) 있으며, 남단부에는 1,000m까지 빙하가 내려와 있다. 아르헨티나는 자연적 조건을 기준으로 안데스 산맥, 남부의 파타고니아 대지, 중앙부의 팜파스, 안데스와 팜파스 사이를 차지하는 산록 건조분지, 북부의 미시오네스 대지와 차고 저지로 나누어진다.

2) 기후 특성5)

(1) 북동부 지역(NOROESTE)

온대 / 황야, 고원, 계곡 / 토착민들이 살고 있다.

(2) 차꼬 지역(GRAN CHACO)

아열대 / 주로 밀림지대, 습지대, 늪지대이다.

---

4) http://blog.daum.net/tomaslee/13614986

5) 상게서.

(3) 메소포타미아 지역(MESOPOTAMIA)

북부는 열대, 남부는 온대 / 동식물의 보고 / 강들이 많이 있고, 주로 구릉지대, 습지대, 늪지대로 덮여있다.

(4) 중부 지역(CUYO)

건조 / 아꽁까구아 산이 있는 산악지대 / 관개시설을 통해 포도재배 지역으로 개발되고 있다.

(5) 중부산악 지역(SIERRAS DEL CENTRO)

온난, 건조 / 꼬르도바주와 산루이스주가 있는 중산맥 지대 / 깨끗하고 맑은 크고 작은 강들이 많이 있다.

(6) 평야 지역(PAMPA HUMEDA)

온대 / 딴딜과 벤따나 중산맥에 싸여 있는 국제적 주요 농축산물 집산지역 / 대서양을 면하고 있는 동부는 유명 해변가가 있다.

(7) 빠따고니아 지역(PATAGONIA)

한냉 / 서부는 주로 숲, 호수, 빙산지대, 중부는 건조한 분지, 동부는 해양동식물의 보고가 있는 해양지, 남부는 대륙의 최남단이며 남극지역이다.

아르헨티나는 남북의 길이가 3,694㎞에 달하므로 크게 아열대, 온대, 건조, 한냉의 4기후로 나뉘어지며, 16개의 기후로 세분화된다. 북동부지역은 아열대성기후(연 강수량 1,700㎜)와 온난한 사바나 기후지역(월평균기온 여름-25℃:우기, 겨울-13℃:건기)이 분포하고 있다. 남북으로 길게 뻗어 있는 안데스 산맥 지대는 비가 적고 건조한 산악기후를 보이며, 브에노스아이레스에서 내륙부로 펼쳐져 있는 팜파스 지역은 온대성기후로 연중 고르게 비가 내린다. 남위 40°이남의 남부지역은 연평균 기온 7℃를 기록하는 한랭기후를 보이며, 바람 부는 날과 구름 끼는 날이 많다

3) 사회적 특성

아르헨티나는 1516년 '후안디아스 데 솔리스'의 탐험으로 발견되었으며, 세계 지도에는 1554년 '떼라 아르헨티나'라는 이름으로 등장했다. 아르헨티나는 스페인의 식민지배를 받았으며, 19세기초 유럽 시민혁명의 영향과 함께 나폴레옹군의 스페인 본국 정복 등이 동기가 되어 본국으로부터 독립을 선언하고 임시정부를 수립하였다(1810.10).

그 후 내란을 거쳐 1816년 7월 9일 두꾸만 회의에서 부에노스 아이레스를 수도로 하는 중앙집권적 공화국(라쁠라따)의 성립을 선언함으로서 비로소 아르헨티나의 독립과 통일을 이루었다.

라틴 아메리카의 다른 국가와 마찬가지로 정쟁과 내란, 혁명을 거듭하였으며, 1864-1870년에는 파라과이와의 전쟁 때문에 경제적으로 궁지에 몰리기도 하였다.

19세기말부터는 유럽계 자본이 유입되고 프랑스, 이탈리아, 독일계의 이민이 활발해지면서, 급속히 공업화를 추진해왔으나 심각한 인플레이션과 함께 경제적 어려움을 겪고 있다. 주요산업은 농업과 목축업으로 맥류와 목초료의 경작과 소, 양, 돼지 등의 사육이 이루어지고 있다.

2. 아르헨티나 식문화의 특징[6)]

아르헨티나인들의 가장 대표적인 주식은 쇠고기라 할 수 있다. 목축업은 곡물 농업과 함께 아르헨티나 경제의 바탕을 이루고 있다. 축산업은 아르헨티나에서 가장 오래되고 발달된 산업, 즉 육류 가공의 계기를 마련해 주었고, 냉동육은 해외 수출을 가능하게 해 주었다.

---

6) 전게서, 김광호외, pp.258-259.

1) 육식문화

아르헨티나에는 팜파스라는 광활한 초원지대가 펼쳐져 있고, 적당한 기후와 강우량이 가축의 방목을 위해 최적의 여건을 마련해 주었다. 양질의 목초가 풍부한 팜파스로 인하여 아르헨티나에서 목축업이 크게 발달할 수 있었다. 콜롬비아의 소는 세보(Cebu)가 주종을 이루는데, 이 종은 덩치가 커서 체중은 많이 나가지만 고기가 질기고 맛이 그다지 좋지 않다.

반면에 아르헨티나 고기는 연하고 더 맛이 있다. 아르헨티나에서는 한국에서와 정반대로 돼지고기가 쇠고기보다 약 2배정도 비싸다. 이곳의 중남부 지역에서는 양(羊)이 많이 사육되는데 이것은 기후조건과 풍토가 적합하기 때문이다.

2) 육식 이외의 음식

아르헨티나에서는 육식 다음으로 분식을 많이 먹는다. 주로 스파케티, 마칼니, 라비올리 등 이태리 계통의 음식을 먹는다. 이는 이태리계 이민자들의 후손이 아르헨티아 인구의 약40%를 차지하여 식생활에서도 이태리 전통을 전수 받으며, 그 영향이 크다는 것을 의미한다.

3. 아르헨티나의 대표적 음식과 음료

1) 아사도(Assado-고기 숯불구이)

자연적으로 형성된 끝없는 대평원 팜파스에서 생산되는 육류가 당연히 으뜸이다. 방목으로 육질도 좋지만 목장을 관리하던 카우쵸(소를 모는 목동)들의 전통적인 음식문화가 합해지면서 “아사도”라는 멋진 요리를 아르헨티나의 대표 요리로 자리 잡게 되었다.

모닥불 주위에 소나 양의 통구이로 숯불의 은은한 온도로 익혀 쇠꼬챙이에 고기(갈빗살, 소시지, 초리소)를 통째로 걸고 익혀서 잘라먹는다.

여기에 아르헨티나의 맛있는 소금을 뿌려 먹으면 된다.

2) 엠파나다(Empanadas)

엠파나다(Empanadas) 쇠고기, 닭고기, 치즈, 햄 등 여러 가지 재료를 입맛에 맞게 다져 넣어 굽거나 튀긴 일종의 만두로 아르헨티나의 고유한 음식 중의 하나이다.

엠파나다는 북서 지방의 것이 유명하며, 겉모양은 한국의 송편과 비슷하며 반달 모양을 띠고 있는 것이 특징이며 보통 4개 정도가 1인분이며 지역에 따라 재료와 요리 시간이 약간 차이가 있다.

쉬어가기 아르헨티나의 기타 음식

- **따말레스(Tamales)**

  옥수수 가루 반죽과 쇠고기, 돼지고기 다진 것을 섞은 채 옥수수 껍데기로 싸서 찐 음식이다.

- **우미따(Humita)**

  삶은 옥수수, 다진 치즈와 피망을 섞은 채 옥수수 껍데기로 싸서 찐 음식이다.

- **로끄로(Locro)**

  아르헨티나식 뚝배기에 옥수수, 고기, 소시지, 햄, 콩을 넣고 끓인 음식이다.

- **빠리자(Parrillas-숯불구이)**

  세계 최고의 맛과 양을 자랑하는 아르헨티나 쇠고기(돼지고기, 양고기도 있음)와 곱창, 콩팥 등 내장구이를 말한다.

3) 푸체로(Puchero)

푸체로는 라플라타강 지역의 전통 음식으로 아사도처럼 특히 시골에서 즐겨 먹는 요리로 팜파에서 즐겨먹는 수프의 일종이다. 고기를 덩어리째 넣어 국물맛을 내고 마늘, 호박, 당근, 파슬리, 양파 등 각종 채소를 익혀서 먹으며, 쌀이나 국수를 넣기도 한다.

4) 예르바 마테(Mate)

아르헨티나인들의 가장 선호하는 전통 음료로, 파라과이와 브라질 남부의 전통차이면서 또한 카우쵸들이 즐겨 마신다.

5) 아르헨티나의 와인(Wine)[7]

아르헨티나는 남미에서 최대와인생산국이며 세계에서 다섯 번째로 많은 와인을 생산하고 있다. 이탈리아, 프랑스, 스페인, 미국에 이어 와인의 많은 생산량에도 불구하고 해외수출은 5%수준으로 거의 대부분을 국내에서 소비한다.

최대의 와인생산지는 멘도자와 산후안지역이며 멘도자 지역은 수도인 부에노스아이레스의 서쪽 1,000km에 위치하며 아르헨티나의 와인의 70%를 생산해내고 있다

트라피체는 안데스 산기슭의 멘도자에 위치한 세계 4위, 남미 제1의 와인 그룹이자 여러 시상식에서 '베스트 아르헨티나 와인'으로 선전한 경력이 있는 세계적인 아르헨티나 와인 브랜드다. 그 중에서도 세계적인 와인 컨설턴트인 미쉘롤랑과 합작으로 만들어 낸 탑 클래스 와인 '이스까이'는 트라피체의 명성과 아르헨티나 와인의 위상을 드높이고 있다.

4. 아르헨티나 식사예절 및 습관

아르헨티나는 스페인, 독일, 이태리인 등의 이민자들로 형성된 사회로 아르헨티나 식사예절은 정형적으로 되어있지 않다. 그러므로 식사예절은 남미 국가와 대동소이 하다.

---

7) 1763호(7월 24일) 주간조선 국제면.

① 식사하면서 말을 하지 않는다.
② 팔꿈치를 테이블(Table)위에 올려놓지 않는다.
③ 포크(Fork)를 들고 상대방 또는 특정 지역을 가리키지 않는다.
④ 음식을 먹을 때 입을 벌리면서 먹는 행동을 삼가야 한다.
⑤ 음식물이 입안에 있을 때 말을 해서는 안 된다.
⑥ 포크(Fork)의 용도는 먹기 위한 도구이므로 포크(Fork)를 들고 이곳 저곳을 돌아다니지 않는다.[8)]

8) 아르헨티나 이민자 면담

제6장 오세아니아

제1절 호 주

1. 지형적·사회적 특성

1) 호주의 지형적 특징

호주는 모든 대륙 중 면적이 가장 작고, 평평할 뿐만 아니라 가장 낮은 대륙이다. 또한 남극대륙을 제외하고는 가장 건조한 대륙이며 고대의 지형이 그대로 보존되어 있는 가장 오래된 대륙이기도 하다. 오늘날 우리가 보는 자연과 대륙의 형태는 유럽과 북미가 형성된 마지막 빙하시대의 모습인데, 현재 호주의 지형은 그 보다 수 억년 전에 형성된 것이다.

호주는 중심부만이 평평하며 건조하다고 생각하기 쉽지만 실제로는 서부, 북서부 그리고 남서부 해안도 건조, 혹은 반건조 지역이다.

유일한 산악지역은 "동부 고지대"로서 이 지역은 동부 해안가를 따라 쭉 뻗어 있으며 호주에서 인구밀도가 가장 높다. 그러나 평평하다는 것이 단조롭다는 의미는 아니다. 몇몇 경이로운 지형들이 고원에 흩어져 있으며, 고대 운석이 충돌한 자취와 과거 호주 대륙의 삼분의 일을 뒤덮고 있던 내륙해의 흔적도 있다. 남부 오스트레일리아에서는 그 유명한 오팔이 채광되며 뉴 사우스 웨일즈 동부는 내륙해에 의해 형성된 해양 실트암으로 이루어져 있다.

대부분의 서부 고원과 내륙 저지대의 북부와 서부에는 사람들이 살지 않는다. 사람들이 사는 내륙과 북부지역은 대개 농장과 목초지 그리고 광산 지역이다.

대륙이 굉장히 큰 까닭에 이 지역의 소 농장들은 거의 백만 에이커나 차지하고 있다. 퀸즐랜드주의 마운트 아이자와 뉴 사우스 웨일즈주의 브로큰 힐과 같은 소수 유명 광산지는 이 지역에서 유일하게 규모가 큰 도시인데, 브로큰 힐에서는 사람들이 더위를 피하기 위해 지하에 집을 짓는다.

세계에서 가장 낮은 대륙인 호주는, 심지어 고지대 조차도 그렇게 높지 않다. 호주의 가장 높은 곳인 코시우스코 산(Mount Kosciuszko)의 높이는 다른 대륙의 가장 높은 곳의 절반정도이며, 에베레스트산의 4분의 1에 불과하다. 고지대가 별로 높지 않은 까닭에 주위 기후가 그다지 영향을 받지 않으며 호주 전역이 높은 기온을 보이는 것은 그 때문이다. 고지대는 아름다운 경관을 지니고 있는데, 북부의 열대 우림, 시드니 근교의 블루 마운틴 그리고 브리즈번 북부의 글래스하우스 마운틴 등은 한번 가 볼만 한 지역들이다.

고지대에는 뉴 사우스 웨일즈 주 남부에서 빅토리아주까지 펼쳐져 있는 산악지역도 속하는데, "하이 컨트리(high country)"라고 일컬어지는 이 지역에는 스노위 산맥(Snowy Mountains)도 포함된다. 스노위 산은 전설적인 스노위 강에서 온 남자(Man From Snowy River)의 배경으로 유명하며 내륙 농장의 관개는 물론 연방 수도 특별구, 뉴 사우스 웨일즈, 빅토리아 지역에 전력을 공급했던 스노위 산맥 수력발전 계획 (Snowy Mountains Hydroelectric Scheme)이 실행된 곳이기도 하다.

2) 호주의 기후

호주는 워낙 넓은 지역에 걸쳐 있으므로 여러 기후대를 가지고 있는데 대략, 최북단의 열대 기후, 내륙 건조 기후, 그리고 극동과 최남단의 온난성 기후로 구분할 수 있다. 사람들 대부분은 온화한 기후대에 거주하고 있다.

호주의 최북단은 열대 기후로 우기와 건기의 두 계절만 있다. 열대 몬순 기후는 일반적으로 우기에 나타나며, 다윈과 케언즈는 1월과 2월에 최대의 강우량을 기록한다. 호주 대륙 대부분 지역은 온화한 겨울 기온을 가지고 있는데, 남동부와 타즈마니아에서는 눈이 내린다. 도시 내부에서는 좀처럼 눈이오지 않지만, 캔버라의 산악 지역에서는 눈을 볼 수 있다. 호주에서 가장 추운 곳은 코시우스크 산 근처 설원에 있는 샤로트 파스로서 1994년 섭씨 영하 23도를 기록하기도 했다.

남 오스트레일리아의 북부 지역과 서 오스트레일리아 전역에서는 열파 (Heat Waves)현상이 빈번하게 일어난다. 1889년 북동부 내륙에서는 섭씨 53도를 기록했는데 호주 역사상 최고치로 남아 있다. 내륙과 남부 일부 지역에서는 기온의 일교차가 매우 심하다. 열을 가두어 두는 구름이 거의 혹은 전혀 없기 때문에 밤에는 기온이 엄청나게 떨어진다. 밤서리는 내륙과 남부 지역에서 겨울에 흔히 나타난다.

호주 대륙의 35퍼센트에는 비가 거의 오지 않아서 사실상 사막에 가깝다. 호주에는 사막이 11개가 있는데, 그 중 가장 큰 것은 서 오스트레일리아와 남 오스트레일리아에 걸쳐 있는 그레이트 빅토리아 사막과 서 오스트레일리아에 있는 그레이트 샌디 사막이다. 동부 내륙에서는 많은 지역이 지하수에 의존하고 있다. 지하 저수지인 그레이트 아르트시안 베이슨(the Great Artesian Basin)은 호주 지층의 20퍼센트를 차지한다.

3) 문화

호주는 많은 민족적인 배경을 가진 사람들이 모여서 건국한 나라이다. 호주는 관대하고 포용적이며 그 문화적 다양성은 호주인들의 기본적인 특징이 되고 있다. '다문화'라는 말은 현대 호주의 문화적-인종적 다양성을 표현한다.

4) 종교

대다수 호주인들은 기독교인이고(74퍼센트), 기독교 인구의 절반 이상이 카톨릭 신자이며 나머지는 주로 성공회나 신교도들이다. 기독교를 믿지 않는 소수 민족이 이민을 오면서 기독교 인구는 서서히 줄어들고 있다. 이들 소수 민족의 대부분은 이슬람교도(0.9퍼센트), 불교 신자(0.8퍼센트), 유대교인(0.4퍼센트)들이다. 대도시에서는 기독교 이외의 다른 종교들의 성전을 쉽게 찾아 볼 수 있고, 심지어는 몇몇 교육기관의 캠퍼스에서도 찾을 수 있다. 호주 사람들 중 10퍼센트 이상이 무교이며 이 수치는 1960년대 이래로 점점 증가하고 있다. 사람들과 땅의 관계를 중시하는 전통적인 원주민 문화는 영적인 색채가 강하다. 원주민들은 땅을 자신들의 어머니라고 말하며, 땅이 그들의 소유물이 아니라 오히려 그들이 땅의 일부라고 생각한다. 종교 의식은 원주민 사회마다 다양하다(원주민 문화 참조).

5) 원주민의 문화

최근까지만 해도 원주민들의 일상생활은 주로 먹을 것과 식수를 찾는 일이 전부였기 때문에 그들에게는 자연 환경과 동물군, 특히, 주요 루트(길)에 대한 아주 구체적인 정보가 발달 되었다. 사막 지역에서 물 웅덩이에 대한 상세한 정보는 생존에 꼭 필요 했으므로 원주민들은 심지어 유칼리 나무에 난 작은 구멍까지도 기록해 두었다.

원주민의 역사와 신화에 대한 기록은 없다. 이런 이야기들은 의식이나 춤 그리고 예술의 형태로 전해져 내려 왔다. 원주민 예술은 최근 몇 년간 부흥기를 맞고 있는데 다양한 재료를 사용하여 만든 작품, 그림, 조각, 실크 스크린(날염), 색칠한 악기 등이 일반에 전시되고 있다. 도시에서 활동하는 원주민들은 전통적인 기법과 유럽 양식들을 결합해서 원주민 문화와 서구 문화의 관계를 통찰 하도록 하는 아주 흥미로운 작품을 만들고 있다. 이러한 작가 중에서는 알버트 나맛지라(Albert Namatjira)가 가장 유명한데, 주로 호주의 자연을 유럽 스타일의 수채화로 그렸다.

6) 호주의 인구

호주의 전체인구는 약 2천만 명 정도이다. 인구의 약 70%정도가 10대 대도시(지방 자치주) 및 동쪽과 동남쪽 해안선을 따라 생긴 도시에 집중 되어 있다. 총 인구의 3분의 1가량이 뉴사우스웨일즈주(주 수도는 시드니)에 살고 있고 4분의 1가량이 빅토리아주(주 수도는 멜버른)에 살고 있다. 호주는 2차 세계대전이후 적극적인 이민정책으로 인구가 급속히 증가 했고, 미국과 같은 다중민족 국가로서 자리를 잡아갔다. 통계상, 5명의 호주인들 중 1명은 외국인이다. 나머지 4명중에서도 1명은 양친 중 한쪽은 외국인이거나 부모 모두 외국에서 태어난 사람이다. 세계2차 대전 후부터 해마다 2%씩 인구가 증가 했지만 이중 40%는 이민에 의한 것이다. 처음에는 영국이나 유럽의 이민자들이 대부분이었지만 지난 10여 년 동안 아시아계 이민자들이 급격하게 급증하고 있다. 호주는 다민족 국가로서 다양한 인종과 복합적 문화의 나라이다.

2. 호주 식문화의 특징1)

호주사람들은 식민 초기의 영국계가 대부분이었던 시기에는 영국식 음식을 많이 먹었다. 그러나 1950년대에 여러 나라 사람들이 이주하면서 음식에 많은 변화를 주었다.

호주 음식으로는 다진 고기를 넣은 파이, 캥거루 고기, 파블로바, 베지마이트 등이다. 하지만 오늘날 여러 문화를 갖춘 호주에서는 세계 각국의 다양하고 생생한 음식을 맛 볼 수 있다.

현재 호주에서는 원주민 음식부터 영국인, 이태리식, 그리스식, 레바논식, 베트남식, 일본식, 인도식 등 각국의 음식 문화를 향유할 있다. 같은 해산물이라도 어떤 요리에 넣느냐에 따라 그 맛이 천차만별이다. 예를 들면 파스타나 튀김, 카레 등에 이용할 수 있는데 같은 재료라도 요리법에 따라 풍미를 다르게 할 수 있다.

1) 호주의 음식은 해산물을 이용하여 발달하였다.

바닷가재. 새우, 도미, 굴, 연어 등 비교적 신선한 해산물을 이용한 음식이 발달하고, 특히 서부지역의 바닷가재 요리, 시드니의 생굴요리 등이 유명하다.

---

1) 전게서, 구난숙외.pp.245-247.; http://kin.naver.com/detail/detail.php.; http://www.hojuclub.co.kr/info/info.html; http://cuvic.chungnam.ac.kr

2) 육류를 사용한 음식이 매우 발달하였다.

목축업이 발달해, 질 좋은 쇠고기, 양고기 등을 대량으로 생산하고, 캥거루, 악어, 물소고기, 애뮤(호주산 타조) 등도 자주 애용한다. 호주인들은 전통적인 방식의 불에 구운 쇠고기, 새끼양고기, 돼지고기를 좋아한다.

바비큐는 보통 쇠고기, 소시지, 토마토 등을 크고 두껍게 구워 볶은 양파와 같이 먹는다. 이때 양념은 소금과 후추 가루만으로 양념을 한다. 각 가정에는 대부분 바비큐 기구가, 공원 등에도 고기를 구울 수 있게 각종 기구설비가 되어있다.

3) 우유 및 유제품을 각종 음식에 많이 사용한다.

호주는 우유와 유가공품인 버터, 치즈 등 많은 다양한 제품이 생산되고, 판매되어지고 있다. 우유뿐만 아니라 양젖, 염소젖으로 다양한 치즈(테이수터치즈와 체다치즈)를 생산해 먹고 있다.

4) 열대과일 등의 가공품을 이용한 음식이 많다.

호주에서는 열대과일인 키위, 오렌지, 망고, 바나나 등 과일이 풍부하여 비교적 저렴한 값으로 맛볼 수 있다. 특히 잼, 주스 등과 같은 가공품을 애용한다.

3. 호주의 대표음식

1) 양고기와 쇠고기 스테이크

가장 인기 있는 호주요리는 램찹(양고기)과 스테이크인데 이 요리는 몇몇 국가에서는 접하기 어렵기 때문이기도 하다.

2) 오지 바비 (호주식 바비큐)

"바비"라고 흔히 불리는 호주식 바비큐는 음식이라기보다는 하나의 야외활동이다. 보통 많은 호주인들은 여름에 친구들이나 가족들과 함께 집이나 공원, 해변에서 바비큐 파티를 즐긴다. 바비에는 어떤 재료를 써도 무난하다. 쇠고기 닭고기 양고기 등은 물론이고 소시지나 생선, 새우나 문어까지도 훌륭한 바비큐 재료이다. "바비"는 신나게 먹고 한 낮을 여유롭게 즐길 수 있는 식문화의 한 예이다.

3) 휘시 앤 칩스 (Fish'n chips)

휘시 앤 칩스 (Fish'n chips)은 공원이나 바닷가 같은데서 즐기는 야외 음식이다. 종종 이 음식에는 상어가 이용된다. 어떤 사람들은 이 요리에 소금과 식초 등을 듬뿍 넣어서 먹기도 한다. 맛뿐만 아니라 값도 저렴하고 요리 시간도 짧아 인기가 있다.

4) 베지마이트(Vegemite)

모양은 초콜릿 소스처럼 보이지만 냄새가 특이하며 짭짭한 맛을 낸다. 소금, 채소즙과 이스트 추출물로 만든 크림 타입의 빵 스프레드이다. 외국 학생들은 이 베지마이트 맛에 익숙해지기까지는 꽤 오랜 시간이 걸린다.

5) 래밍턴

네모난 스펀지케이크에 딸기잼이나 녹인 초콜릿을 발라 코코넛 가루에 굴린 케이크. 호주와 뉴질랜드 베이커리에서 흔한 케이크다. 이 케이크는 1890년대 후반 퀸즐랜드를 통치한 총독 래밍턴의 일화에서 유래됐다는 설이 있다. 래밍턴이 연회에서 스펀지케이크 조각을 어깨 너머로 던진 게 코코넛 가루가 담긴 그릇에 떨어졌다. 이때 어떤 사람이 초콜릿을 묻힌 케이크를 만들었다는 것이다. 래밍턴은 이를 싫어했다고 한다.

6) 파블로바(Pavolova)

파블로바는 기본적으로 거품을 낸 크림과 과일(키위, 딸기 등)을 올린 머랭과자로 구성되어 있다. 이 디저트는 호주를 방문한 러시아 발레리나인 안나 파블로바를 위해 특별히 서부호주의 요리사가 개발한 것이다.

7) 홈부시헨

닭고기를 허브 양념에 2일가 재웠다가 구워낸 닭구이의 일종이라 볼 수 있다.

8) 캥거루 요리

캥거루 요리는 1993년 식품으로 승인하여 호주 내에서의 소비도 늘고 있다. 캥거루요리는 다른 고기에 비해 지방이 매우 적고 콜레스테롤 함양도 적어서 다이어트식으로 소비가 증가하고 있다. 캥거루요리는 스테이크나 꼬리 스튜를 만들어 먹거나 햄버거 패티, 라자냐 등의 재료로 이용한다. 한국인에게는 생소한 음식 중의 하나이다.

9) 부시터커

부시터커는 미개한 원주민의 음식이란 뜻이다. 부시터커는 여러 가지 과일, 씨앗, 너트류, 야콤과 같은 근채류, 캥거루 고기, 악어고기 등과 같은 육류, 생선류, 도마뱀 등을 이용하여 만든다.

10) 댐퍼(Damper)

댐퍼는 불꺼진 모닥불에 묻어서 부풀린 빵이다.

11) 악어 크림파이(Crocodile Cream Pie)

호주에서 개발한 악어 요리로 맛이 비교적 담백하고 닭고기와 비슷하다.

12) 미트파이(Meat Pie)

미트파이는 진한 버터향이 나는 파이 껍질 속에 닭이나 쇠고기 갈아 이것을 듬뿍 넣어 만들며, 완두콩이나 그레비소스를 뿌려서 먹는다. 원래 미트파이는 영국 음식이지만, 호주인들이 자주 찾는 인기 있는 음식 중의 하나이다. 간식 혹은 커피를 곁들여 식사를 대신하여 먹기도 한다.

4. 호주의 커피와 술

1) 커피

호주에서 보통 '커피'라고 하면 블랙커피를 의미하므로 우유가 들어간 커피를 원할 경우에는 '화이트커피'로 주문해야 한다. 또 블랙커피에는 '숏(short)'과 '롱(long)'이 있는데, 이는 커피의 농도를 가리키는 말이다. 롱커피는 가늘고 긴 커피잔에 든 엷은 커피를, 숏커피는 작은잔에 든 진한 커피를 의미한다.

2) 술

음식이나 식습관에 관한 보다 상세한 정보는 "호주인 이해하기"의 "호주 음식의 독특한 점은 무엇인가?"를 참고 하자. 많은 식당에서 술을 판매하지만, 비용을 아끼고 싶으면 BYO(bring your own)이라는 광고가 붙어 있는 식당을 찾아야 된다. 이 식당에서는 손님들이 따로 술을 가지고 와서 마셔도 되며. 다양한 종류의 술이 있는 주류 판매점에서 포도주 한 병을 고르는 것이 식당에서 제공되는 술을 마시는 것보다 훨씬 값이 저렴하다.

음료수를 섞은 술과 고급 맥주가 최근 들어 호주의 퍼브와 나이트클럽에서 많은 인기를 끌고 있으며 칵테일처럼 미리 술과 음료수를 혼합한 제품과 술을 가미한 청량음료가 시중에도 많이 나와 있습니다. 예를 들면, 알코올성 레모네이드(Two Dogs Lemonade, 투 도그즈 레모네이드), 알코올성 사과 주스(Strongbow, 스트롱보우), 맥주와 레모네이드를 혼합한 제품(Razorback Draught,레이저백 드래프트), 보드카와 레몬 소다를 혼합한 제품(Stolichnaya Lemon Ruski, 스탈리츠나야 레몬 러스키) 등이 있다. 인기 있는 고급 맥주로는 레드백(Red Back), 케스케이드(Cascade), 도그볼터(Dogbolter)가 있다.

쉬어가기 호주 음식의 독특한 점

호주 음식은 호주 사회의 다양한 문화에 의해 영향을 받는다. 가장 인기 있는 식당들은 이태리, 그리스, 중국, 태국, 말레이시아, 레바논 음식점들이며, 이 음식들은 집에서도 많이 만들어 먹는다.

대부분의 슈퍼마켓에는 인도 , 아시아, 유럽 향료들이 무수히 많다. 호주 음식의 독특한 점은 이 모든 요리법을 혼합하는 방법에 있다. 전통 요리법에 새로운 재료를 첨가하고 기존 재료를 빼기도 해서 전혀 새로운 요리법이 만들어지게 된다. 마리나라(이태리 소스), 혹은 사테(Satay)를 쓰게 되면, 기대하는 맛과 전혀 다른 요리가 나올 수도 있다. 아시아와 인도 음식을 호주인의 입맛에 맞게 변화시킨 요리에는 보통 전통적인 요리보다 고기가 더 많이 들어가고 향료는 덜 쓰며 식사 분량도 훨씬 많아진다. 호주 사람들은 보통 고추에 아주 민감해서 고추를 사용하더라도 적당량만 쓴다. 주요리의 음식량이 너무 많다(메뉴는 크기에 따라 가격이 다르다)고 생각될 경우, 대부분의 식당에서는 전채요리를 주요리 대신 선택할 수 있게 되어있다. 호주 사람들은 음식을 남겨도 그다지 개의치 않는다.

하루의 주된 식사는 저녁 (때때로 "tea"라고도 부른다)으로 6시와 8시 30분 사이에 먹는데 식당에서 식사를 하는 경우나 무더운 여름에는 약간 더 늦은 시간에 저녁을 먹는다. 식당에 가거나 식사 초대를 받았을 경우에는 세 가지 혹은 그 이상의 코스(전채요리, 앙트레, 주요리, 후식)이 제공된다. 특별히 손님을 대접하는 경우가 아니라면 보통 한 가지 음식만 먹는다.

호주 사람들 대부분은 육식을 먹으며, 한 끼 식사분의 고기 크기가 (특히 아시아 국가들과 비교했을 때) 비교적 저렴한데 비해 품질이 좋은 것을 보면 놀랄 것이다. 그러나 대부분의 식당 메뉴에는 채소만을 이용한 요리도 있고 채식만 제공하는 식당도 있다. 호주 사람들은 가끔 채식을 하는데, 종교적인 이유보다는 동물을 아끼고, 환경을 보호하는 차원에서 혹은 다이어트를 하기 위해서다. 관광객들은 식당 메뉴에서 캥거루 고기를 보고 깜짝 놀라기도 한다. 집에서는 잘 먹지 않지만 식당에서는 에뮤나 악어 고기와 함께 별미로 여겨지는 음식이다.

5. 호주인의 다양한 식습관

각각의 문화는 그 자체의 식습관을 가지고 있다. 식탁 앞에서는 예절이 다르고 식사 시간도 다르다.

호주 사람들은 아침 식사로 시리얼이나 토스트를 먹는다. 점심으로는 샌드위치나 가벼운 따뜻한 음식을 들기도 하고 저녁으로 풍성하고 따뜻한 음식을 먹는다. 저녁은 하루 식사 중 가장 중요하고 대개 호주 사람들은 외식으로 점심보다는 저녁을 즐긴다. 콜롬비아에서는 점심이 가장 중요한 식사이며 저녁은 매우 간단하고 가볍게 먹는다. 하지만 호주에서는 저녁이 가장 풍성하고 중요한 식사이다.

호주 음식은 훨씬 많은 양의 고기를 사용한다. 호주에는 보다 많은 야외카페들이 있고 샌드위치의 종류도 무척 다양하다.

쉬어가기 호주의 음식과 레스토랑[2)]

호주의 모든 상점과 레스토랑에는 신선한 음식들이 풍부하게 준비되어 있으며, 호주는 풍성한 씨푸드 요리와 열대과일, 소고기와 양고기로 유명하다.

독특한 현지 음식으로는 캥거루, 버팔로, 크로커다일, 에뮤와 같은 야생음식들이 있다.

호주는 다양한 문화를 가지고 있기 때문에 채식주의자나 유대인들의 음식들이 요구하는 특별한 음식들을 만족시키는 것이 가능하다.

호주에서는 고급레스토랑, 호텔내의 식당, 점심을 즐길 수 있는 펍(PUB), 비스트로, 카페, 훼밀리 스타일의 레스토랑이 많이 있으며, 적당한 가격에 좋은 요리들을 제공한다.

또한 싼 가격으로 먹을 수 있는 식당과 체인 패스트푸드 및 음식을 테이크 어웨이(Take Away)할 수 있는 다양한 종류의 레스토랑이 있다. 대부분의 식당들이 'Bring Your Own'(BYO)을 할 수 있게 되어 있어 자신이 가져온 와인이나 맥주를 식사와 함께 즐길 수 있다. 거의 모든 레스토랑이 금연임을 알아야한다.

---

2) http://www.hojuclub.co.kr/info/info.html

제2절 뉴질랜드

1. 지형적 · 사회적 특성[3)]

1) 지형 및 자연환경

노스 섬과 사우스 섬은 모두 남부의 산들과 북부의 구릉지대로 양분된다. 노스 섬의 약 18%, 사우스 섬의 70%가 산악지대이다.

사우스 섬의 서부에 있는 서던알프스 산맥은 길이 480km에 이르는 긴 습곡산맥으로, 뉴질랜드에서 가장 높은 산인 쿡 산(3,764m) 외에 높이 3,000m 이상의 봉우리 22개를 거느리고 있다. 서던알프스 산맥의 비그늘(rain-shadow) 효과로 생긴 목축지는 메리노 양모를 비롯한 양질의 뉴질랜드 양모를 많이 생산하는 대단위 지역으로 발전했다. 반면 섬 동부의 구릉들 가운데 높이가 1,800m를 넘는 것은 찾기 어렵고 캔터베리 평원 쪽으로 경사져 있다. 사우스 섬 북부의 구릉지대도 기복이 덜하다.

노스 섬은 사우스 섬보다 훨씬 완만하다. 섬 중부는 화산지대와 주변의 구릉지대로 이루어져 있는데, 이곳에서는 주로 목양과 낙농이 행해진다. 일부 화산지대에 산림이 우거져 있으며, 노스오클랜드 반도에는 아열대 산림이 있다.

뉴질랜드의 강은 대부분 길이가 짧고 물살이 빨라 수력발전에 중요하게 쓰이는데, 가장 긴 강은 노스 섬에 있는 425km의 와이카토 강이다. 토양은 대부분 점토질로서 일반적으로 농업에 적합하지 않지만, 계곡의 저지대 곳곳에 비옥한 충적토 지대가 있다. 한편 지진과 화산폭발이 빈번하다.

한때 국토의 약 2/3를 덮었던 삼림은 재식림 노력에도 아랑곳없이 현재 국토의 1/3 정도로 줄어들었다. 뉴질랜드 원산의 육지동물은 도마뱀 · 개구리 · 박쥐

3) http://100.empas.com/dicsearch/pentry.html?i=125924#T1
http://www.hanatour.com/asp/travelinfo/if-12000.asp?country_code=NZ

뿐인데, 유럽인들이 붉은 사슴과 오스트레일리아산 주머니쥐, 토끼 등의 많은 가축과 동물을 들여왔다. 날지 못하는 키위와 흰눈썹뜸부기를 비롯한 많은 종류의 조류가 있으며, 참치 · 물퉁돔 · 대구 · 가자미를 비롯한 많은 종류의 물고기가 연안에 서식한다.

2) 기후

우리나라의 기후와는 정반대의 기후로 남반구의 온대에 위치한 뉴질랜드는 해양성 기후로 한서의 차가 심하지 않다. 날씨가 자주 바뀌기는 하나 전국에 걸쳐 일조량과 강우량이 충분하다. 여름에는 아열대성 기후가 되고 겨울에는 남섬의 남부 알프스에 눈이 많이 내린다. 1년 중 가장 무더운 때는 1-2월이며 가장 추운 때는 7-8월이다. 7-9월까지는 우리로서 1년 중 가장 많은 비가 내리나 폭우가 오는 경우는 드물어 여행에 큰 무리는 없다. 오클랜드를 기준으로 여름철 최고 기온은 약 25℃, 최저 기온은 5℃정도이다.

뉴질랜드는 1일 사계절이 나타난다고 할 만큼 기온의 차가 심하다. 따라서 한여름이라도 여행하려면 점프나 긴바지가 필수이다. 북섬은 화산으로 이루어져 있어 남섬보다 조금 더 따뜻하며, 남섬은 남극에 가까워 북섬보다 좀 더 추운 날씨이다

3) 문화

뉴질랜드의 문화 환경은 복합적이다. 매우 유럽적일 뿐만 아니라 많은 다른 민족, 특히 마오리족의 문화적 요소를 갖고 있기 때문이다. 유럽에서 이주해 온 사람들이 일반적으로 유럽적 생활에 동화된 반면 통가족 · 사모아족을 비롯한 대다수의 태평양 도서군 종족은 여전히 전통적 관습을 지키고 있다. 그러나 마오리족은 유럽적 환경으로의 동화 압력과 전통 문화의 보존 욕구 사이에서 갈등을 겪어왔다. 마오리족의 정치적 구조는 19세기에 대부분의 토지를 상실함으로써 약화되었고 많은 구성원이 대거 그리스도교로 개종함으로써 전통 종교마저 폐기되기에 이르렀다. 또한 그들의 문학 · 예술은 유럽인들이 들어올 때까지만 하더라도

장식도안을 제외하고는 전적으로 구전에 의존해 상당 부분이 유실되었다.

그러나 특히 20세기 후반에 마오리족의 예술적·사회적 전통을 보존하기 위한 각별한 노력을 기울여졌다. 그 결과 목각과 베짜기, 그리고 그들의 회합 장소인 '와레 와카이로'의 건축에서 르네상스기를 맞았고, 마오리족의 춤과 노래가 특히 젊은이들 사이에서 점차 유행하게 되었다. 엄밀히 고증을 받은 옛 개회사와 함께 전통 의상 차림의 전통 회합과 장례식이 거행되기도 한다. 또한 마오리족의 예술 작품은 많은 화랑·박물관에 전시되어 일반 대중에게 낯익게 되었다. 오늘날에는 시와 산문은 물론 새로운 노래와 주문(呪文)들도 마오리어로 기록되고 있다.

뉴질랜드의 유럽적 문화는 20세기 초부터 급속하게 진행되었고, 진정한 의미에서 뉴질랜드 역사상 최초의 토착 작가인 캐서린 맨스필드와 R. A. K. 메이슨이 나타난 것은 1920년대의 일이었다. 뉴질랜드의 문학·예술은 캐서린 맨스필드의 작품에 잘 나타나 있듯이 뉴질랜드의 독특한 역사를 서술하는 것으로부터 개인의 성격 분석이나 자기 성찰에 관한 작품을 창작하는 방향으로 발전해왔다.

2. 뉴질랜드 식문화의 특징[4)]

전형적 낙농국가이기 때문에 초원에서 방목하여 기른 양고기, 사슴고기, 쇠고기의 주요 생산국이며 어느 지역에서나 저렴한 가격에 원산지 고기를 구입할 수 있다.

뉴질랜드 특유의 해산물인 적어, 달고기, 호키 등은 새로운 맛을 선사해주며 초록껍질의 홍합, 블러프굴, 뉴질랜드 전복인 파우아, 함박 조개류 등도 이곳에서만 맛볼 수 있는 해산물이다.

뉴질랜드 음식 문화의 특징은 호주의 음식문화와 비슷한 점이 많고, 뉴질랜드도 영국의 오랜 식민지였던 관계로 미트파이나, 피시앤칩스를 즐겨 먹는다.

음식문화의 일반적 특징에 대해 알아보면 다음과 같다.

---

4) http://cuvic.chungnam.ac.kr

(1) 육류음식의 발달

뉴질랜드는 양고기 · 사슴고기 · 쇠고기의 주요 생산국으로 질이 좋고 비싸지 않은 육류요리로 유명하다. 새끼양요리, 트림포크, 사슴요리가 대표적인 음식이다. 최근 사슴사육이 활발해지면서 베니손(venison)이라는 사슴요리가 고급 레스토랑의 메뉴로 등장하고 있다.

(2) 해산물의 이용

뉴질랜드는 연어 · 왕새우 · 굴 · 조개 요리를 해산물 전문요리점에서 비교적 싸게 맛볼 수 있다. 특히 랍스터의 일종인 크레이피시가 유명하다.

(3) 풍부한 채소와 과일

뉴질랜드는 아보카도, 뉴질랜드 고구마인 큐마라 등의 채소와 과일도 풍부하다. 키위는 뉴질랜드에서 가장 인기 있는 과일이며, 살구와 딸기의 일종인 보이스베리(Boyseberry)를 많이 생산한다. 파블로바와 같은 신선한 채소 · 과일을 이용한 다양한 후식이 발달하였다.

3. 뉴질랜드의 대표적 음식[5)]

1) 항기(Hangi)

항기는 화산지대인 로토루아 근처에 발달된 마오리족 전통음식문화이다. 땅속에 구멍을 파고 뜨겁게 달군 돌멩이를 넣은 다음 나뭇잎으로 싼 식품을 얹고 흙으로 덮는다. 달군 돌의 열이 식품의 수분을 데우면서 익는 돌찜 구이다. 재료는 각종 돼지고기, 쇠고기, 닭고기, 민물고기, 감자, 호박 등 다양하며 향신료를 사용하지 않는 것이 특징이다.

5) http://www.cnu.ac.kr/~sunly/lesson_15/15_24.htm

2) 토헤로아 수프

토헤로아 수프는 토헤로아라는 조개의 살을 으깨어 크림양념으로 만든 수프이다.

3) 호카포키

호카포키는 작은 캐러멜이 들어있는 아이스크림이다.

4) 피쉬 앤 칩스

말 그대로 물고기 튀긴 것(생선가스)과 감자칩이다. 알고 보면 별것도 아니지만, 뉴질랜드 전역에 퍼져있으며, 먹다 보면 저렴한 가격으로 허기를 채울 수 있는 매력적인 식품이다. 기타 미트파이가 있다.

4. 식사 시 예절 및 습관

① 뉴질랜드의 가족들은 대부분 가족이 모여서 함께 식사를 하게 된다.

② 식사 중에 다른 음식접시나 소금, 소스, 샐러드 등이 자신의 위치와 멀리 떨어져 있을 때에는 반드시 가까운 자리에 앉아 있는 사람에게 "Pass me …… please."라고 말해야 된다. 다른 사람이 같은 부탁을 할 때에도 언제나 그 사람에게 전달해 주도록 해야 한다.

③ 뉴질랜드에서는 음식을 소리를 내지 않고 먹는다. 특히나 스프를 마실 때나 국수를 먹을 때 소리를 많이 내게 되는데 이 나라에서는 그런 태도를 좋지 않게 생각한다. 소리를 내지 않고 음식을 먹도록 해야한다.

④ 자신이 먹고 싶지 않은 음식을 권할 때는 언제나 "No thank you."라고 말해야 한다. 그렇게 말한다고 해서 싫어할 사람은 없다.

⑤ 뉴질랜드에서는 모든 사람이 식사를 마칠 때까지 식탁에 남아 있는 것이 예의이다.

[부록 1] 세계의 발효식품

□ 발효식품이란 무엇인가?

① 인류의 역사는 식품의 역사와 발효식품개발의 역사이다.

발효식품의 시작은 벌써 기원전 6,000년에 효모가 맥주 제조에 사용되었으며, 그리고 치즈 생산에 곰팡이와 식초 생산에 초산균이 역시 오래 전에 이용되었다. 우리나라 사람들도 발효식품을 개발하였고, 다양하고 조화된 향을 오랜 기간 동안 즐겨왔다. 한국인이 애호하는 발효식품은 김치, 장, 젓갈, 식혜, 식초, 술 등이 있다.

② 발효식품은 지구 어느 곳에서 대중화되어 있는 음식이다.

발효식품은 미생물 혹은 효소를 이용하여 먹거리의 특성을 변형함으로서 얻어진다. 식품을 발효하는 목적은 먹거리의 맛과 물성 향상 그리고 냉동이나 식품저장을 위한 다른 형태의 기술을 사용하지 않고 저장성을 증진시키기 위한 인류의 식품가공 지혜이다.

③ 음식과 약은 한 뿌리이다.

발효식품은 단순한 음식을 인간의 미각과 건강, 장수를 위한 식품으로 바꾸는 전통적인 지혜를 그 원리와 근원을 파악하고 분석하고 개량하는 인간을 위한 과학이다.

신비하게만 알려지던 발효식품의 기능을 과학적으로 해석해내는 전통의 과학을 통한 발전은 지속적으로 이루어지고 있다.

세계적으로 유명한 발효식품에는 다음과 같은 것이 있다.

1. 아시아

1) 한국

(1) 김치(Kim Chi)

김치는 2001년 아시아 식품 중 최초로 코덱스(KODEX)에 등록된 한국의 대표음식으로 그 기원은 농경생활을 한 고대부터이며 특히 겨울철에는 발효되어 나오는 무기질과 비타민 등으로 훌륭한 영양원이 되고 있는 음식으로 세계에 널리 알려져 있다.

(2) 장류(Soy Souce)

된장, 간장, 고추장, 청국장 등의 대두발효식품으로 거의 모든 음식의 조미에 이용되며 저장성이 우수하다.

(3) 젓갈(Salted Seafood)

생선의 살이나 알, 창자 등을 소금에 절여 숙성시켜 만든 식품의 총칭으로 재료에 따라서 새우젓, 조개젓, 밴댕이젓, 멸치젓 등 종류가 다양하며 밑반찬이나 김장시 많이 사용된다..

(4) 양조주(Fermented Liquor)

발효주라고도 하며, 탁주·약주·청주 등 곡류를 원료로 당화시켜서 발효시킨 술을 말하며, 또는 포도·사과 등 당분이 있는 것을 그대로 발효시켜 만든 술이다.

(5) 기타

생선을 토막 친 다음 소금·무 등을 넣고 버무려 삭힌 식해, 과실이나 곡류 등을 발효시켜 음식에 산미를 더해주는 식초, 채소 등을 발효시킨 장아찌, 발효정도에 따른 발효차 등이 있다.

2) 일본

(1) 낫또(Natto)

삶은 콩을 발효시켜 만든 일본 전통음식으로 우리의 생청국장과 비슷한 낫또(なっとう)는 세균의 작용으로 끈적거리는 실이 많고 하마낫또(はまなっとう), 시오까라 낫또(しおがらなっとう), 이또비끼 낫또(いとびき なっとう)가 있다.

(2) 미소(Miso)

달짝지근한 맛의 일본식 된장이지만, 한국의 된장과는 차이가 있다.

(3) 소유(Shoyu)

우리의 양조간장과 비스한 일본식 간장을 말한다.

(4) 나레쯔시(Narezughi)

소금뿌린 어육을 쌀밥에 버무려 자연 발효시킨 것으로 초밥의 시초.

필리핀(부론이스다), 보르네오(카사무), 태국(프라하), 대만(토우메)등 동남아시아에서도 같은 종류의 초밥이 만들어짐. 방어초밥, 고등어 초밥, 도루목초밥 등이 대표적이다.

(5) 쓰게모노(Japaness Pickle)

채소절임식품으로 우메보시(매실장아찌), 다꾸앙(단무지) 등이 있다.

(6) 시오카라(Shiokara)

일본식 젓갈의 종류를 말한다.

3) 중국

(1) 두시

발효조미식품으로 용도에 따라 여러 가지 특징 있는 풍미를 지님. 된장, 간장에 해당하는 함두시와 청국장에 해당하는 담두시, 말린두시인 간두시, 그리고 숙성기간이 긴 습두시 등이 있다.

(2) 쑤푸(Sufu, 푸루, 루푸)

콩 발효식품으로 조직과 풍미가 치즈와 비슷하여 "중국치즈"라고 한다.

(3) 두반장(Du-Ban-Jang)

발효시킨 메주콩에 고추를 넣고 갖은 양념을 하여 맵고 구수하고 진한 맛이 특징이다.

(4) 굴소스(Oyster Sauce)

중국요리에 많이 쓰이는 소스 중 하나로 생굴을 소금물에 담가 발효시킨 후 맑은 물을 떠내고 간장 상태로 만든다.

(5) 피단, 송화단(Pi Pan, Song Hwa Dan)

오리 알은 대부분 숙성시켜 먹는데 숙성 방법에 따라 분류하며, 피단: 남부식에는 피단이 있고, 북부식에는 송화단이 있다.

(6) 오룡차(O-Ryong Tea)

오룡종의 차나무에서 만든 청차로 녹차와 홍차의 중간정도의 발효로 만들어진 대표적인 발효차이다.

4) 몽골

(1) 마유주(Horse Milk Wine)

말의 젖으로 만든 알콜도수가 낮은 발효유로 젖내와 신맛이 난다.

(2) 아룰(Aarul)

떡 모양으로 성형하여 천일건조한 숙성하지 않은 생치즈를 말한다.

5) 인도

(1) 이들리(Idli)

쌀가루를 이용해 만든 찐빵이다.

(2) 도사(Dosa)

남인도의 스낵, 하루정도 발효시킨 쌀가루를 반죽해 기름에 두른 철판에 얇게 구운 것이다.

(3) 랏시(Lassi)

걸쭉한 인도식 요구르트이다.

(4) 난(Nan)

정제한 하얀 밀가루(마이다)를 발효시켜 구운 빵이다.

(5) 스자체(Sujache)

앗사무 지방의 청국장류로 삶은 콩을 바나나 잎으로 싸서 발효 후 건조시킨다.

(6) 아차르(Achar)

피클의 일종으로 고추, 라임, 망오 등의 채소나 과일을 소금에 절여 발효한 음식으로 시거나 매운 맛을 가지고 있다.

6) 부탄

(1) 리비 잇빠(Libi-Iba)

콩을 발효시킨 식품으로 주로 조미료로 이용되며, "콩이 썪는다"라는 의미이다.

7) 네팔

(1) 키네마(Kinema)

동부 산악지대에 사는 기라토 족들이 즐겨 먹는 한국의 청국장류의 일종이다.

8) 필리핀

(1) 푸토(Puto)

찹쌀을 발효시켜 만든 찐빵이다.

(2) 타푸이(Tapuy)

쌀 양조주로 최초의 독 밑에 모인 액체를 퍼내어 마시고 다음에는 대나무 산대미로 여과하여 마신다.

(3) 아차라(Atchara)

과실 산발효식품으로 미숙과 파파야절임이라 할 수 있다.

9) 인도네시아

(1) 템페(Tempe)

대표적인 콩 발효식품으로 곰팡이에 의해 단단하게 만들어지는 특징이 있다. 생으로 먹지 않고, 간장을 발라 굽거나 얇게 썰어서 기름에 튀기던가 스프에 넣어서 먹는다.

(2) 온쫌(Oncom/Ontjom)

땅콩이나 대두박 발효식품으로 적색과 회색이 있고 과일과 같은 향기가 나며 얇게 썰 어 튀기거나 볶거나 수프에 넣어 먹는다.

10) 베트남

(1) 녁남(Nuoc Nam, 피시 소스)

바다 생선을 몇 달 동안 소금에 삭혀서 만든 장으로 베트남의 거의 모든 요리에 들어간다.

11) 터키

(1) 라키(Laki)

아니스(향신료)향이 나는 터키의 토속주로 물을 타면 우유 빛으로 변하기 때문에 '사자의 젓'이라고도 불린다.

(2) 아이란

양젖을 발효시켜 물과 소금을 섞어 만든 신맛이 강한 음료수이다.

12) 티벳

(1) 추라(Chura)

낙타젖에서 만든 발효유에 소맥분을 섞어 건조한 고형의 제품이다.

(2) 창(Chang)

우리나라의 막걸리와 같은 전통술로 곡류를 발효시켜서 만든다.

2. 오세아니아

1) 뉴질랜드

(1) 와인(Wine)

품종이 좋은 포도주를 많이 생산해 내는데, 특히 화이트와인인 샤르도네(chardonnay)와 소비뇽 블랑(Sauvignon Blanc)은 국제적으로 명성이 높다.

(2) 치즈(Cheese)

세계적인 낙농업국가인 뉴질랜드의 우유를 발효시켜 만든 치즈와 요구르트의 유제품이 다양하다.

2) 오스트레일리아

(1) 베지마이트(Vegemite)

야채에서 추출한 것을 이스트 발효시켜 페이스트 모양으로 만들어 빵이나 비스킷에 발라먹는 까만색의 잼 같은 음식으로 호주의 대중적인 빵 스프레드이다.

3. 유럽

1) 덴마크

(1) 호밀빵(Rye Bread)

통 호밀 자체를 발효시켜 약간의 호밀가루와 섞어 구워낸 것으로 덴마크인들의 주식이다.

2) 프랑스

(1) 크루아상(Croissant)

겹겹이 층이 있는 초승달 모양의 패스트리로 헝가리에서 유래한 것으로 밀가루, 이스트, 소금으로 반죽하고 사이사이에 지방층을 형성시켜 발효시킨다.

(2) 치즈(Cheese)

유럽 전역에서 널리 만들어져 애용되는 식재료로 프랑스의 치즈 종류는 400여 종 이상으로 각 지방마다 매우 다양하고 대표적으로 카망베르치즈와 브리치즈가 유명하다.

(3) 포도주(Wine)

프랑스의 포도주 산지는 크게 보르도(Bordeaux), 부르고뉴(Bourgogne), 론느(Rhone), 루와르(Loire), 알자스(Alsace), 상파뉴(Champagne) 등으로 볼 수 있는데 지역에 따라서 맛, 향기, 색 등이 다르다.

3) 독일

(1) 사우어크라우트(Sauerkraut)

독일식 김치로 주로 기름기 많은 고기요리와 함께 먹는다.

(2) 맥주(Beer)

독일의 대표적인 술로 보리와 호프, 물만 사용하여 제조하는 순수한 맥주이다.

4) 이탈리아

(1) 살라미(Salammi)

마늘 양념을 하여 발효, 건조시킨 이탈리아의 소세지이다.

(2) 치아바따(Chiabatta)

이스트를 넣고 반죽하여 올리브 오일을 발라 발효시킨 후 얇고 넓게 성형해 구워내는 빵이다.

(3) 발사믹 식초(Balsamic Vineger)

'향기가 좋다'는 의미로 이름 그대로 향이 좋고 깊은 맛을 지닌 최고급 포도식초이다.

5) 네덜란드

(1) 고다치즈(Gouda Cheese)

수분함량이 적은 하드치즈로 담황색 또는 버터 빛깔을 띄며 부드러운 맛이 특징이다.

6) 스위스

(1) 에멘탈러치즈(Emmentaler Cheese)

에멘탈 지방에서 유래되었으며 스위스의 대표적인 치즈. 흔히 스위스 치즈라고 불린다.

7) 영국

(1) 체더 치즈(Cheddar Cheese)

서머싯주 남서부 체더 마을의 이름을 따서 만든 수분함량이 적은 천연치즈로 크림색의 온화한 산미가 있고 독특한 단맛과 향을 낸다.

(2) 우스터소스(Worcester Sauce)

육류, 생선요리에 사용하는 간장색의 소스로 시고 짠 맛이 난다.

8) 불가리아

(1) 요구르트

소나 산양의 젖을 초벌구이 항아리에서 저온 발효시켜 만든 것이 특징으로 코카스 지방에서 오래전부터 제조하고 있는 발효유이다.

(2) 버터밀크(Butter Milk)

버터 제조 시에 나오는 부산물로서 지방함량은 약 0.5%로 레시틴을 많이 함유하고 있으며, 신맛이 나는 음료이다.

9) 그리스

(1) 우조(Oujo)

포도주의 포도껍질을 다시 압축해 향료를 첨가하는 소주와 같은 전통적인 술로 진한 향기가 k나다.

(2) 페타치즈(Feta Cheese)

그리스의 대표적인 치즈로 조직에 작은 구멍이 있다.

(3) 트라하나스(Trahanas)

밀가루를 발효시키거나 양젖을 발효시켜 끓여 건조하여 비스켓 모양으로 저장시켜 저장성을 높인 것으로 뜨거운 물이나 육즙을 넣어 스프의 형태로 먹는다.

10) 러시아

(1) 케피어(kKeffir)

카프카스의 산악지대에서 응용되는 발포성 발효유이다.

(2) 쿠미스(Koumiss)

말젖으로 만든 발효유로 케피어와 비슷하나 알코올 성분이 많은 것이 특징이다.

11) 스페인

(1) 하몽(Jamon)

전통적으로 공기 맑고 수분이 적절하며 바람이 찬 스페인 산악지방에서 생산되는 대표적인 저장육류제품으로 돼지 뒷다리를 소금에 절여 6개월가량 발효시켜 만든 훈제하지 않은 생(生)으로 만든 햄이다.

4. 아메리카

1) 미국

(1) 맥주(Beer)

유럽등지에서 제조되었으나 현재 미국에서 가장 대중적으로 자리잡고 있으며 버드와이저, Stroh's, Michelob, Red Dog 등이 있다.

(2) 브릭(Brick)

젖산균으로 숙성시킨 벽돌모양의 독창적인 방법으로 만들어낸 자극적인 맛이 나는 최초의 미국치즈로 알려져 있다.

(3) 핫소스(Hot Sauce)

톡 쏘는 향과 매운 맛이 나는 소스로 멕시코의 타바스코 소스가 대표적인데 멕시코의 타바스코 지방의 고추를 참나무 통에 보관하여 소금과 식초를 넣고 3년 이상 발효시켜 만든다.

(4) 캘리포니아 와인(Wine)

캘리포니아의 긴 시간 지속되는 낮은 강한 햇살과 고온 건조한 날씨와 저녁의 차가운 온도가 균일하게 포도를 숙성케 하는 최적의 조건을 제공하여 독특한 맛을 지닌 와인이다.

2) 멕시코

(1) 뿔게(Pulque)

선인장으로 만든 우리나라 막걸리 같은 술로 막걸리와 같은 색을 띠며 맛도 비슷하며 단맛이 나는 것이 특징이다.

(2) 떼스끼노(Tesguino)

발아한 옥수수 알갱이와 물과 혼합하여 끓인 뒤 효소를 첨가하여 알콜 발효시켜 만든 음료이다.

(3) 포졸(Pozol)

옥수수가루를 반죽하여 둥글게 빚어서 8일 동안 발효시킨 후 바나나 잎으로 싸서 먹는다.

3) 페루

1) 치차(Chicha)

막걸리와 비슷하나 알콜도수가 낮은 옥수수 발효주이다.

4) 칠레

(1) 와인(wine)

남위 30도의 코킨보(Coquimbo)로부터 남위 40도인 테뮈코(Temuco)까지의 포도원에서 주 생산. 백포도주와 적포도주 등 포도주 품종이 매우 다양하다.

5. 아프리카

1) 케냐

(1) 짱아(Changa)

케냐의 캄바족의 술로 옥수수를 발효시킨 후 증류해서 만듦. 맛은 고량주와 비슷하다.

(2) 우지(Uji)

동부 아프리카 옥수수가루를 젖산발효시켜 만든 크림 수프의 형태로 호리병박 등으로 마시며 akamu 라고 불리기도 한다.

(3) 우르가와(Urwaga)

바나나, 사탕수수, 수수 또는 옥수수를 이용해 만든 신맛의 알콜성 음료로, 갈색을 띄며 죽과 같은 모습이다.

(4) 부사(Bussa)

서부케냐의 루오, 마라고리, 아부루히야 족들의 전통발효음식.

2) 에티오피아

(1) 인젤라(Enjera)

에디오피아의 전통 빵으로 팬케익처럼 긴 것으로 tef 라는 곡식을 반죽한 후 3일 정도 발효시켜 만든 음식이다.

(2) 테이(Tej)

벌꿀로 만든 왕족이나 귀족들이 마시던 귀한 음료로 파티나 향연때에만 만들었던 특별한 알콜음료이다.

3) 이집트

(1) 에이시(Aysh)

주식으로 먹는 빵으로 가장 보편적인 것은 정제된 밀가루(Aysh shami) 혹은 통밀(Aysh baladi, whole wheat) 로 만든 피타(pita) 형태로 속에 여러 가지 재료를 넣으면 이집트 샌드위치가 된다.

(2) 키시크(Kishk)

밀과 우유를 섞어 젖산 발효 후에 지름 5~6cm의 동그란 모양으로 빚어 건조시킨 것으로 농업지역에서 대중적인 음식이며, 시리아, 요르단, 이라크, 북아프리카 등지에서도 먹고 그리스, 터키에서도 유사한 음식을 만듦. 딱딱하며 갈색을 띈다.

4) 수단

(1) 키스라(Kisra)

당밀가루를 발효시켜 만든 빵으로 고기와 야채슈트와 함께 먹는다.

5) 가나

(1) 켄키(Kenkey)

옥수수가루를 반죽하여 발효시켜 소금 등을 첨가해 둥글게 빚거나 원통형으로 만들어 옥수수껍질로 싸서 보관하며 고기나 생선스튜 등과 함께 먹는 곡류발효식품이라 볼 수 있다.

6) 나이지리아

(1) 오기(Ogi)

옥수수, 당밀, 밀로 만드는 젤리같은 부드러운 질감과 신맛을 가진 곡류 발효식품이다.

(2) 라푼(Lafun)

카사바 덩이줄기를 발효시켜 조제한 미세한 분말 생산물로 물을 넣어 끓여서 죽의 형태로 먹는다.

[부록 2] 빵 이야기

1. 이집트: 속이 텅빈 공갈 빵 에이슈(Aishu)

이집트의 에이슈는 속이 텅 빈 중동지방의 빵이다. 5천년 전 뜨거운 돌위에서 구운 납작하고 딱딱한 빵에서 시작하여 지금과 같은 부푼 빵을 만들게 되었는데, 그것이 에이슈이다.

처음에는 무발효 빵으로 출발해서 야생효모를 이용했는데 지금은 이스트로 발효시킨다. 높은 온도에서 저배합의 생지를 넓고 둥글게 밀어서 구워내는데 껍질은 얇으면서 바삭바삭한 상태로 색깔을 진하지 않게 만드는 것이 특징이다.

서민들이 먹는 대표적인 빵인 에이슈는 이집트 어디를 가도 찾을 수 있다. 거칠게 빻은 밀가루로 만든 빵이라 꺼칠꺼칠하고 맛도 별로 없지만 이집트 서민들은 이 빵 옆면을 잘라 다양한 내용물을 끼워서 주식으로 애용하기도 한다. 속이 큰구멍에는 여러 가지 야채나 고기를 넣고, 에마린(식물성 치즈)을 충전물로 사용하여 여러 가지의 맛을 내는데 맛있게 먹는 방법 중에는 양고기를 구워 얇게 저며서 에이슈 안에 끼우고 야채를 넣은 후 소스를 뿌려 먹는 '케밥'이라든지 이집트식 야채 크로켓을 만들어 에이슈 안에 넣어 먹는 '타메이야' 등이 있다.

2. 프랑스: 바삭바삭하고 구수한 맛의 바케트

프랑스빵은 유럽식 하드빵(딱딱하게 구운빵)중에서도 가장 대표적인 빵이라 할수 있다. 이 빵의 특징은 껍질이 바삭바삭한 상태로 밀(소맥)색으로 구워져 구수한 맛이 나는 것이다. 이 구수한 맛은 누룽지가 만들어지는 원리와 비슷하기 때문에 우리나라 성인 입맛에도 잘 맞다고 한다. 또 하나의 특징은 빵의 내부에 큰(벌집같은)기공이 많고 일정한 부피로 충분히 부풀어 올라있으며 색상은 윤택이 나는 크림색이다. 이 때문에 적절한 밀가루의 선택, 구입, 제조공정 까지의 일체의 제조기술과 과학적 관리가 필요하다.

프랑스빵은 구어낸 다음 8시간 이내에 먹는 것이 가장 맛있는 상태에서 먹을 수 있는 방법중 하나이다. 때문에 프랑스에서는 식사때마다 필요한 분량을 사가는게 보통이며 빵집에서도 거기에 맞춰 구워내는 시간을 조절한다고 한다. 프랑스빵은 그 크기나 모양에 따라 명칭이 정해지는데 우리나라에 가장 널리 알려진 '바게뜨'는 67~68cm의 길이에 280g의 무게를 가진 빵을 의미한다. 재미난 사실은 거의 대부분의 빵에 나있는 칼질인데, 굽는과정에서의 불규칙한 트임을 막고 빵을 더욱 먹음직스럽게 하기기위한 공정이지만 지금에는 빵을 만든 사람의 싸인과도 같은 의미까지 지닌다고 한다.

프랑스빵을 맛있게 먹기 위해서는 위에서도 언급했듯이 되도록 신선한 빵을 구입하고 밀패된 포장지(비닐)는 쓰지 않는다. 왜냐면 통풍이 안 되면 껍질이 눅눅하게 되어 바삭바삭한 껍질의 맛을 즐길 수 없기 때문이다. 앞으로 제과점에서 프랑스빵을 구입하게 되면 절제된 재료를 사용해 만든 특유의 발효향과 누룽지와도 비슷한 맛의 바삭바삭한 껍질을 음미하면 좋은 맛을 느낄 것이다.

3. 네덜란드: 더치브레드

네델란드의 빵은 영국이나 독일의 빵과 비슷하면서도 독특한 면을 가지고 있다. 네델란드에서 가장 널리 만들어지고 있는 빵은 윗면이 갈라진 소금끼가 있는 빵으로 쌀가루에 설탕과 소금으로 맛을 낸 독특한 토핑을 바른 것이다. 또 우유나 버터를 조금 가한 반죽을 긴 타원형으로 성형하고 그 윗면에는 가위로 여러가지 형태의 자른 자국을 낸 덧취씨자 로프제품도 유명하다. 네델란드의 구로닝겔 지방에서 널리 만들고 있는 그렌텐브로드는 커런트(알이작은 건포도의 일종)나 건포도를 넣은 과일빵으로서 밑바닥이 넓적한 긴 막대모양 또는 큰 원형으로 만들어 윤택이 나는 갈색의 표피를 하고 있다. 네델란드에는 이 밖에도 겨자씨 등을 표피에 묻힌 번즈(소형빵), 머핀, 또는 구헨등 전통적인 빵이 지금도 이어져 오고 있다.

4. 덴마크: 데니쉬 페스트리

데니쉬 페스트리는 사실 덴마크를 대표하는 빵은 아니다. 그러나 낙농업이 발달한 덴마크에서 풍부한 버터를 빵과 함께 즐길 수 있는 방법을 연구하다가 만들어진 형태가 데니쉬 페스트리라고 한다. 덴마크에서는 비엔나브로트(wiener Brot)라는 이름으로 불리는데 접어 넣는 롤인버터가 오스트리아의 수도 빈에서 개발되어 빈의 제빵업자들에의해 덴마크를 주축으로 북유럽 전역에 퍼졌기 때문이다. 현재는 많은 나라에서 즐겨먹는 조리 빵의 한 형태가 되었다.

프랑스에서는 가또 다노와즈, 독일에서는데니샤 프룬다 라고 불리어진다. 이같이 접어 포갠생지로 만드는 빵제법의 대표적인 것으로는 크라와쌍이 있다.(크로싼 혹은 크라상 아니면 크로와쌍 등 여러 발음이 있으나 과연 어느 것이 정확한 발음인지는 정확하지 않다)크로와쌍의 백미는 아무래도 다양한 성형방법과 장식에 있다고 할 수 있다. 카스타드 크림이나 단팥 등의 충전물에 의한 변화, 반죽성형후의 과일이나 블루베리 등의 토핑물에 의한 변화, 구어 낸 다음의 젤라틴이나 초코렛 등의 코팅물에 의한 변화 등 다양한 방법으로 만들어 들길 수 있는 변화무쌍한 빵이 데니쉬 페스트리이다.

5. 이탈리아: 파네토네

이탈리아를 대표하는 빵으로는 짠맛의 주식용 빵으로 '비엔나 조제타'가 있으며 간식용으로는 '파네토네'가 있다. 파네토네의의 '파네'는 빵을 말하며 '토네'는 달다는 뜻으로 이것은 로마, 밀라노, 나폴리 등 대도시의 빵집 점두나 슈퍼마켓의 자동판매기에 진열되어 있다고 한다. 파네토네는 구워낸 그대로 팔리는 경우가 많으며 때로는 분당을 윗표면에 뿌려서 마무리 하는 것도 있다. 파네토네반죽을 만들려면 원래는 사와종을 사용해왔는데 지금은 단시간의 예비발효를 거쳐 생지반죽을 하는 방법과 묵은 발효생지를 소량가하여 반죽하는 방법이 있다.

6. 인도: 고기나 야채를 싸서 먹는 빵 난(Nann)

인도의 난(Nann)은 인류와 함께 역사를 지켜온 살아있는 발자취 중의 하나이다. 지금으로부터 6천년 전 인류의 최초의 문명인 메소포타미아인들에 의해서 생겨난 이 빵은 밀을 반죽해서 넓다랗게 밀은 후 흙이나 돌로 만든 오븐의 내벽에다 붙여서 구워 전병과 같은 모양으로 만들어 먹던 빵이었다.

이것이 이집트로 넘어가면서 발효제를 넣은 빵으로 발전하였고, 우리들이 즐겨먹는 지금과 같은 빵으로 변화해 온 것이다.

이런 오랜 역사를 가진 빵이 지금까지 인도를 비롯해서 서남아시아 지역을 중심으로 만들어지고 있다. 탄두드라고 불리어지는 오븐의 벽에 붙여서 만드는 이 빵은 밀가루에 계란과 소금만을 넣어 만든다. 따라서 쫄깃하고 담백한 맛이 일품이다. 먹기 좋은 크기로 잘라서 고기나 야채 등을 싸서 먹는데 향긋한 인도 특유의 향신료와 어울린 난의 쫄깃한 맛은 입맛을 유혹하기에 충분하다. 인류의 역사와 함께해온 난은 영원한 맛의 고향이라 할 수 있다.

7. 영국: 버터와 잼을 발라먹는 잉글리쉬 머핀(English Muffin)

잉글리쉬 머핀은 중국의 호떡이 실크로드를 통하여 유럽으로 전해져서 먹게 된 빵이다. 약 250년 전 영국의 이민족이 살고 있는 동부 해안지방에서 많이 먹게 되면서 보편화 되었다. 종류는 크게 이스트를 사용하여 생물학적으로 팽창시킨 것과 베이킹 파우더를 사용하여 화학적으로 팽창시킨 것. 그리고 이들 두 가지를 병용하는 것 등 세 가지가 있다. 잉글리쉬 머핀을 맛있게 먹는 방법에는 포크를 이용하여 수평으로 잘라 토스트한 다음 햄이나 소시지 등의 조리재료와 야채를 올려 먹는 것이 있다. 그리고 버터나 잼. 마아말에이드 등을 발라 먹는 방법도 있다. 잉글리쉬 머핀은 처음에 영국 시골 빈민가에서 태어난 사람이 많이 먹었으나 지금은 빈부의 귀천을 가리지 않고 많은 사람들이 즐겨먹는 대중적인 빵으로서 요즘에는 미국에서 더욱 대중화된 제품이기도 하다.

8. 러시아: 흑빵과 피로시키(Piroschki)

러시아는 세계 최대의 밀 생산국으로 밀을 수확하는 곡창 지대는 러시아로부터 카자흐 공화국까지 넓게 펼쳐져 있다. 러시아하면 우선 연상되는 것은 밀로 만든 흑빵과 고기로 소를 만들어 넣는 피로시키이다. 호밀가루에 캐러멜을 첨가하여 구워낸 '흑빵'은 독일의 '푼파니케르'와 같이 묵직한 빵으로, 사와크림 등에 곁들이면 가벼운 산미가 맛을 더해준다. 흑빵하면 생물과 철갑상어알이 함께 떠오르는데, 생굴과 철갑상어알은 염기가 강해서 흑빵에 버터를 발라 바꿔가며 먹으면 맛이 훌륭해진다. 피로시키는 조리빵의 대표적인 제품으로 빵이나 파이 반죽에 각종 고기를 넣고 튀기는 것을 말한다. 러시아에서는 고기로 철갑상어의 안심, 소고기, 양고기, 닭고기 등을 사용한다. 현재 러시아에서 잘 팔리고 있는 피로시키는 안심, 당면, 감자, 양파, 양배추, 볶은밥 등을 사용하는데 호텔이나 음식점에서 가장 많이 나온다. 식사하기 직전에 튀겨 따끈한 콘소메 스프와 곁들려 먹는 것이 일반적이다. 한편, 러시아에서는 빵의 종류가 한정되어 있다. 모스크바 등의 대도시에서는 여러 종류의 빵을 파는 가게가 있지만 시골에서는 대개 각 가정에서 빵을 구워 먹는다. 유명한 피로시키는 가게에서 파는 상품보다 집에서 구운 것이 더 맛있다.

9. 독일: 스토렌과 브리첼(Stollen & Brezel)

독일의 대표적 과자빵인 스토렌은 건과일을 넣어 만든 후르츠빵의 한 종류다. 본고장인 독일에서 옛부터 축제나 회합용으로 만들었는데 현재는 여러 가지로 변형되었다. 원형은 가느다란 초생달 모양으로 승려들이 목덜미에서 어깨위에 걸친 반원형의 옷(Stollen=스토렌, 승려들이 어깨에 걸치는 옷)을 본땄다는 것과 예수가 갓난아이 때 사용했던 요람을 본땄다는 설이 있다. 이밖에 만든 빵과 윗면에 불쑥 오른 산모양이 일반적이며 롤케이크식이나 가닥따기식으로 만든 것도 있다. 스토렌은 종교와 연관되는 것이 많아서 크리스마스용 과자빵으로 빼놓을 수 없다. 그래서 크리스마스용의 스토렌을 크리스트스토렌(Christstollen)이라 부르기도 한다. 스토렌은 장기간 보관할 수 있는데, 가장 맛있는 기간은 만든 후 2주에서부터 1개월사이이다. '브라세루스'로부터 연유한 브리첼은 중세기 절에서 구운 축제용 특수빵으로 중세이후 서유럽에서 제과점의 심볼적 존재가 되었다. 고대 이집트에서 기원된 것으로 모양은 3개의 삼각형꼴이다. 피라미드(삼각형)를 최고의 모양으로 숭배하는 이집트 사람들이 신과 인간과 자연을 표현한 것이라 할 수 있다. 아침에는 주식으로 먹고, 맥주를 좋아하는 독일인의 술안주용으로 판매하기도 하는 브리첼은 독일 제과점의 상징마크가 되어 독일을 대표하고 있다.

10. 멕시코: 토티야(Totiya)

멕시코의 대표적인 빵은 토티야이다. 만드는 방법은 무척간단한데, 우선 멕시코에서 재배되는 마사와 밀가루, 계란, 소금을 섞어 덩어리 반죽을 만든 후 프에스라는 도구로 납작하게 모양을 낸다. 그리고 나서 기름없이 후라이팬에서 구우면 토티야가 된다. 일상적으로 먹는 이 토티야는 크게 네 가지 방법으로 즐길 수 있다. 고기, 콩, 양상추, 토마토 등을 넣어 먹는 '타고', 토티야에 콩, 고기, 치즈, 야채를 버무려 넣은 '브리트', 닭고기와 치즈를 넣은 '엔칠라다', 그리고 밀가루 토티야에 살사소스나 구아카플레를 곁들인 '치미창가' 등이 있다. 쉽게 이해하자면 부침개처럼 생긴 토티야에 각종 고기와 야채류를 손으로 돌돌 말아 싸 먹는 것이다. 멕시코 음식은 대개 색깔과 장식이 화려하고, 기본적으로 옥수수와 멕시코 고추가 상용된다. 그리고 모든 음식에 톡 쏘는 멕시코 향신료가 조금씩 사용된다 치미창가에 들어가고, 한국인들도 좋아하는 살사 소스는 할라피뇨와 고추, 토마토를 주 재료로 삼아 매콤한 맛을 낸다. 멕시칸 샐러드라고 알고 있는 샐러드는 사실 멕시코의 대표적 샐러드가 아니다. '타코 샐러드'가 멕시코 전통 샐러드인데, 바삭바삭한 빵 안에 각종 야채를 넣고 칠리 소스를 끼얹은 요리이다.

about the Authors

강대훈

[학력]

한국외국어대학교 일본어과 졸업
경기대학교대학원 관광경영학과졸업(경영학석사)
경기대학교대학원 관광경영학과졸업(관광학박사)

[경력]

경기대학교 관광학부 관광 관련일본어 겸임교수
남서울대학교 호텔·관광학부 겸임교수
현 고려전문학교 호텔외식경영학과 교수
현 원 외식서비스 경영컨설팅 대표
현 한국바텐더협회 수석부회장(사단법인)
현 조주기능사 실기시험 감독위원
현 소상공인 지원센타 외식서비스 강사
현 소상공인 지원센타 컨설턴트
현 음식업 중앙회 외식창업 및 친절 서비스 강사

[저서]

식음료 실무론(현학사)
주장경영실무론(현학사)

[논문]

외식사업 성공전략에 관한 연구(박사)
그 외 다수

최성웅

[학력]

평택대학교 지역사회개발학과 졸업
청운대학교 관광통상경영학과 졸업
경기대학교 대학원 조리관련학과 박사과정

[경력]

조선호텔 조리부
그랜드 힐튼호텔 조리부 과장
교보실업 라브리 레스토랑(프렌치) 주방부장
안산공과대 겸임교수
현 호원대 산업체 책임교수
현 고려전문학교 전임교수

[저서]

한국조리(형설출판사)
호텔식음료 서비스관리론(백산출판사)
기초외국조리(형설출판사)
조리원리(광문각)

윤인자

[학력]

경민대학 졸업
초당대학교 졸업

[경력]

현 고려전문학교 호텔조리과 교수
현 세종대학교 대학원 석사 과정
현 호원대학교 산업체 겸임교수
현 한국외식산업학회 이사

[저서]

· 중국요리(신광출판사)

김윤민

[학력]

경기대학교 일반대학원 관광학 석사
(외식조리관리학 전공)
경기대학교 일반대학원 관광학 박사
(외식조리관리학 전공)

[경력]

밀레니엄 서울힐튼호텔 조리부
송원대학, 동아인제대학, 초당대학교,
경기대학교 강사
현 고려전문학교 호텔조리과 전임교수

[논문 및 저서]

외식고객의 라이프스타일에 따른 웰빙소비행동에 관한 연구
e-Business환경이 외식소비자 구매행동에 미치는 영향
특급 호텔 종사원들의 라이프스타일에 따른 웰빙 소비 행동 차이 분석
외식소비자행동의 개인적, 환경적 요소에 관한 연구
외식상품의 실용적 공간연출과 예술적 공간연출의 차이분석 연구
외식시장 구조의 세분화전략방안 연구
최신서양조리기술